浙江省普通高校"十三五"新形态教材
高职高专信息媒体系列教材

办公软件操作实务
（Office 2019）

主　编　王运兰　李　方　陈　静
副主编　周　丹　吴红英　王　翔
　　　　周隆明　卢良进　俞立峰
　　　　徐春霞　方永华　谢　杰
　　　　程君青　朱铁樱　原　莉

電子工業出版社
Publishing House of Electronics Industry
北京 · BEIJING

内 容 简 介

本书以 Windows 10+Office 2019 为平台，主要依据浙江省高校计算机等级考试大纲二级《办公软件高级应用技术》（2019 版）的要求，内容涉及 Office 2019 中 Word、Excel、PowerPoint 的综合应用，以及实用工具软件的介绍，兼顾 WPS 2019 软件，将部分在 WPS 中操作过程有差异的操作，进行标注。

让学习者熟练掌握 Office 办公软件的常用操作，培养信息化思维能力及利用办公软件解决实际工作问题的能力，让工作更轻松高效，做到事半功倍。

所有内容以岗位工作案例形式呈现，提供操作演示视频及素材文件，适用于高校各专业学生、成人教育学生（函授）及社会学员。

图书在版编目（CIP）数据

办公软件操作实务：Office 2019/王运兰，李方，陈静主编. —北京：电子工业出版社，2020.9
ISBN 978-7-121-39615-1

Ⅰ.①办… Ⅱ.①王… ②李… ③陈… Ⅲ.①办公自动化—应用软件—高等学校—教材 Ⅳ.①TP317.1

中国版本图书馆 CIP 数据核字（2020）第 178884 号

责任编辑：贺志洪
印　　刷：三河市鑫金马印装有限公司
装　　订：三河市鑫金马印装有限公司
出版发行：电子工业出版社
　　　　　北京市海淀区万寿路 173 信箱　邮编 100036
开　　本：787×1092　1/16　印张：14.25　字数：384 千字
版　　次：2020 年 9 月第 1 版
印　　次：2022 年 9 月第 9 次印刷
定　　价：39.80 元

凡所购买电子工业出版社图书有缺损问题，请向购买书店调换。若书店售缺，请与本社发行部联系，联系及邮购电话：（010）88254888，88258888。
质量投诉请发邮件至 zlts@phei.com.cn，盗版侵权举报请发邮件至 dbqq@phei.com.cn。
本书咨询联系方式：（010）88254609 或 hzh@phei.com.cn。

前　言

计算机技术的发展日新月异，办公软件应用作为重要的计算机应用技能，已融入我们的学习、工作和生活中。微软公司的 Office 系列软件在办公自动化软件中占据着重要地位，Office 2019 为用户提供了更强的功能、更广的应用领域。同时从 2020 年下半年开始，浙江省高校计算机等级考试实施新大纲（2019 版），由原来的 Windows 7+Office 2010 过渡到 Windows 10+Office 2019。本教材基于新大纲的考试目标及相关要求，结合 Office 2019 新特性，围绕办公软件高级应用的技能目标，掌握办公软件高级应用的方法，适合作为高校计算机公共课的办公软件高级应用教材，也可以作为自学教材或考试辅导教材。

本书采用“做中学”“学中做”的教学方法，以学生为主、教师为辅，让学生在学习实践中自由掌握技术应用，而非教师“满堂灌”的强行灌输方式。本书按照单元和应用场景的方式来组织教学内容。

本书以 Windows 10+Office 2019 为平台，主要依据浙江省高校计算机等级考试大纲二级《办公软件高级应用技术》（2019 版）的要求，内容涉及 Office 2019 中 Word、Excel、PowerPoint 的综合应用，以及实用工具软件的介绍，兼顾 WPS 2019 软件，将部分在 WPS 中操作过程有差异的操作，进行标注。

让学习者熟练掌握 Office 办公软件的常用操作，培养信息化思维能力及利用办公软件解决实际工作问题的能力，让工作更轻松高效，做到事半功倍。

所有内容以岗位工作案例形式呈现，提供操作演示视频及素材文件，适用于高校各专业学生、成人教育学生（函授）及社会学员。

与本书配套的在线开放课程将在“浙江省高等学校在线开放课程共享平台”（https://www.zjooc.cn/）上线，学习者可登录网站进行在线学习，授课教师可引用本课程资源开课，或联系课程团队共建共享课程资源。本书中涉及的网站、软件仅代表编写本书时的可用资源，若读者在使用过程中，遇到某网站或软件不可用，请搜索功能类似的替代资源，编者不负责网站或软件的运维，敬请谅解。

本书可作为参加计算机二级考试的参考书，也可作为成人及职业院校计算机基础课程的综合实训教材，或作为提高办公软件应用能力的自学教材。

案例中涉及的操作方法，主要是为了介绍有关功能的使用，不一定是对应问题的最佳解决方法。鉴于篇幅限制，部分操作只做基本介绍，抛砖引玉，如需具体使用，请针对性搜索资料学习。

本书由义乌工商职业技术学院牵头，联合杭州职业技术学院、台州职业技术学院、浙江工业职业技术学院、浙江广厦建设职业技术大学、包头职业技术学院等院校的计算机基础课程教师团队共同编写。虽然编者在编写书本的过程中付出了大量心血，但由于编者水平有限，错误或疏漏之处在所难免，恳请广大读者批评指正。

编者

2020 年 9 月

目　录

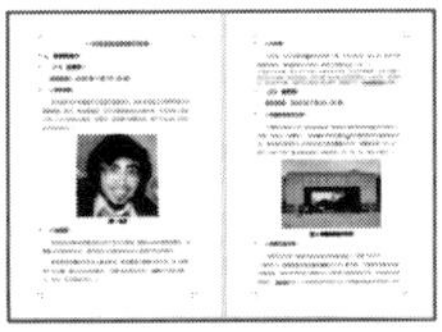

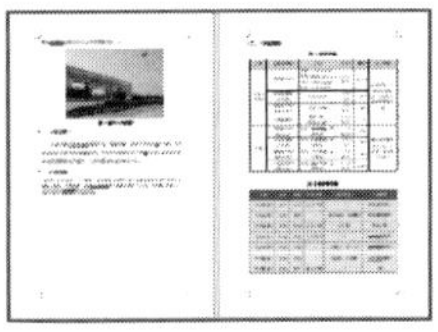

- 掌握 Word 基本操作、表格设置等，能利用第三方软件查询信息并用于 Word 文档编辑

2.3 项目 2 制作商品订购单 / 61

主要知识点与操作

- 页面设置、表格边框底纹、图片、页眉、符号、项目符号、字体下载与安装、表格公式应用、域、字体嵌入文件、文档保护等
- 能根据需要从第三方平台下载字体并安装使用，掌握 Word 表格编排及公式应用，字体嵌入文件保存等操作

2.4 项目 3 制作会议邀请函 / 66

主要知识点与操作

- 在线艺术字、书籍折页、在线调查表应用、二维码制作与美化、虚拟打印等
- 掌握书籍折页操作，能利用第三方调查软件收集信息，能使用虚拟打印

2.5 项目 4 制作个人简历 / 70

主要知识点与操作

- 制作电子简历、二维码制作、封面设计、版心概念及设置、字体下载与安装、图片、表格、项目符号、模板应用等
- 能利用美篇制作个人电子简历，掌握图文混排、模板的制作与应用、二维码的制作与美化等操作

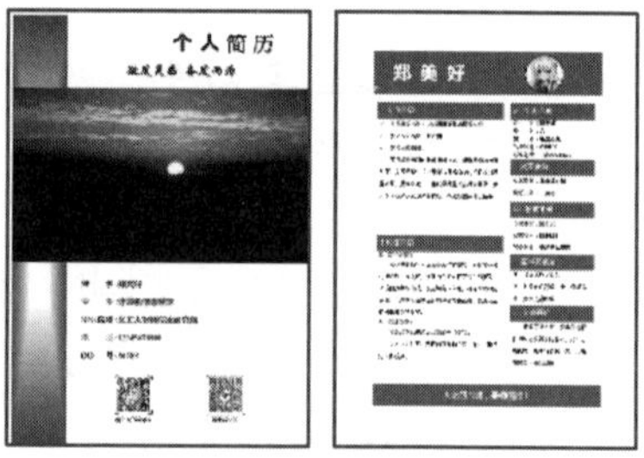

2.6 项目 5 毕业论文排版 / 78

主要知识点与操作

- 封面表格布局、多级列表、图表编号及交叉引用、自定义样式、分节符及页眉页脚设置、目录生成及更新、文档修订与批注、文档比较等
- 掌握长文档编排、文档比较与合并等操作

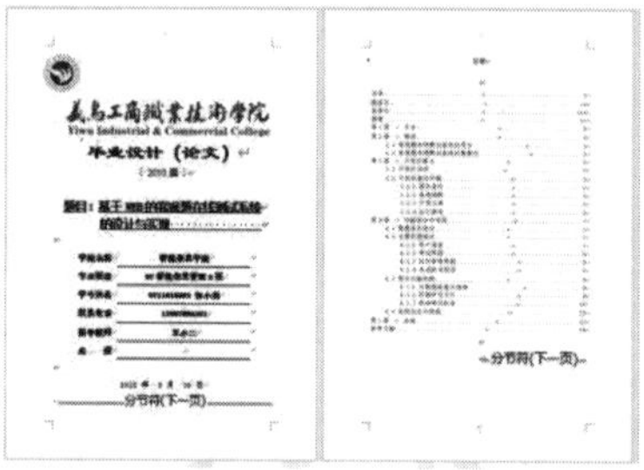

2.7 项目 6 制作工作证 / 84

主要知识点与操作

- 邮件合并、域格式设置及应用、相对路径、IncludePicture 域及图片文件的批量更新等
- 掌握邮件合并操作及 IncludePicture 域的应用，能利用邮件合并实现文档的批量打印

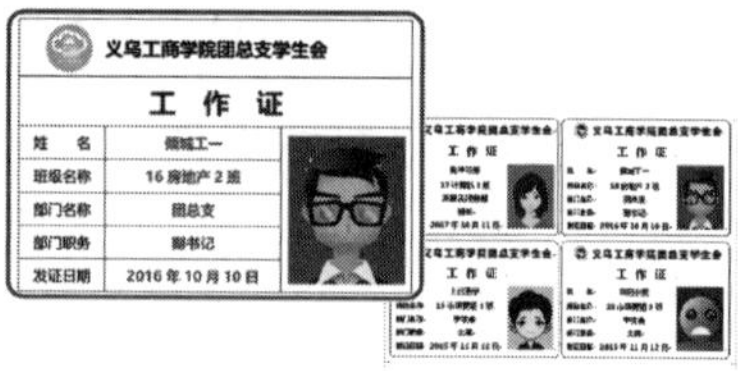

2.8 项目 7 请帖排版 / 88

主要知识点与操作

- 根据指定版面排版、自定义页面、样式、文本框应用、利用邮件合并批量打印文档
- 掌握特殊版面的编排，利用文本框进行内容定位，通过邮件合并批量打印

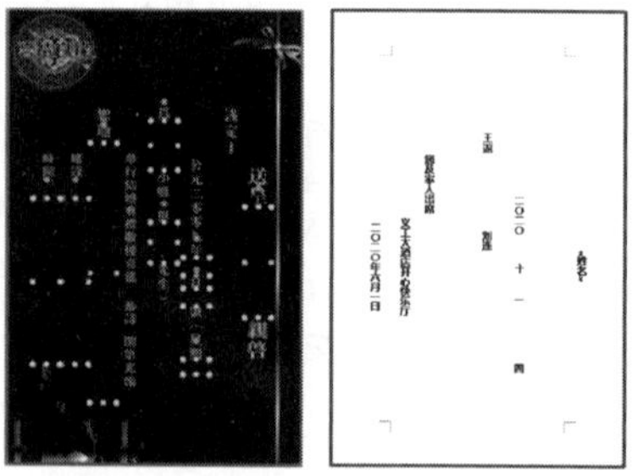

第1部分 基础操作篇

本部分主要介绍计算机基本操作、信息录入方法、信息安全知识、与协同办公有关的辅助软件等。在使用计算机进行日常办公过程中，结合相关工具软件的使用，可优化工作方式，让工作更轻松高效，做到事半功倍。

鉴于篇幅限制，本部分涉及的工具软件只做基本介绍，抛砖引玉，如需具体使用，请针对性搜索资料学习。部分软件可能存在版本更新后操作界面或步骤不一致的情况，请以具体下载安装版本为准。

1.1 信息录入

随着计算机技术的飞速发展与普及，计算机操作已涉及我们日常工作生活的各个方面。计算机操作过程中，信息录入的速度直接影响计算机操作的效率，目前计算机信息录入的主要设备是键盘和鼠标，对键盘操作的指法显得尤为重要。

1. 基本键指法

打字前，左手小指、无名指、中指和食指应分别虚放在“A、S、D、F”键上，右手的食指、中指、无名指和小指应分别虚放在“J、K、L、;”键上，两个大拇指在空格键上。基本键位是打字时手指所处的基准位置。击打其他任何键，手指都从这里出发，而且击完后须立即退回到基本键位。正确的键盘操作指法为，左右手放在基本键上，击键后迅速返回原位。键盘操作指法示意，如图 1-1 所示。

指法演示

注意手指分工，不要越区按键。若要进行指法练习，可下载“金山打字通”软件操作练习。

2. 输入法设置

平时文字录入过程中，大部分用户都使用智能拼音输入法，如搜狗拼音、QQ 拼音输入法等。输入法安装后，默认候选字为 5 个（输入拼音后，每页显示的可选字数）。右击输入法，在弹出的快捷菜单中选择相关命令进行属性设置，如外观、候选字个数设置，最多可设为 9 个。这样可在减少翻页次数的情况下，选中所需文字，提高信息录入速度。

3. 语音输入

目前常用输入法一般自带语言输入功能，直接说话就能输入文字，操作比较便捷，适合说话比较标准，打字速度偏慢的人员使用。搜狗拼音输入法中的语音输入使用过程，如图 1-2 所示。

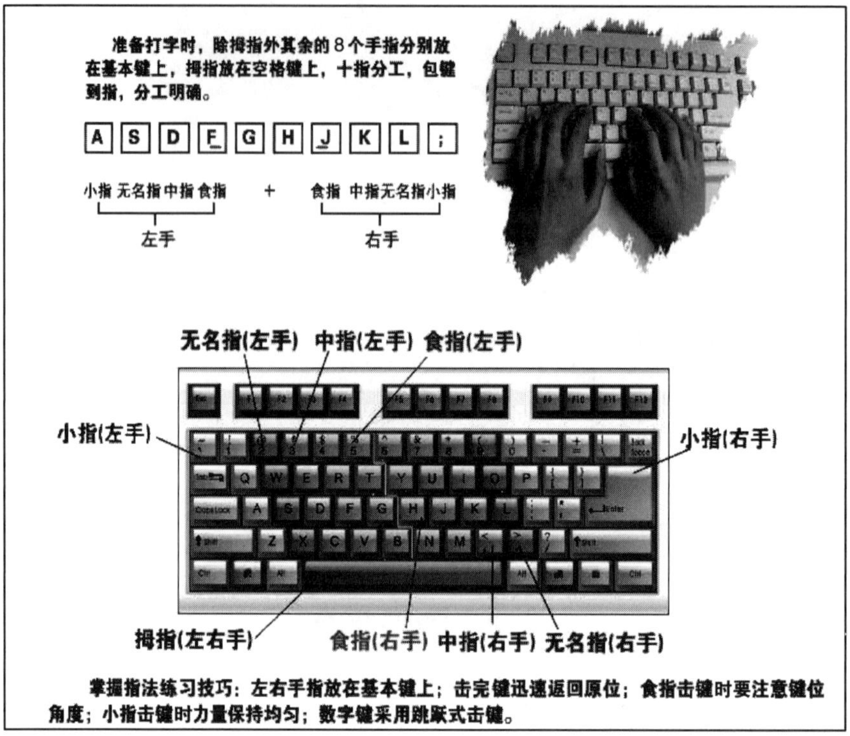

图 1-1　键盘操作指法示意图

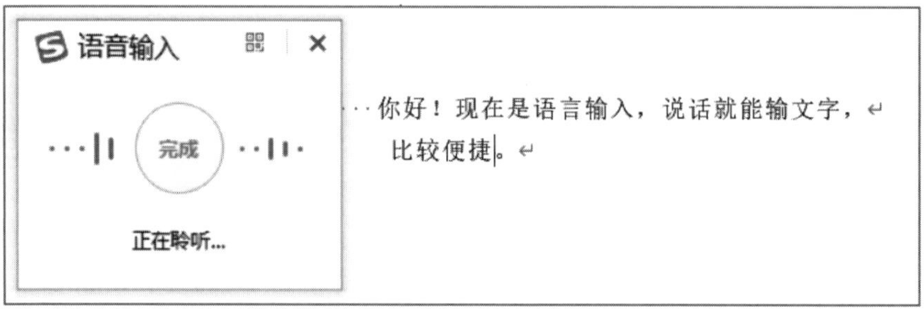

图 1-2　搜狗拼音输入法中的语音输入使用过程

4. 图片转文字

平时可将书籍、宣传栏等拍照后，使用图片转文字工具软件，直接提取图片中的文字。目前图片转文字工具软件有很多，如手机 QQ、手机钉钉、微信小程序（迅捷文字识别、传图识字等）中都有图片转文字功能。操作方法基本类似，以微信小程序“迅捷文字识别”为例，操作步骤为：在微信中搜索“迅捷文字识别”，在搜索结果中单击“迅捷文字识别小程序”；进入后，可选择相册图片或聊天图片，也可重新拍照；选好图片后，单击“立即识别”按钮即可自动提取文字，最后可复制文字，或导出文档。注意：提取的文字不一定百分比准确，最好对照检验。使用微信小程序“迅捷文字识别”提取图片中的文字操作，如图 1-3 所示。

图片转文字

图 1-3　微信小程序“迅捷文字识别”提取图片中的文字

APP 白描，一款 OCR 扫描识别神器，可快速识别图片中的文字，简单好用。支持批量识别，能一次识别 9 张图片，批量识别后也可以对多张原图同时进行校对。识别结果可编辑或选择复制到各种 APP 中，支持微信、QQ、有道云、印象笔记等软件。支持中文、英语、日语、韩语、法语、德语、俄语、西班牙语的 OCR 识别。支持简体中文、日语、英语、韩语、法语、西班牙语、阿拉伯语、俄语、德语、葡萄牙语、意大利语、繁体中文、粤语、文言文的互译。

5. 常用快捷键

熟练地使用快捷键，可大大加快我们操作计算机的速度。因此，了解并掌握 Windows 中常用的快捷键，可提高工作实效。如短时间离开计算机时，可以按 Windows+L 快捷键，锁定计算机，需要输入密码才可进入计算机。Windows 系统中部分常用快捷键，如表 1-1 所示。

表 1-1　Windows 系统中部分常用快捷键

快捷键	功能说明	快捷键	功能说明
Windows+L	锁定计算机	Ctrl+C	复制选定的对象
Windows+R	显示“运行”界面	Ctrl+X	剪切选定的对象
Windows+M	显示桌面，不可切回刚才打开的前台程序	Ctrl+V	粘贴
Windows+D	可在桌面和前台程序之间切换	Ctrl+S	保存当前文档
Shift+Delete	不经过回收站，彻底删除对象	Ctrl+Z	撤销
PrtSc（PrintScreen）	捕获屏幕（全屏）	Ctrl+P	打印当前文档
Alt+PrtSc（PrintScreen）	捕获当前活动窗口	Alt+F4	关闭应用程序
Ctrl+Esc	打开/关闭“开始”菜单	Alt+Space	打开当前程序窗口的控制菜单
Ctrl+Shift	循环切换输入法	F1	启动 Windows 的帮助系统
Ctrl+Space	切换中英文输入状态	F2	重命名文件或文件夹

1.2 信息管理

在使用计算机的过程中，经常要保存各种文档、图片、视频等资料。可利用计算机的“树形”存储结构，将资料分层分类存放，做到能随时快速找到所需文件。

随着人们越来越多地使用计算机，计算机中存放的资料也日益增多，文件类型、大小及用途都不太一样，如果平时没有做好资料的归类和存档工作，随着文件的增加及时间的推移，准确找到指定文件有时会比较困难。下面介绍计算机资料存放有关内容。

根据硬盘分区来分别存储不同大类的文件，如C盘作为系统盘，D盘用于存放安装程序，E盘用于存放工作资料，F盘用于存放个人资料等，也可以根据自己的习惯或者用途做其他的分类。

系统盘（C 盘）一般不要存储个人的文件资料，容易在重新安装系统时造成文件丢失。重要资料文件尽量不要直接存放于桌面，否则会使桌面文件过多，让桌面图标感觉凌乱，影响桌面美观，而且重装系统时也容易造成桌面文件丢失。

1. 文件命名

文件名很重要，长时间后容易忘记文件名，因此要让文件名有规律，包含尽可能多的关键参数，方便快速查找所需文件。建议对文件命名时不要太随意，文件名一般由“事件、完成人、时间、地点、版本、顺序号、应用范围”等因素组成。如个人照片文件夹命名可用“时间+地点”的方式，如“201912 上海”，将2019年12月在上海游玩拍摄的照片存于此文件夹。某课程的学习资料命名可用“课程名称+资料主题+完成人+学期代码”的方式，如“《办公软件应用》练习01Word制作旅游攻略_张小四20201”。

2. 文件搜索工具

Windows 自带的搜索功能速度较慢，且不能按文件内容搜索。推荐两款常用的免费搜索工具：一个是Everything。体积小，占用系统资源少，搜索速度快，在搜索框中输入文字，就会显示过滤后的文件和目录；另一个是 Recoll，一款开源免费软件。可根据文本内容搜索文件，可搜索多种格式的文件，支持通配符。Recoll 搜索依赖于“索引”进行搜索，建议将它安装在系统盘，第一次使用时根据提示配置索引（创建索引需要较长时间），具体操作请查阅相关资料。

编者所使用的笔记本电脑的硬盘空间1TB固态硬盘（NTFS格式），以搜索关键字“办公软件应用”为例：用 Windows 自带的搜索功能，花了近3分钟，搜索结果有18个项目（其中有5个项目的名称中含“办公软件高级应用”）；用 Everything 来搜索则瞬间显示结果，找到13个对象；用 Recoll 来搜索也瞬间显示结果，搜到至少116个项目（支持按内容搜索）。使用 Everything、Recoll 搜索效果，如图1-4所示。

3. 桌面整理

桌面只存放快捷方式，为实现对桌面文件的快速访问，可将常用文件保存在D盘或其他位置，然后在桌面上保存其“快捷方式”，这样既可达到通过桌面快速访问的目的，又避免将文件直接存于桌面容易造成丢失的风险。

为在桌面上快速找到所需文件，可将桌面资料分区摆放，如图1-5所示的“五宫格”布

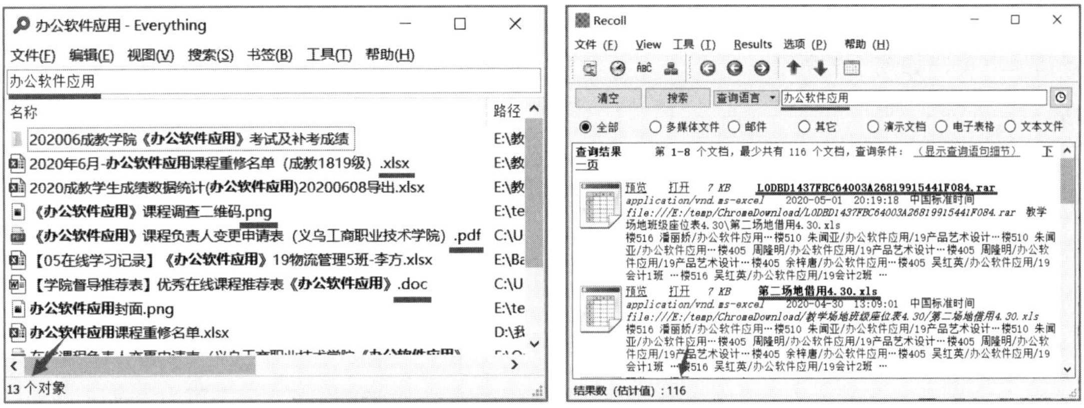

图 1-4　Everything、Recoll 搜索效果

局，将桌面区域分为工具区、临时区、紧急区、常用区、暂缓区等，然后根据文件的紧急程度、重要性等摆放到不同位置，让工作资料“一目了然”，分区效果如图 1-5 所示。

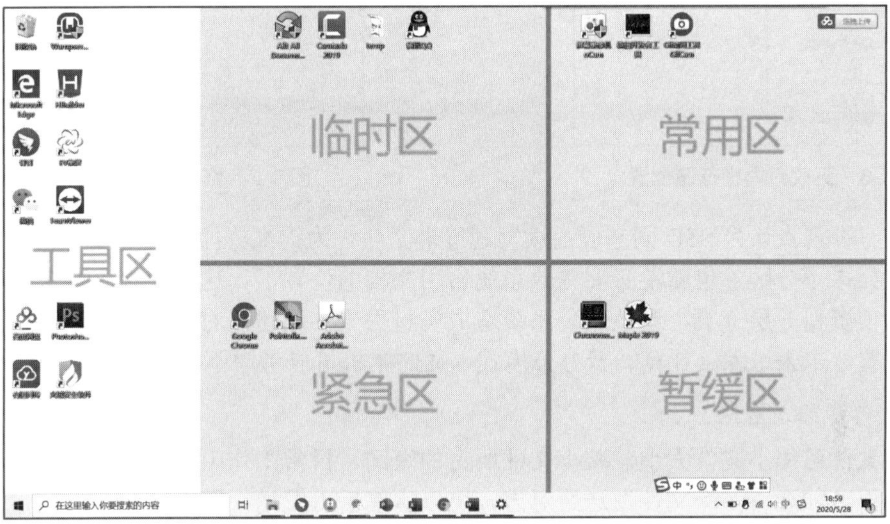

图 1-5　“五宫格”布局桌面资料分区摆放

4. 更改“文档”路径

在 Windows 10 系统中，直接内置了更改位置这一功能。打开系统左下角的“开始”菜单，最左边有一列小图标，单击齿轮（设置）图标，进入 Windows 设置界面，单击左上角第一个图标“系统”，进入 Windows 10 的系统设置界面。再单击左侧菜单中的“存储”，进入存储设置界面。单击“更改新内容的保存位置”，进入 Windows 10 常用文档的位置更改界面。在“更改新内容的保存位置”项目下，可看到很多熟悉的“面孔”，如新的应用、文档、音乐、照片和视频、电影和电视节目的默认保存位置，还有新增的“更改离线地图的存储位置”。单击需要更改文档下的位置选择框，系统会显示计算机的其他分区情况，然后直接进行更改即可。操作过程如图 1-6 所示。

打开“此电脑”，在图片、视频、文档、下载、音乐、桌面等文件夹上右击，在弹出的快捷菜单中选择“属性”命令，然后在打开的对话框中进行设置。以“图片”文件夹为例，在打开的“图片属性”对话框中单击“位置”标签，再单击“移动”按钮可将其保存位置更改到其他位置，如图 1-7 所示。

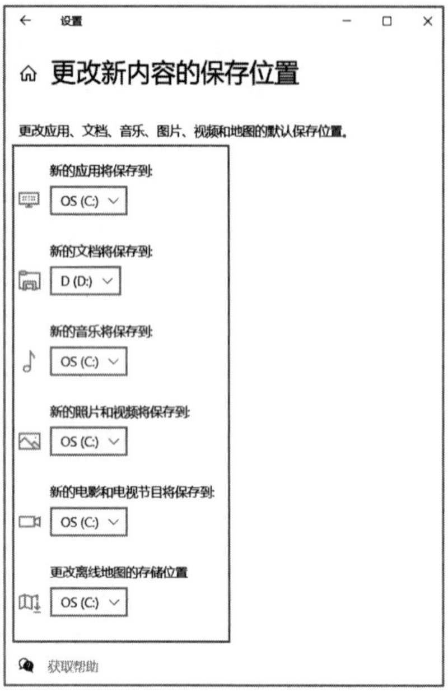

图 1-6　更改新内容存储位置

图 1-7　修改属性更改存储位置

现在有种观点认为 SSD 固态硬盘读写速度非常快，为提高程序运行速度，认为硬盘没必要分区，如果不分区，也就没必要更改系统常用文档的位置了。这里建议主要资料应该存在本机。为使资料分层分类，避免重装系统造成资料丢失，还建议对硬盘进行分区，并更改文档存放位置。未来进入云计算、云办公模式，届时本机可以考虑不分区。

5. 文件压缩与解压

压缩文件可缩小文件大小，减少文件所占的空间。日常工作中，经常需要进行文件压缩与解压操作。如要将多个文件发送给对方，可以压缩后再发送，即可减小文件容量从而缩短发送时间，还可减少发送次数（只需要发送一次压缩包，否则每个文件都要发送一次）。常用压缩软件有 WinRAR、7-zip、快压、360 压缩等。以 WinRAR 为例，文件压缩方法为：选中需要压缩的文件或文件夹后（按住 Ctrl 键单击，可选择多个不连续的文件），右击，在弹出的快捷菜单中选择“添加到 XXX.rar”命令即可，其中“XXX”为你选中的文件名，若选了多个文件，则为文件所在文件夹名称。使用 WinRAR 压缩文件，如图 1-8 所示。

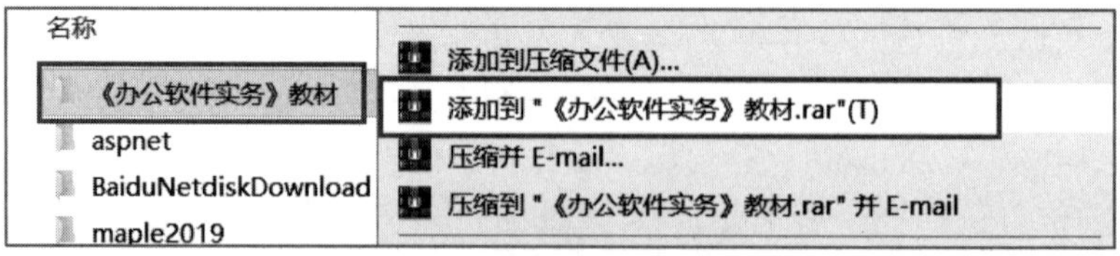

图 1-8　使用 WinRAR 压缩文件

双击 WinRAR，或选中需压缩的文件后右击，在弹出的快捷菜单中选择“添加到压缩文件”命令，可打开“压缩文件名和参数”对话框。可设置压缩有关参数，如在“常规”选项卡中单击“设置密码”按钮，在打开的对话框中可为压缩包设置解压密码。使用 WinRAR 带密码压缩文件，如图 1-9 所示。

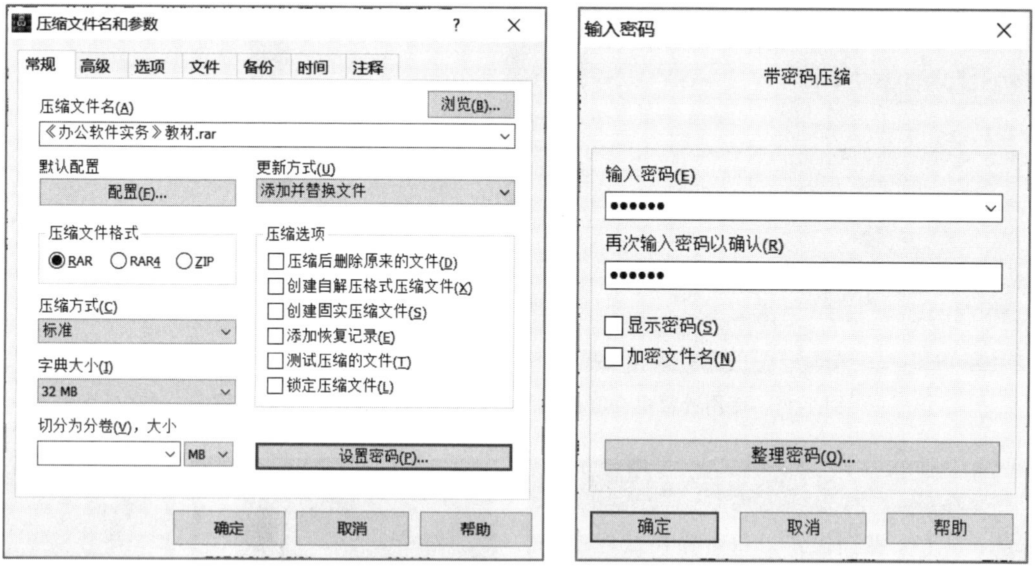

图 1-9　WinRAR 带密码压缩

文件解压方法：选中需要解压的文件，右击，在弹出的快捷菜单中选择“解压到 XXX\(E)”命令，其中 XXX 为压缩文件名，会新建一个与压缩文件同名的文件夹，并将解压后的文件存入该文件夹中；若选择“解压到当前文件夹（X）”命令则会将解压后的文件全部保存到当前文件夹下（即压缩文件所在文件夹内）；若压缩包带密码，解压时会提示输入密码。使用 WinRAR 解压文件，如图 1-10 所示。

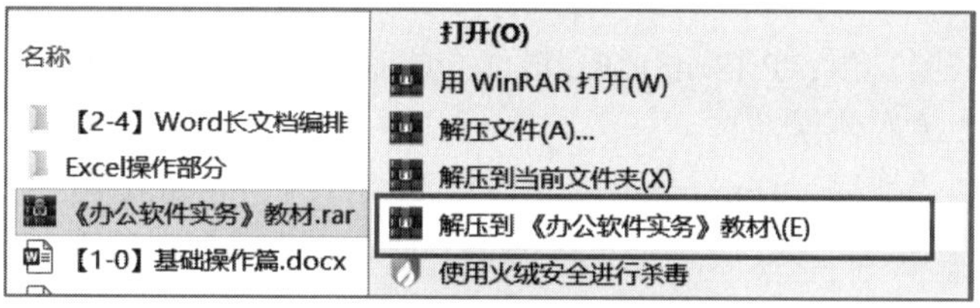

图 1-10　WinRAR 解压文件

6. 截图操作

日常操作过程中，常需要截取计算机屏幕作为图片进行保存或发送。常用的截屏操作如下。

QQ 截图：Ctrl+Alt+A（可自定义组合键，如改为 Alt+F）。截图后可通过“屏幕识图”功能从图片中提取文字。使用计算机 QQ 截图屏幕识图操作，如图 1-11 所示。

启用截图操作，选择截取区域后，单击截图工具栏中的“长截图”按钮，上下滚动鼠标，即可将窗口中经过截取区域的内容截成长图。在手机 QQ 中，长按需要截图的消息，在弹出的功能条上找到并单击“截图”按钮，该消息四周会有一个虚线框，依次单击虚线框上面或下面的其他消息，可将多条消息加入虚线框中，需要截图的消息都选入虚线框后，单击右下角的“完成”按钮，即可将选择内容截图，可选择“发送给好友、保存到手机、收藏、空间相册、取消”。使用计算机 QQ 及手机 QQ 长截图操作，如图 1-12 所示。

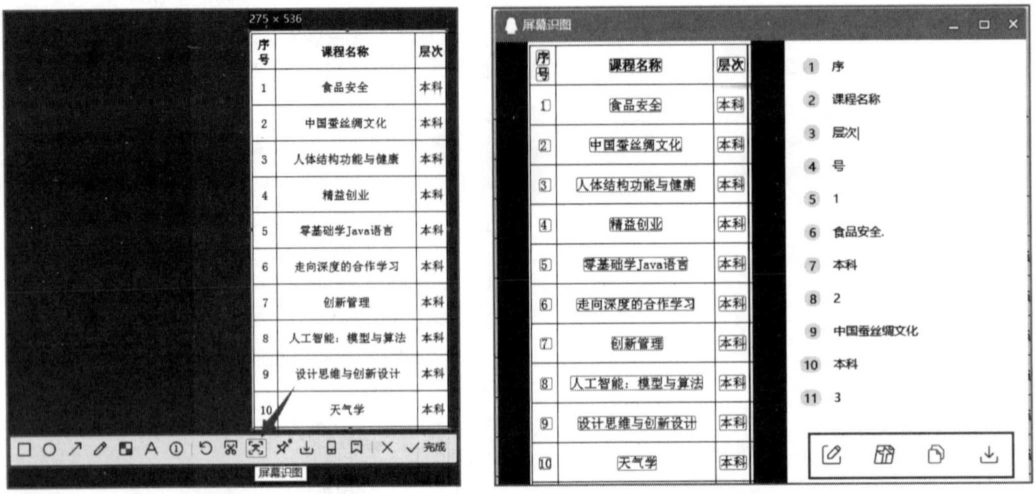

图 1-11　使用计算机 QQ 截图屏幕识图操作（从图片提取文字）

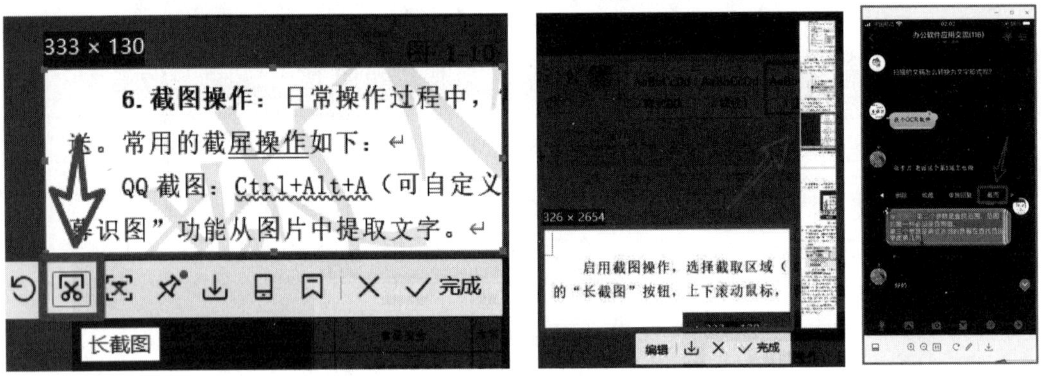

图 1-12　计算机 QQ 截图（长截图），及手机 QQ 截图

Windows 自带截图功能：PrtScnSysRq 键（全屏截图），Alt+PrtScnSysRq 键（活动窗口）；PrintScreen 键在 F12 键右侧区域。

苹果计算机截图快捷键：Command+Shift+3，全屏；Command+Shift+4，截取选中区域。

Windows 10 自带截图工具，在左下角“开始”菜单上右击，在弹出的快捷菜单中选择“搜索”命令，然后在文本框中输入“截图”，单击搜索到的“截图工具”即可打开，可截取任意格式截图、延迟截图等。Windows 10 自带截图工具如图 1-13 所示。

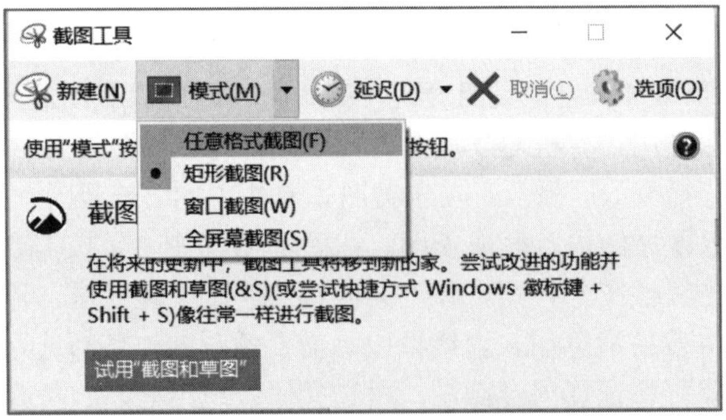

图 1-13　Windows 10 自带截图工具

［小软件］截图+贴图 Snipaste（网址：https://zh.snipaste.com/），一款在计算机上使用的小软件，无须安装（建议将 Snipaste.exe 快捷方式发送到桌面，方便运行），无须联网，即可直接运行，主要功能是截图和贴图，以及取色。体积小，不占用系统空间，免费，无广告。按快捷键 F1 截图，可自动捕抓各个界面、图标、文字；也可以自由选择截图的内容。按快捷键 F3 截图就在当前窗口置顶显示，双击可关闭。截图之后，可以进行编辑，自带的图片编辑功能有画线条、画框、画箭头、画笔、记号笔作记号，多种工具标记，多种颜色可用；可以添加文本，文本也有多种字体，还能添加马赛克，马赛克笔触大小、样式均可选择；单击画笔、箭头、形状等功能按钮左侧的小圆点，上下滚动鼠标滚轮，可调整线条或画笔的粗细。在贴图的图片上右击，可进行缩放、旋转、翻转等操作。

Snipaste 截图

利用 QQ 软件截取的图片，不能直接粘贴到桌面；而 Snipaste 软件可将截取的图片直接贴图，可拖动至窗口的任意位置，进行二次截图，适合需要截图进行文档或图片拼接，提升工作效率。利用 Snipaste 截图+贴图效果，如图 1-14 所示。

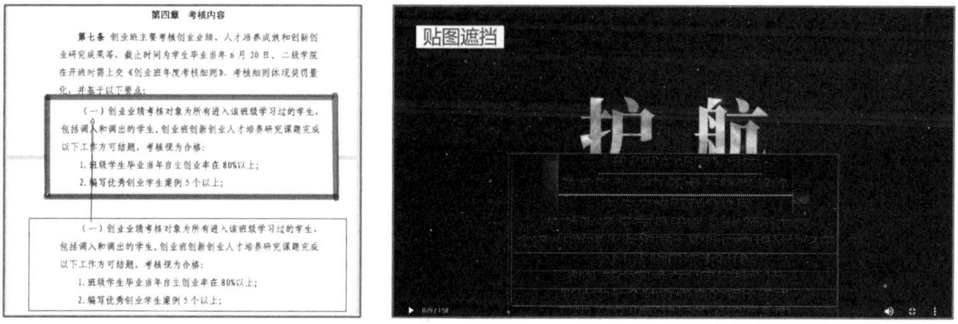

图 1-14　利用 Snipaste 截图+贴图对文档拼接，电影台词拼接

［APP］手机截图：如 Screenshot、Tailor 等。以 Screenshot 为例进行介绍，它是一款网页长截图和长图拼接工具。支持长截图、分段截图、生成 PDF、长图拼接、为网站生成二维码等，操作过程及效果如图 1-15 所示。

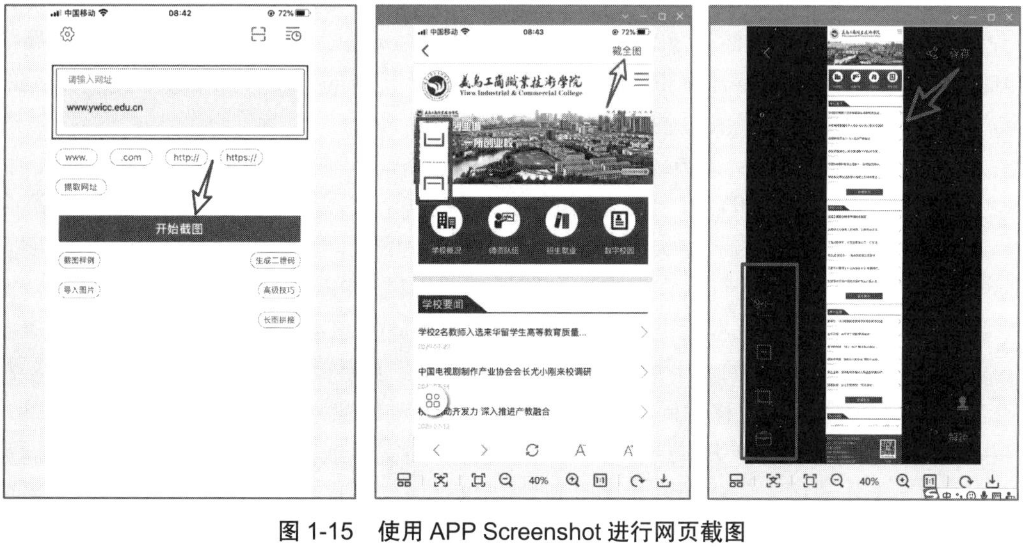

图 1-15　使用 APP Screenshot 进行网页截图

7. 屏幕录制

随着媒体技术的发展与普及，日常工作生活中，有时要将屏幕操作录制下来，如操作过程演示、产品操作说明、视频会议过程、教学视频、电影电视节目等屏幕录制，方便需要时反复观看，或二次编辑。下面推荐三款屏幕录制软件。

屏幕录制

oCam，一款小巧的屏幕录像软件。其功能十分强大，不仅能进行屏幕的录制，还能进行屏幕的截图。在使用 oCam 屏幕录像时，可以选择全屏模式，也可以选择自定义区域。oCam 软件操作界面如图 1-16 所示。

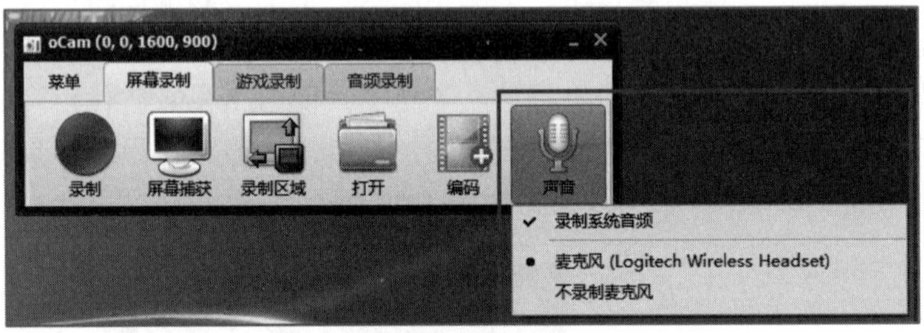

图 1-16　oCam 软件操作界面

EV 录屏软件，一款非常好用的桌面视频录制软件，免费无水印，可以按设定的时间点开启录制，也可设置时长自动停止录制，功能相对 oCam 更实用。

Camtasia Studio，一款专业的屏幕录像和编辑的软件套装。软件提供了强大的屏幕录像、视频的剪辑和编辑、视频菜单制作、视频剧场和视频播放功能等。可以方便地进行屏幕操作的录制和配音、视频的剪辑和过场动画、添加说明字幕和水印、制作视频封面和菜单、视频压缩和播放。

8. 文件备份

日常工作中，对重要资料文件，应有随时备份的意识，避免系统异常造成重要资料丢失。常用的备份方式有以下几种。

（1）本地备份：Windows 10 系统中自带文件备份功能。进入控制面板，在窗口右上角的“查看方式”中选择“小图标”，单击“存储空间”选项，在打开的界面中单击“创建新的池和存储空间”按钮，在浏览计算机各个盘的情况后选择其中的一个作为用来创建存储池的驱动器，然后单击“创建池”按钮备份即可。

（2）网盘备份（推荐）：此方法主要对文件数据做备份，如工作文档、个人照片等。目前网盘免费会员一般在速度和容量上会有所限制，可根据个人需要选择第三方平台，开通会员后操作体验会更好。现在的网盘类型较多，只要网盘上的空间足够且上传和下载的速度有保障即可。一般网盘会提供计算机客户端、浏览器端、手机 APP 等多种方式访问与备份，操作比较便捷。常用的网盘有百度网盘、腾讯微云、iCloud、OneDrive 等。目前百度网盘旗下的“一刻相册”提供“无限空间、下载不限速、自动备份”等免费功能。

（3）移动存储备份：用移动硬盘来备份数据，将移动硬盘通过 USB 线和计算机连接，在计算机上找到这个硬盘后再去本地计算机找到要备份的文件或文件夹，把它们发送到硬盘上保存。该方式操作便捷，但移动硬盘跟计算机硬盘一样，存在损坏风险，一旦损坏，需要专业人士修复，且目前的技术难以保障对数据的百分之百修复。

9. 浏览器兼容设置

计算机上网时，常通过浏览器访问指定的网站页面。Windows 10 自带的浏览器为 Microsoft Edge，另外常用的 IE 浏览器（Internet Explorer）也是微软公司开发的。常见的浏览器还有谷歌浏览器 Google Chrome、QQ 浏览器、360 浏览器、火狐、Safari、UC 浏览器等。

由于浏览器的内核不一样，会出现同一个网页，在不同浏览器上显示的效果不一样的情况，就是常说的浏览器不兼容。通过设置浏览器的兼容性一般可解决此问题。Windows 10 中自带浏览器 Edge 兼容性设置如图 1-17 所示。

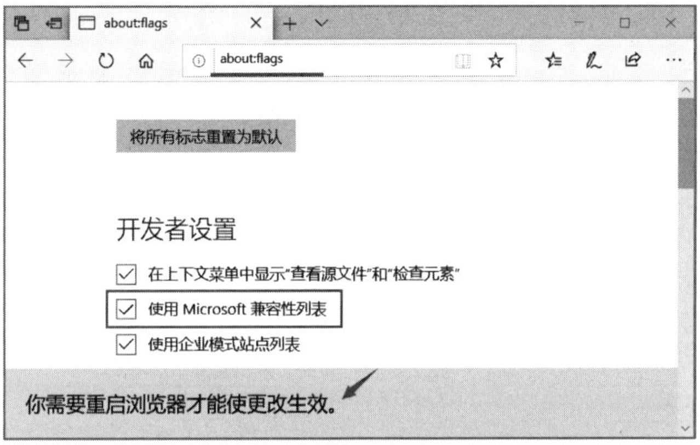

图 1-17　Microsoft Edge 浏览器兼容性设置

10. 收藏夹导入导出

网址很难记忆，平时可将经常要访问的网址添加到浏览器的收藏夹中。后续访问时，直接通过收藏夹下拉选择即可打开指定网站。收藏夹中的内容可以创建子文件夹进行分类整理，也可以设置收藏夹的显示/隐藏，及将收藏夹内容导入/导出。QQ 浏览器等还可以通过 QQ 号码登录，实现收藏夹内容的“漫游”共享（在一台计算机中收藏的内容，在另一台计算机浏览器登录后，可直接访问收藏夹内容）。Microsoft Edge 浏览器收藏夹常用操作及收藏夹导入/导出操作如图 1-18 所示。

图 1-18　Microsoft Edge 浏览器收藏夹常用操作及收藏夹导入/导出操作

图中，①将当前网址添加到收藏夹；②显示/隐藏收藏夹功能区；③已有收藏夹内容；④在收藏夹中创建子文件夹；⑤收藏夹设置。

11. 收发电子邮件

电子邮件又称E-mail，指通过网络为用户提供交流的电子信息空间，既可为用户提供发送电子邮件的功能，又能自动地为用户接收电子邮件，同时还能对收发的邮件进行存储，在存储邮件时，对邮件的大小有严格规定。每个电子邮箱都有一个全球唯一的地址，格式为“用户名@域名”，其中“@”读作at。收发邮件之前，必须拥有一个邮箱地址。以QQ邮箱为例，在QQ面板上单击“邮箱”图标可进入邮箱，或从网址https://mail.qq.com/登录进入。若没有QQ账号，需先注册新账号。

发送电子邮件：登录邮箱后，单击左上角的“写信”即可进入邮件发送界面，输入收件人的邮箱地址、主题，上传附件（“超大附件”最大支持3GB容量），内容写好后，然后可以进行发送、定时发送、存草稿等操作。

接收电子邮件：默认所有收到的邮件都在“收件箱”中，可设置“收信规则”改变新邮件的存放位置，如将“如果主题中”包含“考试”的邮件保存到“工作量数据”文件夹中，在“我的文件夹”中可新建文件夹。QQ邮箱发送、接收设置如图1-19所示。

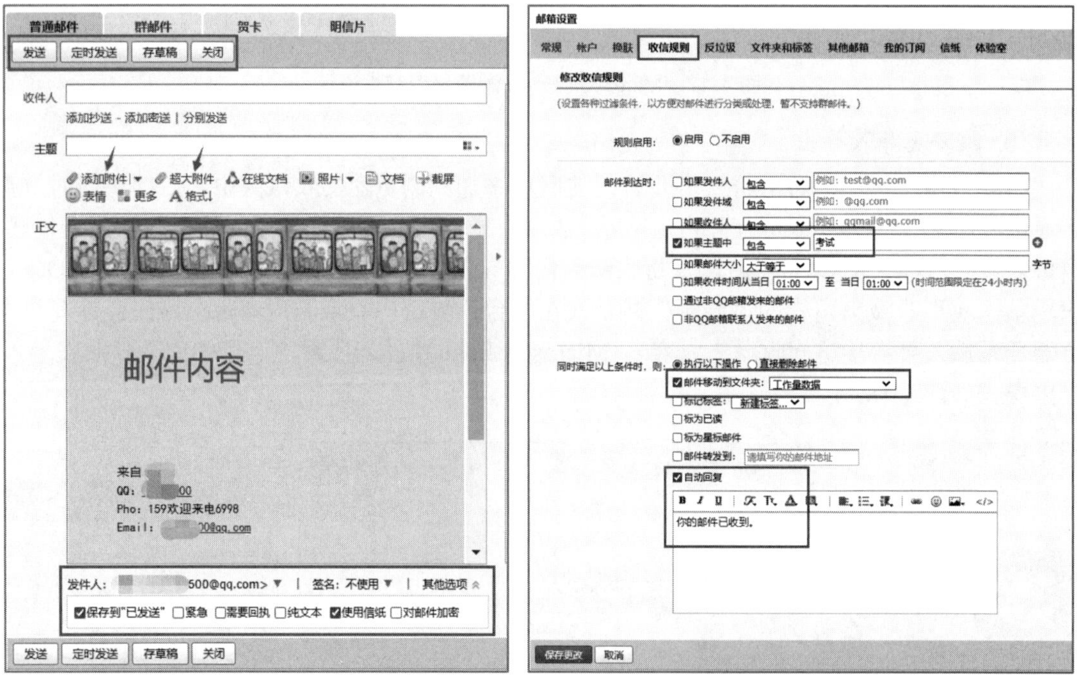

图1-19　邮件发送、接收设置

邮件代收设置：选择“设置”→“其他邮箱”→“添加其他邮箱账号”命令，在添加邮箱账号时，需要输入账号及邮箱登录密码，并填入收取邮箱的“服务器（POP）”地址和“端口”号。如果不知道服务器（POP）地址，可以登录邮箱后，在“设置”中找到“POP3/SMTP/IMAP”即可查看有关参数。如163邮箱的POP3服务器为“pop.163.com”。QQ邮箱中设置代收163邮件的操作如图1-20所示。

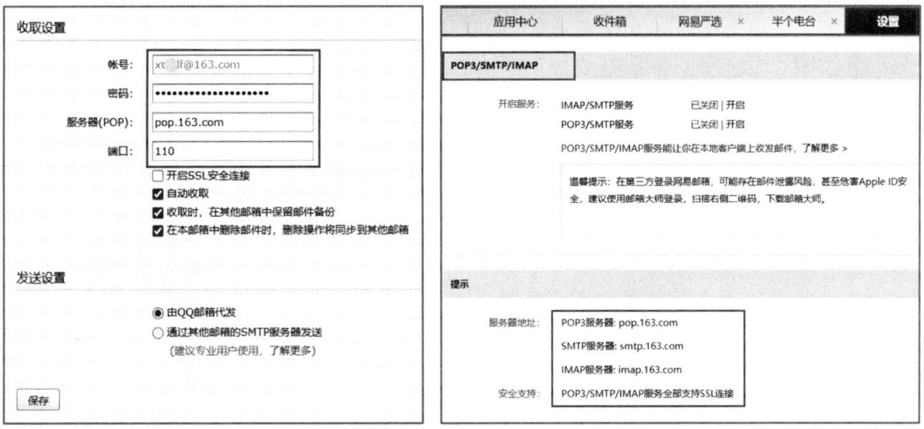

图 1-20　QQ 邮箱中设置代收 163 邮件的操作

1.3　信息安全

1. 网络安全意识

日常操作计算机的过程中，包括使用移动终端（手机、iPad）进行联网操作时，除安装杀毒软件，还应提高安全意识。如尽量不使用来历不明的软件；定期备份重要数据；不随意使用网络下载程序，尽量到知名网站下载；不要轻易打开可疑电子邮件（钓鱼邮件）；不随意扫描陌生的二维码等。

2. 杀毒软件

操作计算机的过程中，存在病毒、钓鱼网站等不安全因素。除对重要数据进行备份，有必要在计算机中安装一个杀毒软件。常用的安全防护软件有金山毒霸、卡巴斯基、迈克菲、瑞星杀毒、360 杀毒、腾讯安全管家、火绒安全等。这里推荐“火绒安全”，其免费无广告，弹窗拦截效果较好，还可以设置计算机上网时段或累计上网时长、限制计算机访问特定类型网站、限制指定应用程序的执行、管理 U 盘的接入使用、防止文件外传及病毒入侵等。火绒安全弹窗拦截效果，如图 1-21 所示。

图 1-21　火绒安全弹窗拦截效果

3. 密码安全

在日常操作中，很多地方都需要设置密码，如计算机开机密码、支付宝登录密码、支付密码、邮箱密码、银行卡密码等。应该设置安全系数高的密码，高强度密码长度一般不少于 8 位，由大写字母、小写字母、数字、符号等多种字符组成，不要只使用数字等单一类型的符号，不要使用出生日期等个人信息作为密码。

密码输入安全：刷卡、取款等输入密码时，应用手或包遮挡，避免被摄像头或他人偷看。定期修改密码，可增加密码的安全性。遮挡输入密码操作，如图 1-22 所示。

图 1-22　遮挡输入密码操作

个人计算机建议要设置登录密码。Windows 10 中，设置用户密码的方法为：打开控制面板，单击“用户账户”；也可单击左下角“开始”菜单，选择左侧齿轮图标（即设置），进入“Window 设置”界面后，选择“账户”，再单击左侧的“登录选项”，在右侧选择“密码”，即可进入密码设置界面，如图 1-23 所示。

图 1-23　Windows 10 中修改账户密码

4. WiFi 安全

使用公共 WiFi 时，最好不要进行支付操作，避免账号、密码等重要信息泄露，如非要使用可将手机切换到流量网络。将 WiFi 连接设置成手动，避免在不知情的情况下自动连接，不需要使用网络时及时关闭 WiFi 连接。看清楚 WiFi 名称，最好选择有密码的 WiFi，安全系数相对较高。

5. 网上购物（支付）安全常识

提高安全意识，注意交易行为本身的合法性（不要贪便宜）。尽量选用知名网购平台，如淘宝、京东、苏宁等；尽量使用第三方支付平台付款，不要直接转账汇款给对方；尽量不要在网吧等公共计算机上进行付款操作，支付密码设置为高强度的密码；严防钓鱼网站，注意网站的网址是不是官方网址，如工行网址为：*.icbc.com.cn；不随意扫描二维码。钓鱼邮件及扫码安全，如图 1-24 所示。

图 1-24 “钓鱼”邮件及扫码安全

转账金额较大时，最好先当面或电话确认，可分 2 次操作，第 1 次转 1 元，跟对方确认到账后，再根据已有转账记录转剩余款项（第 2 次可不用再次输入卡号等信息），以防转账时账号输入错误转入他人账户造成不必要的麻烦。

1.4 办公辅助

在使用计算机办公的过程中，结合使用在线文档、调查表、远程控制等软件，可辅助优化工作流程，提高工作效率。下面简单介绍几款实用的工具软件，如通讯录同步、流程图、思维导图、PDF 文档编辑、工作笔记、二维码制作、手机投屏等。

1. 在线文档

在线文档，是在线文档工具的简称，指支持随时随地创建、编辑的多人协作式在线文档工具。目前常用的在线文档工具有腾讯文档、钉钉在线文档、石墨文档、金山文档等。在线文档创建后，可设置用户权限，控制哪些用户能编辑文档，哪些用户能查看文档，适合用于团队协作办公。以腾讯文档（网址：https://docs.qq.com/）为例，目前提供“在线文档、在线表格、在线幻灯片、在线收集表及导入本地文件”等功能，支持 QQ、微信等多个平台编辑和分享。通过导入本地文件，可将本机已有文件导入转换为在线文档（支持 Word、Excel、PowerPoint、TXT 等）；在线收集表，可实现类似在线调查表的功能，设计好需要填写的信息项，发布后供用户在线填写。腾讯文档操作如图 1-25 所示。

用户可在微信中通过官方小程序查阅和编辑在线文档，腾讯文档的入口还包括腾讯文档独立 APP、QQ、TIM、Web 官网等。在上述平台，用户可以将文档同步分享给微信或 QQ 好友，并授权对方共同编辑，修改动作将实时同步到全部平台。

2. 在线调查

在线调查是通过互联网平台发布问卷，用户在线填写调查表所进行的调查。发布者可即时浏览调查结果。从样本来源看，在线调查可在更广泛的范围内对更多的人进行数据收集，调查中主要的误差包括抽样、对目标总体的覆盖程度及测量误差等。目前常用的在线调查有

图 1-25　腾讯文档操作

以下平台。

问卷星（推荐）：https://www.wjx.cn/，非会员可导出 Excel 调查数据。

问卷网：https://www.wenjuan.com/。

91 问问：https://www.91wenwen.net/。

腾讯问卷：https://wj.qq.com/。

调查派：https://www.diaochapai.com/。

若需匿名收集信息，可使用课堂酷平台：http://www.ketang.cool/。

3. 远程控制

远程控制操作

远程控制软件的运用不管是从其用户群、安全性、操作性、所能实现的功能方面，都在慢慢地渗入我们的生活中成为一种新远程办公方式。如在家通过远程桌面连接，控制办公室的计算机；为客户提供远程技术支持，实现手把手指导；远程文件管理，在远程连接的设备之间传输文件资料等。可实现远程控制的软件有很多，下面列举几款。

QQ 远程：只需要登录 QQ 即可使用，但双方要先加对方的 QQ 为好友。

TeamViewer（推荐）：对个人用户免费，可以穿透各种防火墙，不需要拥有固定 IP 地址，双方都可以相互控制，手机、iPad、计算机多终端互通。

向日葵：有免费版软件下载，操作简单易懂，有桌面共享摄像头功能。

灰鸽子：由潍坊灰鸽子安防工程有限公司开发的免费的远程控制软件。

网络人：根据使用目的不同，分为 Netman 办公版和 Netman 监控版。

以 TeamViewer 为例（网址：https://www.teamviewer.cn/cn/），支持 Windows、Mac OS、Linux、iPhone、Android 等多平台。连接双方设备都必须安装 TeamViewer，服务器会自动分配一个 ID 和密码，ID 固定，密码随机（可设置密码）。连接前，双方都启动 TeamViewer，通过 ID、密码进行连接，连接成功后，输入被连接计算机的登录密码即可操作，如图 1-26 所示。

4. 通讯录同步助手

在信息化时代，与亲友、同事、客户、同学等之间日益繁多的人际交往使得我们需要处理大量的通讯录信息。通讯录已成为每个人的重要的资源。个人常用通讯录保存设备——手

图 1-26　远程连接软件 TeamViewer

机，更换较为频繁，如何高效、长期地保存通讯录显得尤为重要，通讯录助手可以帮助我们解决此问题。常用的通讯录同步软件有：QQ 同步助手、360 同步助手、闪电换机、百度网盘、乐同步、神同步等。以 QQ 同步助手（网址：https://ic.qq.com/）为例，其主要功能介绍如下。

通讯录同步操作

通讯录备份：将手机通讯录一键备份同步到网络，可以通过计算机整理通讯录，再同步到手机。

合并重复联系人：智能推荐重复的联系人组合并，自由挑选联系人合并。

永不丢失联系人：误删的联系人可以通过“时光机”或“回收站”功能找回。

收集微信名片：获得微信好友的电话号码，并保存到手机上。

近距离传图：零流量极速批量传图。

分享、转移联系人：可通过微信、E-mail 等方式分享和转移你的联系人资料。

安全防护：软件锁定，防止他人进入操作你的 QQ 同步助手；同步监控，新手机用你的 QQ 号同步会及时预警。

手机号登录：支持手机号登录，没有 QQ 照样能使用。

清空通讯录：快速清空通讯录，换机、整理更便捷。

QQ 同步助手主要操作步骤：将 Excel 格式通讯录数据通过浏览器导入到 Web 服务器端；手机安装 QQ 同步助手 APP，同账号登录后，APP 可与 Web 端的通讯录数据进行同步，手机端新增的通讯录数据可同步备份到 Web 端。当更换手机时，只需在新手机上下载同步助手 APP，通过 APP 即可将通讯录同步到手机中。QQ 同步助手操作如图 1-27 所示。

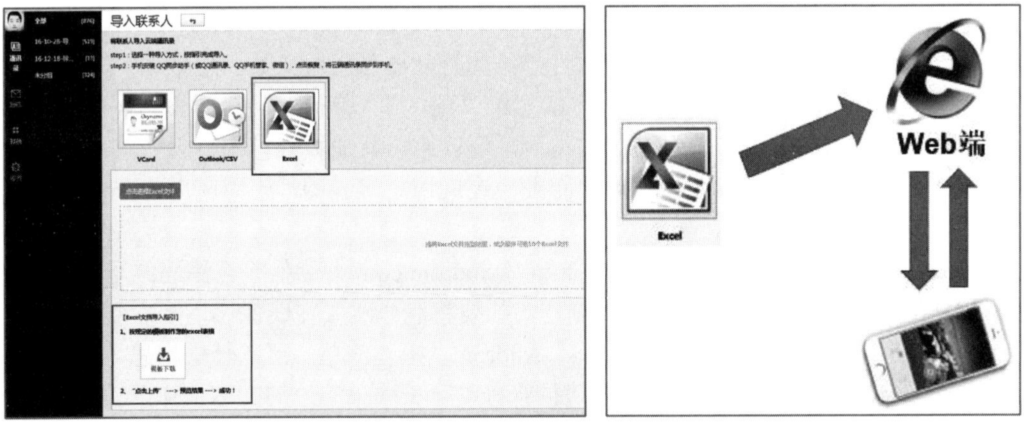

图 1-27　QQ 同步助手操作

5. 流程图

使用图形来表示业务的逻辑关系一目了然，一图胜千言。在日常工作生活中，常需要用流程图来说明某一过程的业务逻辑。这种过程既可以是生产线上的工艺流程，也可以是完成一项任务必需的管理过程。

在线流程图

下面以 ProcessOn 在线作图（网址：https://www.processon.com/）为例进行介绍。ProcessOn 可以在线画流程图、思维导图、UI 原型图、UML、网络拓扑图、组织结构图等。可以把作品分享给团队成员或好友，无论何时何地大家都可以对作品进行编辑、阅读和评论。ProcessOn 不仅仅具有强大的作图工具，还有海量的图形化知识资源。支持微信、QQ、谷歌、微博账号直接登录或注册新账号后使用。使用 ProcessOn 在线制作流程图，如图 1-28 所示。

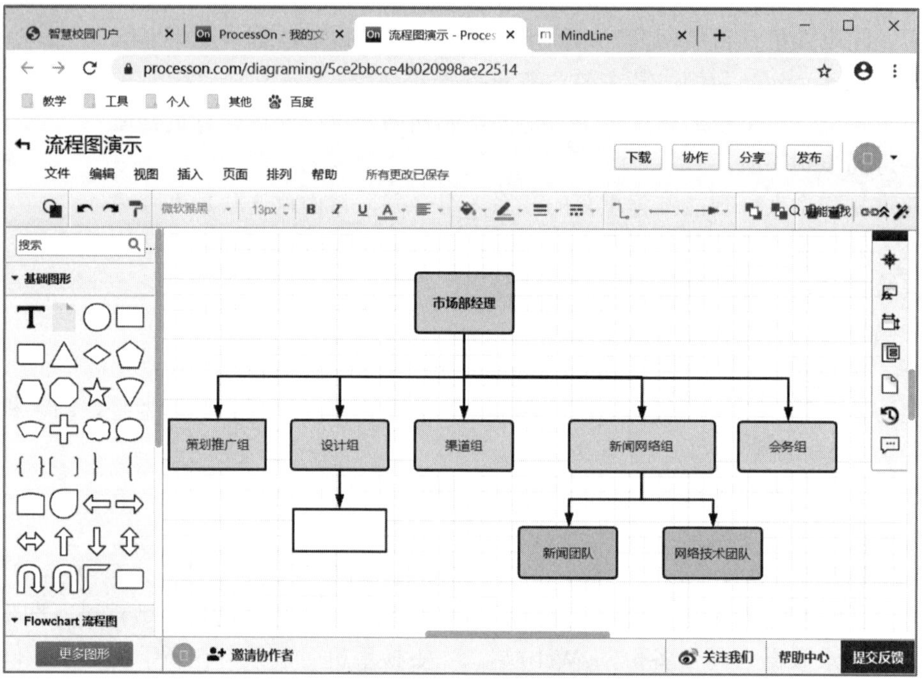

图 1-28　使用 ProcessOn 在线制作流程图

6. 思维导图

思维导图又叫心智导图，是表达发散性思维的有效图形思维工具。思维导图是有效的应用于记忆、学习、思考等的思维“地图”，有利于人脑扩散思维的展开。思维导图已经在全球范围内得到广泛应用，新加坡教育部将思维导图列为小学必修科目，大量的 500 强企业也在应用思维导图，中国应用思维导图也有 20 多年时间了。

在线思维导图

下面以 MindLine 思维导图（网址：http://mindmm.com/）为例来介绍思维导图的制作。MindLine 思维导图支持免登录在线直接制作，如要将制作结果在线保存，则需要注册账号登录。客户端软件支持 Windows、Mac、iOS、Android。操作简单，可以轻松构思，扩展想法和计划。单击分支上的+号，即可向左右两边扩张分支，长按分支上的文本会弹出功能菜单，可以进行复制、剪切、删除、备注和标记等操作。制作好的导图可以导出为图片和文字大纲等多种格式，并能随时分享给好友。还提供强大的云服务备份和同步导图文件，实现不同设备间文件共享，确保文件不会丢失。登录“我的云空间”可以在线打开和编辑保存在云空间的导图。使用 MindLine 制作思维导图，如图 1-29 所示。

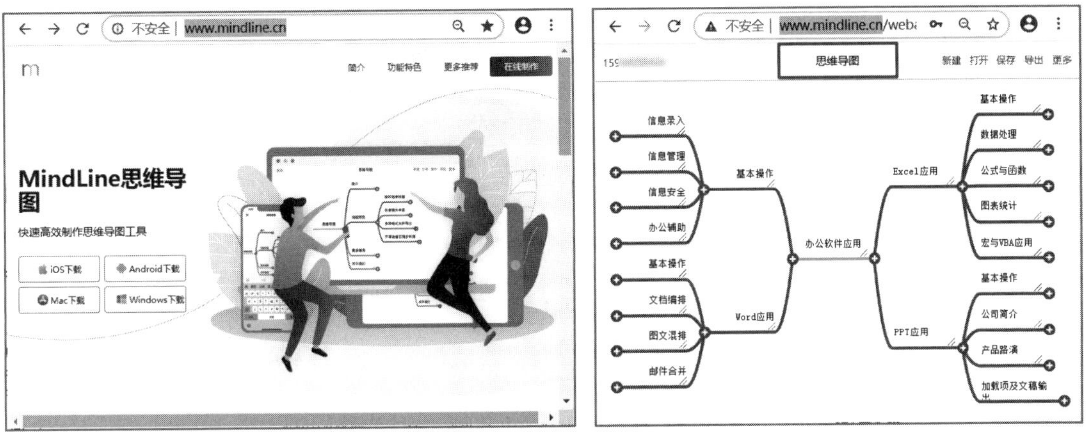

图 1-29　使用 MindLine 制作思维导图

7. PDF 文档编辑

PDF 文档编辑

PDF 全称 Portable Document Format，是 Adobe 开发的便携式可移植文档格式，是一种专门用于阅读和打印的文档格式，无论你在什么系统打开 PDF 文档，它都可以保持一致的格式和色彩。PDF 文件的最大特点就是只能查看，不可编辑。这一性能使它成为在 Internet 上进行电子文档发行和数字化信息传播的理想文档格式。越来越多的电子图书、产品说明、公司文告、网络资料、电子邮件开始使用 PDF 格式文件。

在 Word 2019 中，可将文档另存为 PDF 格式。用 Word 2019 打开 PDF 文档时，可将其转换为 Word 格式文档。打开时提示“Word 现在会将您的 PDF 转换为可编辑的 Word 文档。这可能需要一段时间。生成的 Word 文档将经过优化以允许您编辑文本，因此它可能看起来与原始 PDF 有些不同，尤其是当原始文件包含大量图形时”，如图 1-30 所示。

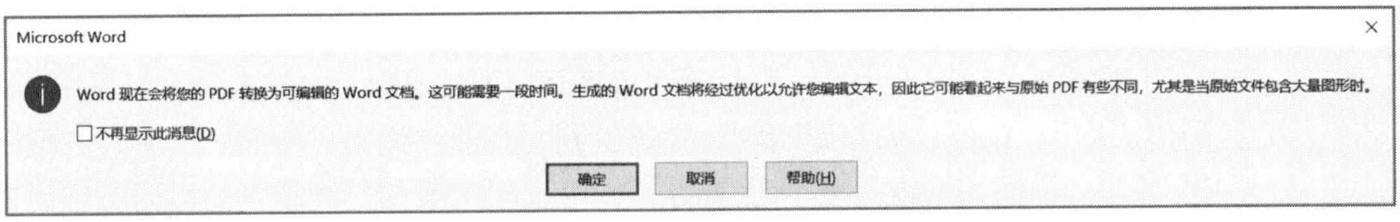

图 1-30　Word 2019 打开 PDF 文件时的提示框

使用 Adobe Acrobat 9 Pro，可对 PDF 文件进行拆分、合并、页面旋转、页面替换、添加水印等操作，也可将图片转换为 PDF、添加虚拟打印机等。操作界面如图 1-31 所示。

8. 笔记软件

在日常生活中，有时因为时间紧张，有时因为场合不方便，无法气定神闲地摊开计算机、取出笔记本进行记录。这时，就可以对着手机，通过语音方式简洁快速地记录闪现的灵感碎片。这样既能够防止遗忘，可以留待后期整理，又不影响手头正在进行的其他工作。

好记性不如烂笔头，在日常学习、生活、工作中，适当做笔记，可协助我们积累宝贵经

图 1-31　Adobe Acrobat 9 Pro 操作界面

验，提升工作技能。做到“学一次就会”，不断积累工作经验！以前记笔记多采用纸质形式，保管困难，查阅不便。现推荐几款电子笔记软件，如印象笔记、有道云笔记、为知笔记、语记、涂书笔记、幕布等，手机自带的备忘录也可记笔记。电子笔记软件基本都以树形结构来显示笔记本，支持手机、计算机等多终端共享笔记，方便笔记内容的查看与重用。不同笔记软件功能略有差异，如印象笔记可以复制原格式（可以复制颜色），有插入代码的功能；有道云笔记可以导出 Word、PDF 等文件；语记是讯飞语音记事本的升级版本；涂书笔记具备强大的文字识别能力，可以将照片、截屏及 PDF 中的文字准确快速提取，转为文本文档。幕布可将笔记内容转换为思维导图等。具体可下载试用，选用一款适合自己的笔记，关键是要养成做笔记、用笔记的良好习惯。

9. 二维码制作与美化

二维码制作与美化

随着智能手机的普及，以及移动互联网的迅猛发展，二维码作为移动端信息快捷接口的功能，在移动应用、物联网信息管理和信息处理加工等领域，越来越发挥更大的效用，让每个用户都能随时随地地参与到信息加工、信息处理中，信息的处理能力更加惊人。二维码又称二维条码（2-dimensional bar code），在生活中应用十分广泛，如扫码购物、扫码签到、企业二维码、产品二维码、二维码名片、产品防伪溯源二维码、二维码菜单/点餐等。扫码过程一般都是终端自动访问二维码对应网站的过程，所以，一个二维码一般对应一个网址。目前大部分带二维码功能的平台一般都能默认生成相应的二维码，默认二维码一般是黑白形式的，不够美观，如要将指定 Logo 图片嵌入到二维码中，可使用第三方平台进行操作。下面以“草料二维码”（网址：https://cli.im/）为例介绍具体操作。先将需要制作二维码的网址，或文本，输入后即可生成二维码，再通过在线的“美化器”可进行美化设置，如插入 Logo 图标，或更改颜色、形状等。通过美化二维码，可以提升文档的美观性。草料二维码平台操作，如图 1-32 所示。

10. 投屏软件

在信息化办公过程中，有时需要将手机中的信息投屏到计算机或投影中，可使用第三方

图 1-32　草料二维码平台操作

投屏软件进行处理。具有投屏功能的软件有很多，下面以“幕享”软件为例介绍具体的操作。幕享，通过各平台和设备间的屏幕同屏技术，让人们可以更轻松地分享屏幕，使会议教学更直观、家庭生活更精彩。可将安卓或苹果手机画面同步投屏到 Windows、Mac OS 等计算机及智能电视上，支持计算机与 iPhone 或 iPad 等设备同屏互动，应用在教学、娱乐、办公、生活等领域。

以苹果手机投屏到计算机为例，具体操作步骤为：在计算机、手机上分别下载“幕享”投屏软件；安装后运行，手机跟计算机连接到同一个 WiFi 网络；手机打开幕享 APP 后，直接单击搜索计算机名称，选择“手机投屏”板块；打开 iPhone/iPad 的控制中心，单击“屏幕镜像”（iOS 10 及 10 以下机型选择“AirPlay 镜像”或“AirPlay”），选择名称为“LetsView［计算机名］”的设备，即可将苹果手机屏幕投射到幕享上，操作过程如图 1-33 所示。

图 1-33　投屏软件幕享操作过程

11. 即时通信工具

即时通信（IM）是指能够即时发送和接收互联网消息等的业务。自 1998 年面世以来，随着计算机网络技术的飞速发展，即时通信的功能日益丰富，逐渐集成了电子邮件、博客、音乐、电视、游戏和搜索等多种功能。即时通信不再是一个单纯的聊天工具，它已经发展成集交流、资讯、娱乐、搜索、电子商务、办公协作和企业客户服务等为一体的综合化信息平台。

目前国内常用的即时通信软件有：微信、QQ、新浪微博、钉钉、抖音、知乎等。其中在办公信息管理方面，钉钉的功能相对更实用。如在工作群中发布信息后，钉钉自动统计哪些人已读信息、哪些人未读信息。对未读人员的提醒，提供了“应用内提醒、短信提醒、电话提醒”三种方式，其中后两种方式每月有免费次数限制。“自动统计、一键提醒”等功能，可协助提升办公信息管理效率。钉钉提醒未读人员操作，如图 1-34 所示。

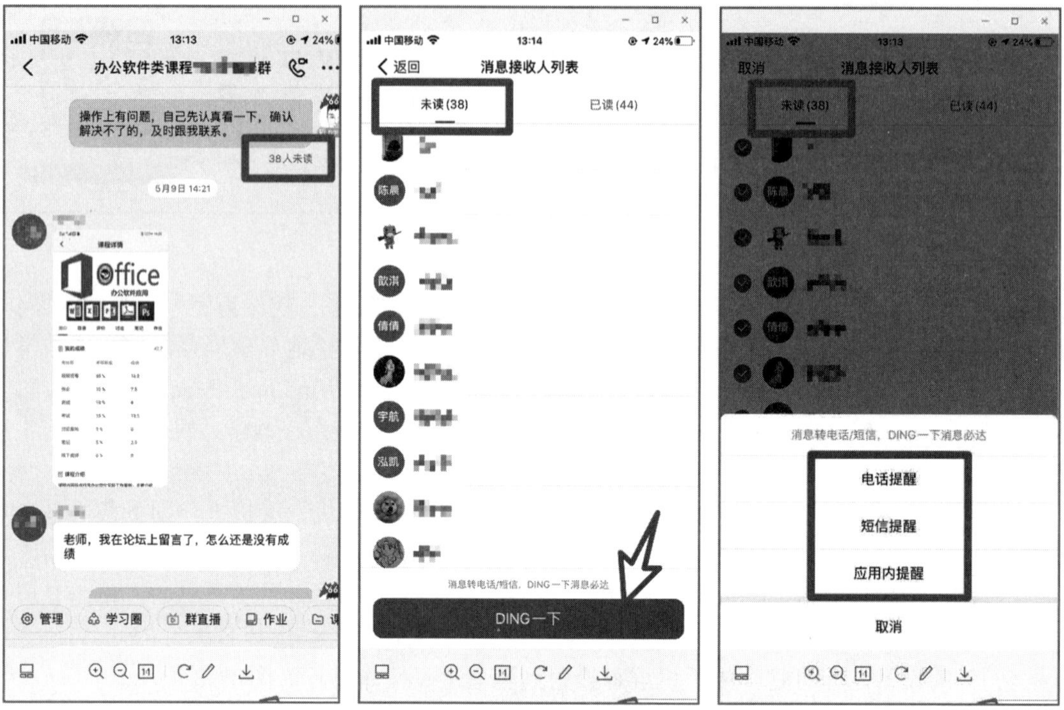

图 1-34　钉钉群信息自动统计成员阅读情况并可一键提醒未读人员

采用“电话提醒”“短信提醒”，无论对方是否安装钉钉 APP，均可收到 DING 消息。“电话提醒”指钉钉后台服务器自动给未读人员拨打电话，电话接通后计算机语音播报信息内容。“短信提醒”指钉钉后台服务器自动给未读人员发送手机短信，提醒对方。“应用内提醒”是自动给未读人员单独发钉钉消息。发送者查看 DING 提醒确认情况，如查看对方是中途挂断还是未接到电话等。

12. *在线办公有关软件介绍*

（1）［APP+网站+PC 端］WPS（Word Processing System）。金山办公软件出品的 Office 软件，可以实现办公软件常用的文字、表格、演示等多种功能，小巧易用且个人版免费。WPS Office（简称 WPS）与微软 Office（简称 MS Office）的大部分操作类似。WPS 运行 Word、Excel、PowerPoint 文档时，所有文档在同一个界面窗口中；MS Office 运行 Word、Excel、PowerPoint 文档时，各个文档在不同的窗口界面中；在不同文档之间进行切换时 WPS 更方便。尤其在移动端，WPS Office 比 MS Office 操作更便捷。MS Office 组件比 WPS 多，正版需收费，稳定性可能更好。

注册登录 WPS，完成有关任务后即可成为会员，部分功能需具有超级会员权限。WPS 手机端操作，如图 1-35 所示。

（2）［网站］傲软 Apowersoft（网址 https://www.apowersoft.cn/），支持多个实用办公功能的高质量网站，提供了很多免费在线应用，如在线水印管家、在线录屏、在线录音、在线视

图 1-35　WPS 手机端操作（多人同时编辑同一文档）

频转换、在线 PDF 编辑、在线思维导图、在线流程图、在线抠图、音视频处理、多媒体转换、移动数据传输、数据恢复等。对应功能不需要安装软件，直接在线操作即可完成，可用于临时处理有关办公问题。对应在线功能也提供客户端程序。操作如图 1-36 所示。

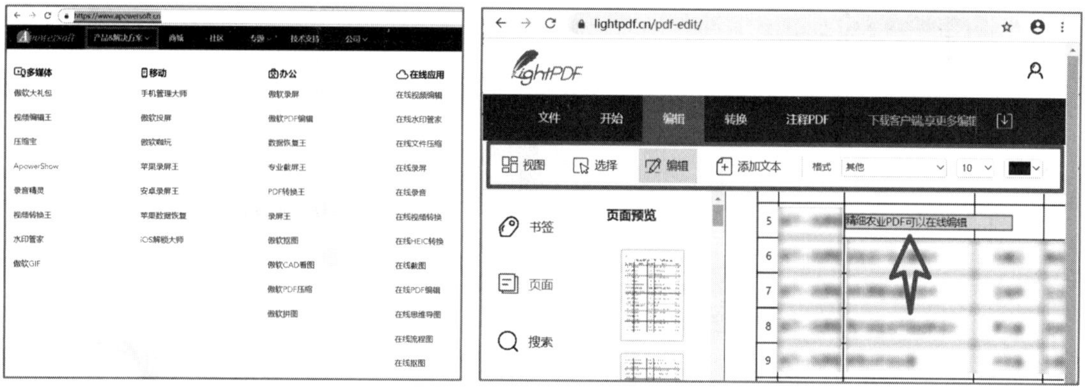

图 1-36　在线办公网站傲软（Apowersoft）

（3）［网站］文件分享神器（AirPortal 空投，网址：https://airportal.cn/），免费的多平台文件传输网站，支持手机、计算机操作。适用于小范围文件传输使用，免费用户发送的文件下载次数不超过 10 次、保存小时数不超过 24 小时。不登录也能使用，发送时支持上传文件、文件夹及输入文本功能。可设置下载次数、保存小时数、密码，设置密码后，接收者输入提取码后，还需要输入该密码才能提取文件，其中下载次数大于 10 次、保存小时数超过 24 小时、上传文件夹、发送大于 1GB 的文件等操作需要具有高级会员权限。AirPortal 空投操作效果如图 1-37 所示。

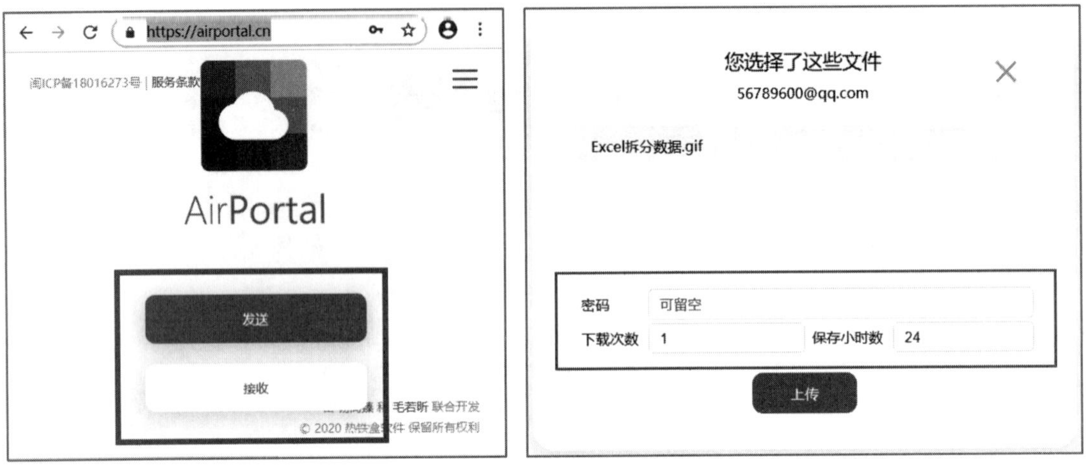

图 1-37　AirPortal 空投操作效果

（4）［APP+网站］美篇（网址：https://www.meipian.cn/），是一款图文创作分享应用 APP，由南京蓝鲸人网络科技有限公司研发，产品覆盖 Web 及移动端。美篇解决了微博、微信朋友圈只能上传 9 张图片的痛点，为用户创造了流畅的创作体验。适用于制作公司简介、产品介绍等信息，通过网络端推广信息。可通过微信扫码，或手机号码验证等方式登录。需要绑定手机号码后才能分享。计算机浏览器端使用美篇操作，如图 1-38 所示。

图 1-38　计算机浏览器端使用美篇操作

（5）［网站+APP］海致 BDP 数据可视化工具（网址：https://www.bdp.cn/）。BDP 商业数据平台是海致网络技术（北京）有限公司旗下云端可视化数据分析工具。海致 BDP 为企业提供的核心价值在于用直观、多维、实时的方式展示和分析数据，能一键联通企业内部数据库、

Excel 及各种外部数据，并在同一个云平台上进行多维度、细颗粒度的分析，亿行数据、秒级响应，并可在移动端实时查看和分享，激活企业内部数据。数据源支持 Excel 文件上传、MySQL 等数据库、微信公众平台、微信小程序等多种数据。个人版网址：https://me.bdp.cn/，注册后可免费使用普通功能，操作如图 1-39 所示。

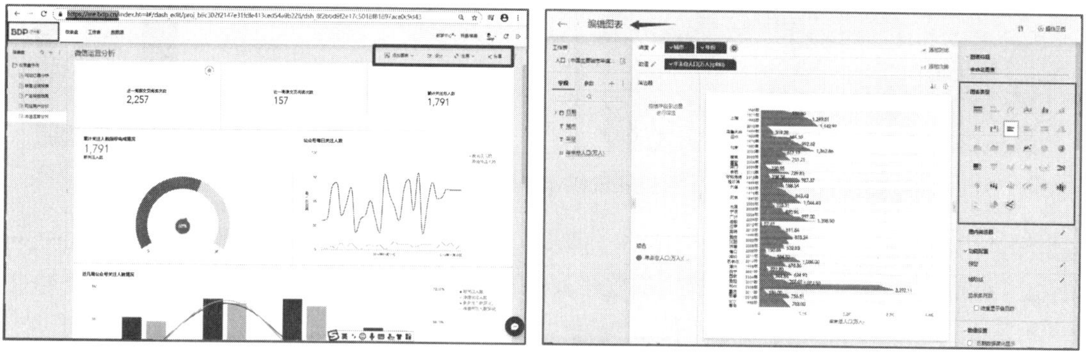

图 1-39　海致 BDP 数据可视化

（6）[网站] 简道云（网址：https://www.jiandaoyun.com/），一个灵活易用的应用搭建平台，数据搜集管理工具，旨在满足企业/部门的个性化管理需求。用户无须编程，即可搭建销售、OA 办公、生产等管理应用，帮助企业规范业务流程、促进团队协作、实现数据追踪。基本功能免费使用，支持 Excel 导入，适合对编程不熟悉的人使用，支持钉钉、企业微信、微信公众号、小程序等平台，手机、平板电脑、计算机随时登录办公。简道云操作界面，如图 1-40 所示。

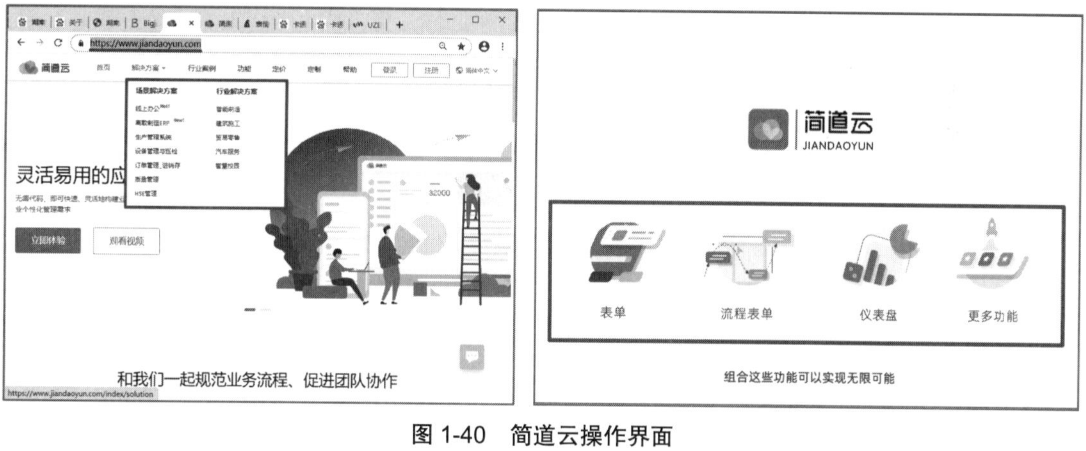

图 1-40　简道云操作界面

（7）[网站] 百度图说（网址：https://tushuo.baidu.com/），在线制作数据图表，专业的大数据可视化分析平台，零编程玩转图表，便捷分享，协同编辑，操作简单，使用方便，适合对 Excel 使用不太熟练的职场人士。百度图说操作界面如图 1-41 所示。

（8）[APP] Office Lens，适用于讲座、会议等场所拍摄投影屏幕，是微软发布的一款办公软件。该软件可以修正、增强白板和文档中的图片。在白板、文档模式下，可自动裁剪拍摄区域，并将斜视角拍摄的图片自动调整为正面视角效果。不仅可以裁剪、强化白板和文档中的图片，而且拥有强大的文字识别（ORC）功能，可以自动识别打印和手写文本，还可以

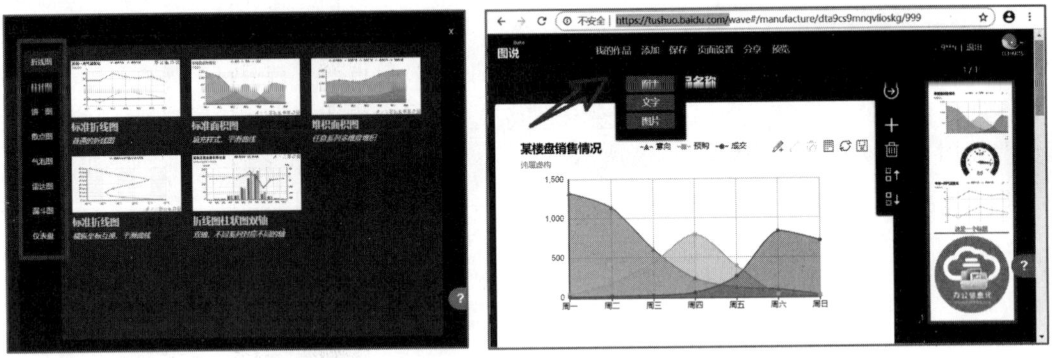

图 1-41　百度图说操作界面（在线绘制图表）

搜索图片中的文字，然后进行复制和编辑。能将图像转为可编辑的 Office 的 Word、PowerPoint 文件。Office Lens 就好像口袋中的扫描仪。其操作界面如图 1-42 所示。

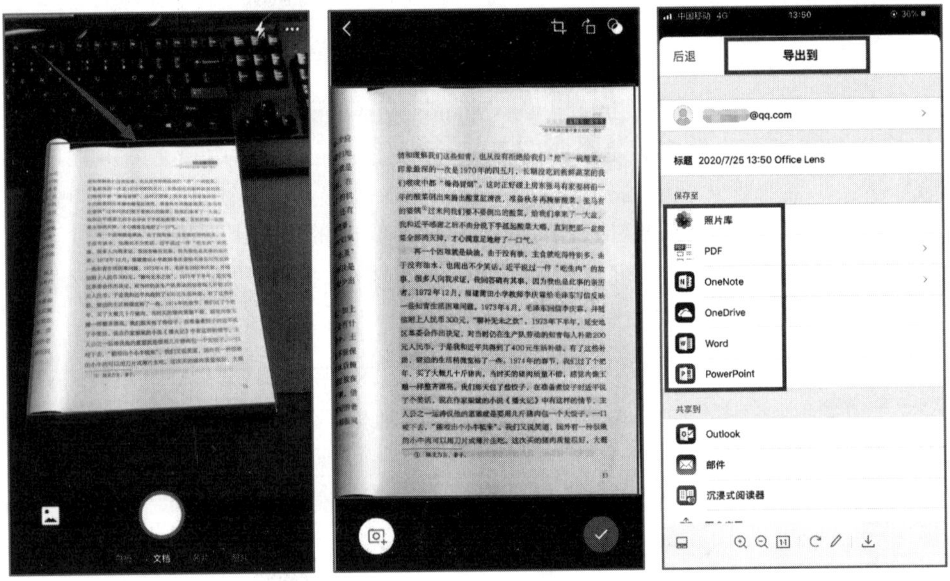

图 1-42　Office Lens 自动截取白板或文档的有效区域并转为正面视角，及导出文件

（9）［APP+网站+计算机端］美图秀秀（网址：https://xiuxiu.web.meitu.com/）。美图秀秀是 2008 年由厦门美图科技有限公司研发、推出的一款免费图片处理的软件，可对图片、视频进行处理，有 iPhone 版、Android 版、PC 版、Windows Phone 版、iPad 版及网页版，致力于为全球用户提供专业智能的拍照、修图服务。“Get 同款”功能，在 APP 中选择一个已发布的作品作为模板，可实现对指定图片或视频文件的快速编辑。完成后单击右上角的“保存/分享”，即可将编辑结果保存到手机中，然后进行分享。美图秀秀适用于制作海报、宣传短视频等。操作界面如图 1-43 所示。

（10）［APP］剪映。剪映是由抖音官方推出的一款手机视频编辑工具，可用于手机短视频的剪辑制作和发布，带有全面的剪辑功能，支持变速、多样滤镜、画中画等效果，以及丰富的曲库资源。“剪同款”功能，即在 APP 中选择一个已发布的作品作为模板，可实现对指定视频文件的快速剪辑。剪映有 iOS 版和 Android 版两个版本，适用于在移动端对视频进行剪辑。操作界面如图 1-44 所示。

图 1-43　美图秀秀 APP 端操作界面

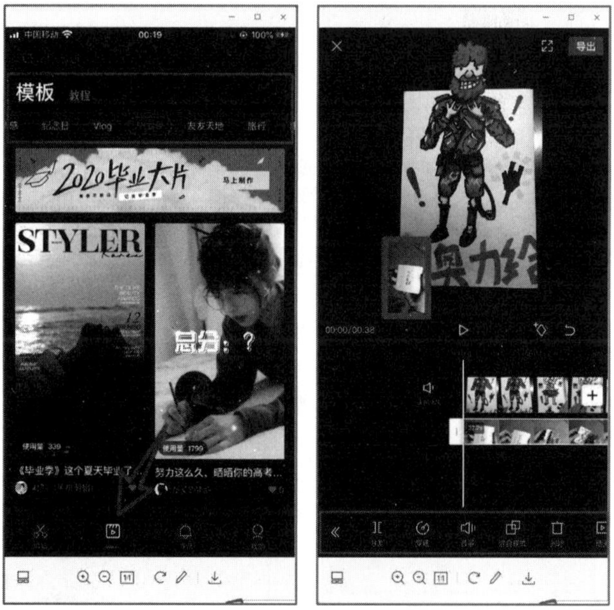

图 1-44　剪映 APP 短视频剪辑

（11）［APP+网站］名片全能王（网址：https://www.camcard.com/）。名片全能王（CamCard）是由合合信息开发的一款基于智能手机的名片识别软件，它能利用手机自带相机进行拍摄名片图像，快速扫描并读取名片图像上的所有联系信息，自动判别联系信息的类型，按照手机标准联系人格式存入电话本与名片中心。在 APP 中打开摄像头对准名片后，会自动聚焦名片并拍照扫描，提取名片中的信息。操作界面如图 1-45 所示。

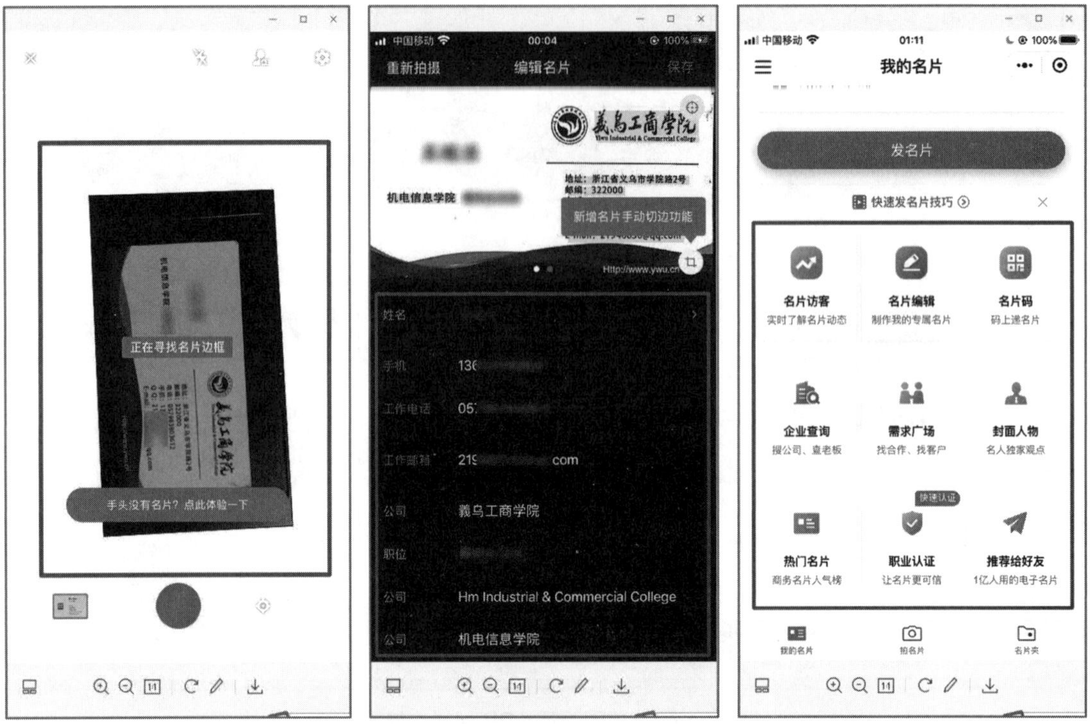

图 1-45　名片全能王 APP 拍照识别名片信息，及微信小程序界面

随着信息技术的发展，及移动应用的普及，传统名片将会被二维码信息化名片所替代，如微信名片、钉钉名片、QQ 名片等。

（12）［网站］AI 人工智能图片放大平台 Big jpg（网站：https://bigjpg.com/），使用最新人工智能深度学习技术——深度卷积神经网络，将噪点和锯齿的部分进行补充，实现图片的无损放大，无须注册账号，可以直接通过浏览器访问使用。操作界面如图 1-46 所示。

图 1-46　AI 人工智能图片放大效果对比

（13）［网站］阿里巴巴矢量图标库（网址：https://www.iconfont.cn/），一个矢量图标库资源网站，在设计制作过程中，可以到此下载需要的图标。不过需要 GitHub 账号或新浪微博账号登录。操作界面如图 1-47 所示。

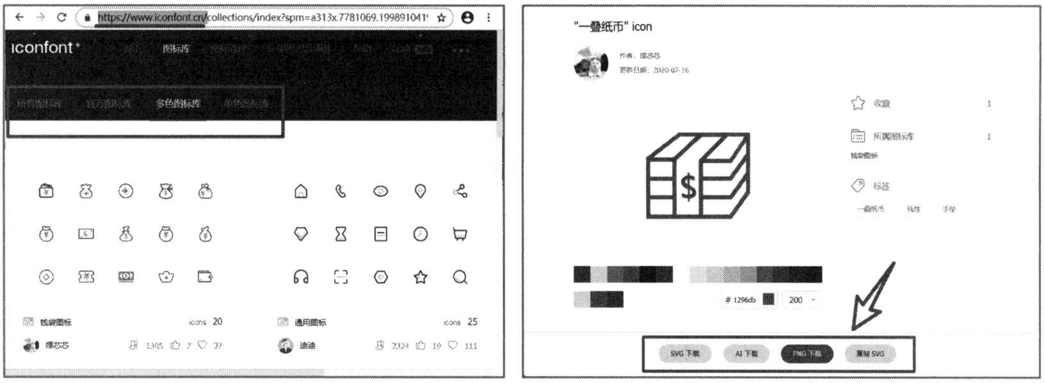

图 1-47　阿里巴巴矢量图标库

（14）［网站］在线抠图 Removebg（网址：https://www.remove.bg/），一个在线免费抠图网站，无须注册即可操作，适用于工作中有简单抠图需求的操作，如照片去背景等。操作界面如图 1-48 所示。

（15）［网站］Smallpdf（网址：https://smallpdf.com/cn），多合一易于使用的在线 PDF 工具，号称一个网站就能解决所有的 PDF 问题。该网站提供了非常齐全的 PDF 功能，包括 PDF 与 Word、PPT、JPG 的相互转化；PDF 的压缩、编辑、合并、解密、加密等功能，用户无须注册无须下载即可在线免费使用，部分功能需要会员才能使用。操作界面如图 1-49 所示。

图 1-48　在线抠图 Removebg

图 1-49　Smallpdf 简单好用的线上 PDF 工具

（16）［网站］一站式工具平台 PickFrom（网址：https://zh.pickfrom.net/）。PickFrom 致力于提升工作效率，主要提供文档转换、网页处理、视频处理等在线服务，适合网页转 PDF、网页转图片、网页长截图、微信文章转 PDF 等操作。操作界面如图 1-50 所示。

图 1-50　PickFrom 一站式工具平台

（17）［网站］在线格式转换“凹凸凹”All To All（网址：https://www.alltoall.net/），一款功能强大的全能转换器网站，号称中国最全面的格式转换平台，无须登录即可操作。免费、快速，无须下载安装任何软件，支持 PDF 文档、图片、视频、表格、文档等相关文件格式的互相转换。操作界面如图 1-51 所示。

图 1-51　在线格式转换 All To All

（18）［网站］在线转换工具，档铺（网址：http://www.docpe.com/）。档铺网，专注于提供在线文档编辑、处理和转换的解决方案，可以实现在线 AutoCAD 图纸转图片、各种图片的格式转换、Word 文档转换、Excel 文档转换等，如 Word 文档转图片/HTML、文档分割、TXT 转 Word/HTML、添加水印、文档合并、替换文字；Excel 转图片、合并 Excel、PPT 转图片、图片添加水印、图片转 ico 图标、图片拼接、图片转文字、PDF 转换等功能，无须注册即可使用。操作界面如图 1-52 所示。

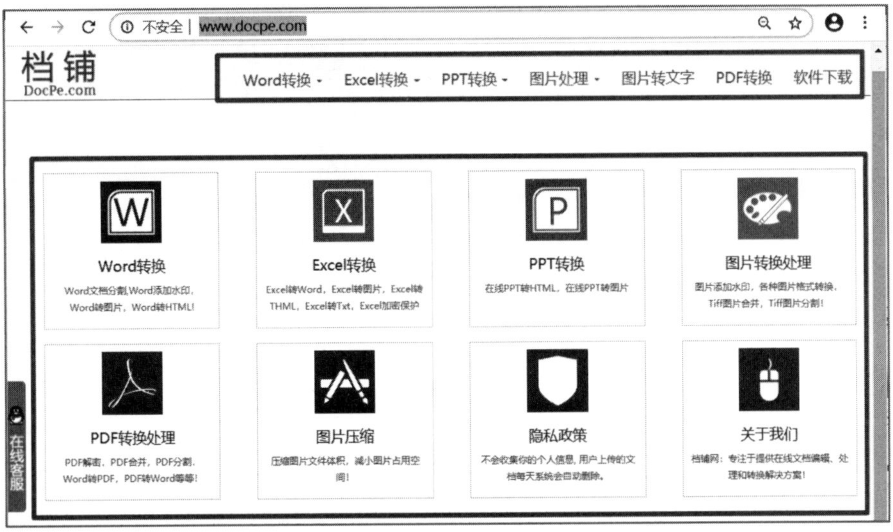

图 1-52　在线转换工具，档铺

随着计算机技术的飞速发展，信息化办公的日益普及，实用的工具软件无法一一列举，且各软件功能也在不断更新升级，本书仅列举部分实用软件，具体使用过程中，请进一步针对性地搜索资料学习，提升应用实效。另外，在本书写作过程中，书中所列的各软件网址等信息都可以打开，若因网络等因素的影响，造成无法访问，请查询相关信息，了解具体原因。

第 2 部分　Word 应用篇

2.1　Word 基本操作

本部分主要介绍 Word 2019 的基本操作，主要包括：字体、段落、样式、表格、图片、项目符号、编号、多级列表、分隔符、页面设置、网页内容复制、选择性粘贴、查找和替换（删除空行、空页）、修订、文档保护等。

2.1.1　有关知识

Word 2019 窗口界面，主要由标题栏①、选项卡②、功能区③、功能区显示选项④、窗口控制栏⑤、快速访问工具栏⑥、文档编辑区⑦、状态栏⑧、视图栏⑨、导航窗格⑩、样式窗格⑪、登录按钮⑫等部分组成，如图 2-1 所示。

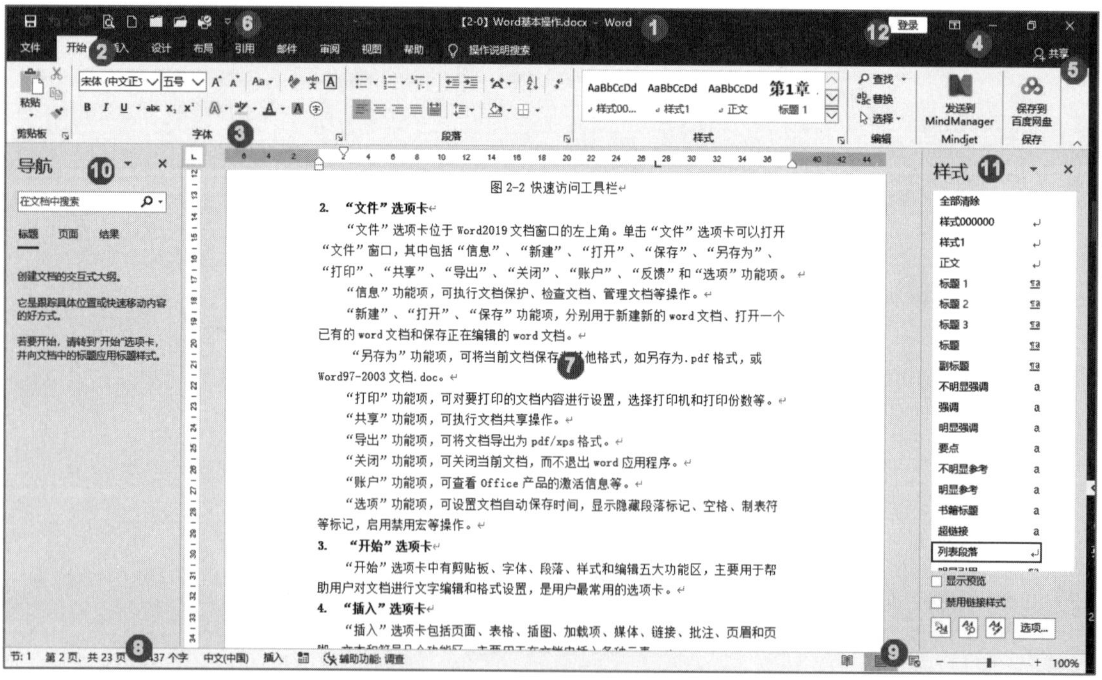

图 2-1　Word 2019 窗口界面

Word 2019 窗口有"文件""开始""插入""设计""布局""引用""邮件""审阅""视图"

“帮助”10 个固定选项卡及功能区，单击选项卡会切换到与之对应的选项卡功能区。每个功能区根据功能不同，又分为若干个功能组，每个功能组有若干个命令按钮或下拉列表按钮，有的功能组右下角有“对话框启动器”/“窗格启动器”按钮。

基本简介

1. 快速访问工具栏设置

可将“新建”“快速打印”“打印预览和打印”等常用功能按钮加入快速访问工具栏，如图 2-2 所示。

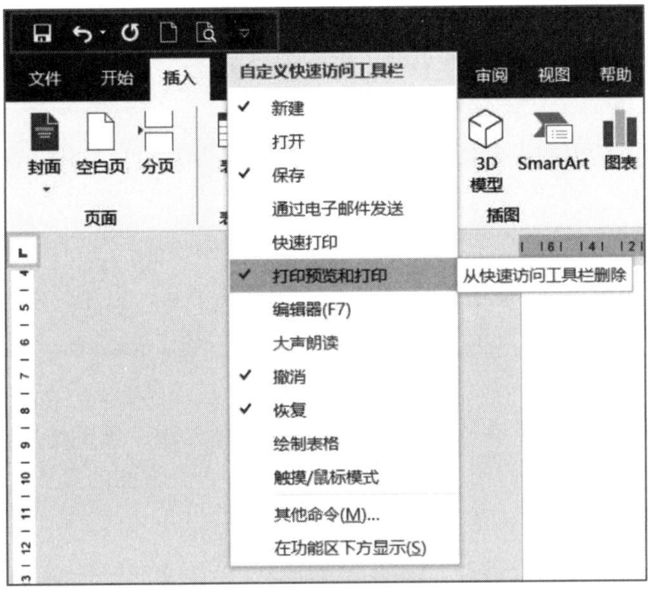

图 2-2　快速访问工具栏

2. “文件”选项卡

“文件”选项卡位于 Word 2019 文档窗口的左上角。单击“文件”选项卡可以打开“文件”窗口，其中包括“信息”“新建”“打开”“保存”“另存为”“打印”“共享”“导出”“关闭”“账户”“反馈”“选项”功能项。

“信息”功能项，可执行文档保护、检查文档、管理文档等操作。

“新建”“打开”“保存”功能项，分别用于新建新的 Word 文档、打开一个已有的 Word 文档和保存正在编辑的 Word 文档。

“另存为”功能项，可将当前文档保存为其他格式，如另存为.pdf 格式，或 Word 97—2003 文档.doc。

“打印”功能项，可对要打印的文档内容进行设置，选择打印机和打印份数等。

“共享”功能项，可执行文档共享操作。

“导出”功能项，可将文档导出为.pdf/.xps 格式。

“关闭”功能项，可关闭当前文档，而不退出 Word 应用程序。

“账户”功能项，可查看 Office 产品的激活信息等。

“选项”功能项，可设置文档自动保存时间，显示/隐藏段落标记、空格、制表符等标记，启用/禁用宏等操作。

3.“开始”选项卡

“开始”选项卡中有剪贴板、字体、段落、样式和编辑五大功能区，主要用于帮助用户对文档进行文字编辑和格式设置，是用户最常用的选项卡。

4.“插入”选项卡

“插入”选项卡包括页面、表格、插图、加载项、媒体、链接、批注、页眉和页脚、文本和符号几个功能区，主要用于在文档中插入各种元素。

5.“设计”选项卡

“设计”选项卡包括“文档格式”和“页面背景”两个功能区，主要功能包括主题的选择和设置、设置水印、设置页面颜色和页面边框等项目。

6.“布局”选项卡

“布局”选项卡包括页面设置、稿纸、段落、排列几个功能区，用于帮助用户设置文档页面样式。

7.“引用”选项卡

“引用”选项卡包括目录、脚注、信息检索、引文与书目、题注、索引和引文目录几个功能区，用于实现在文档中插入目录等比较高级的功能。

8.“邮件”选项卡

“邮件”选项卡包括创建、开始邮件合并、编写和插入域、预览结果和完成几个功能区，该选项卡的作用比较专一，专门用于在文档中进行邮件合并方面的操作。

9.“审阅”选项卡

“审阅”选项卡包括校对、语音、辅助功能、语言、中文简繁转换、批注、修订、更改、比较、保护和墨迹几个功能区，主要用于对文档进行校对和修订等操作，适用于多人协作处理长文档。

10.“视图”选项卡

“视图”选项卡包括视图、沉浸式、页面移动、显示、显示比例、窗口、宏和 SharePoint 几个功能区，主要用于帮助用户设置文档操作窗口的视图类型，以方便操作。

11.“帮助”选项卡

“帮助”选项卡是 Office 一个自带的解决问题的功能，主要用于帮助用户解决一些操作文档时遇到的一些问题。

2.1.2 常用操作

新建文档

1. 新建文档

用户可以创建新的空白文档，也可以创建模板文档。

（1）新建空白文档。

方法一：当安装好 Office 2019 应用程序后，会在 Windows 操作系统的“开始”按钮中添加 Word 应用程序启动项。单击 Windows 操作系统“开始”按钮列表中的“Word”，启动 Word 应用程序，在弹出的界面中单击“新建”，在窗口右侧单击“空白文档”即可创建一个新文档，如图 2-3 所示。

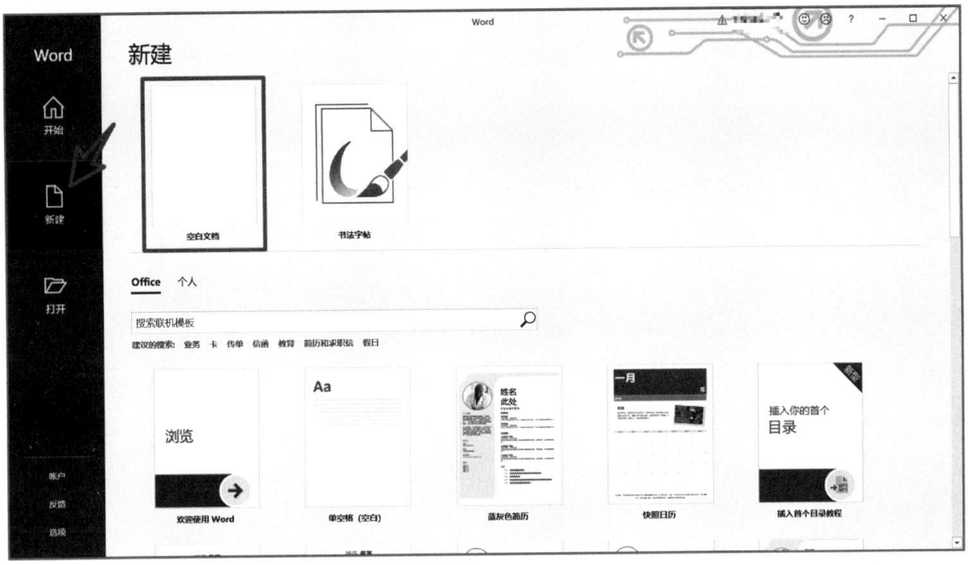

图 2-3　新建空白 Word 文档

方法二：在需要创建 Word 文档的位置，单击鼠标右键，在弹出的快捷菜单中选择“新建→Microsoft Word 文档”命令，如图 2-4 所示，即可创建一个新的 Word 文件。双击打开这个文件，即打开了一个新的空白文档。

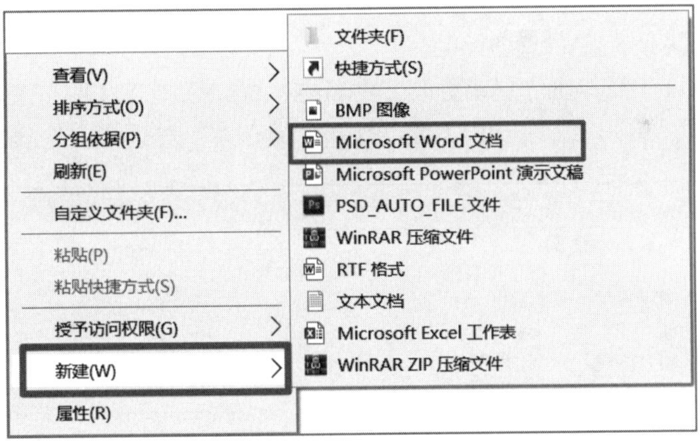

图 2-4　单击鼠标右键新建 Word 文档

方法三：如果已经启动 Word 2019 应用程序，在 Word 2019 文档中选择“文件”选项卡，在弹出的列表中选择“新建”选项，在“新建”区域中单击“空白文档”即可。

或者单击快速访问工具栏中的“新建空白文档”按钮，可以创建一个新的空白文档，也可直接按 Ctrl+N 快捷键，创建一个新的空白文档。

（2）创建模板文档。Word 2019 自带各种主题的模板，用户可根据自己的需要创建模板文档。

在 Word 2019 文档中选择“文件”选项卡，在弹出的列表中选择“新建”选项，在打开的“新建”区域中，可根据需要选择模板，也可通过搜索选择合适的模板。如选择“简洁清晰的求职信”模板，会出现如图 2-5 所示的界面，在预览界面中单击“创建”按钮，即可创建一个模板文档，用户只需要修改模板中的内容，就能直接使用。

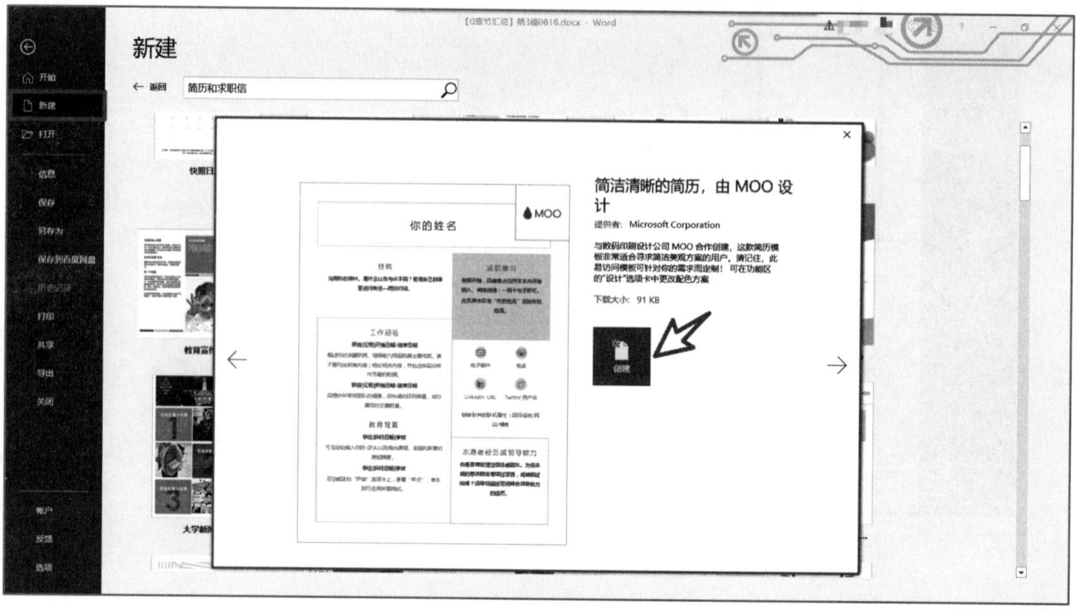

图 2-5　创建模板文档

2. 保存文档

在编辑 Word 文档的过程中，可以随时按 Ctrl+S 快捷键对文档进行保存，或者单击快速访问工具栏中的“保存”按钮进行保存。

也可以将文档另存到其他位置或更改文件名再保存。选择“文件”选项卡，在弹出的列表中选择“另存为”选项，或者按 F12 键，打开“另存为”对话框，如图 2-6 所示。

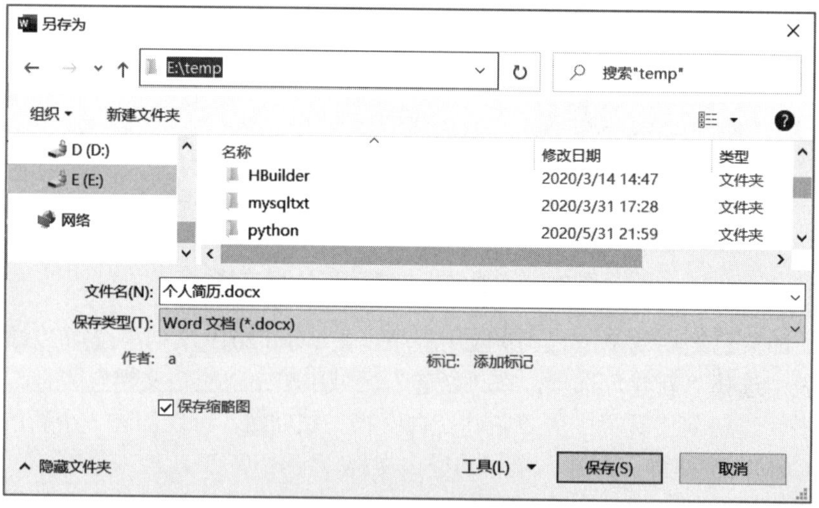

图 2-6　“另存为”对话框

3. 自动保存文档设置

为防止意外关闭而没有来得及手动保存文档，Word 提供了自动保存文档功能。依次单击

“文件→选项”，在打开的“Word 选项”对话框中选择“保存”，打开“自定义文档保存方式”，可设置文件的保存格式、自动保存时间间隔、自动保存文档的位置等，如图 2-7 所示。

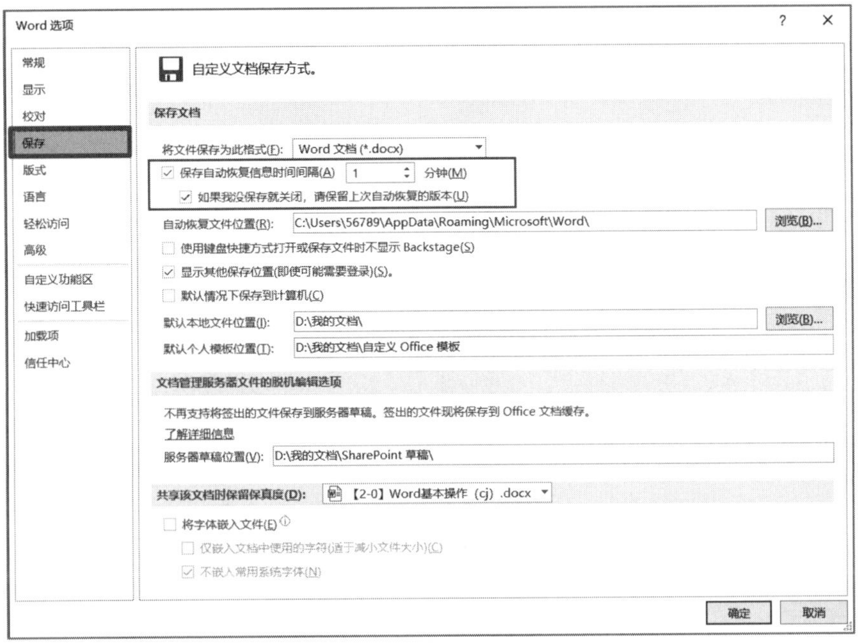

图 2-7　自定义文档保存方式

4. 页面设置

（1）版心的概念。Word 文档的版心区域是纸张大小减去页边距和装订线剩余的空间。在页面视图下，显示为 4 个直角包围的中间区域，当鼠标在版心区单击时，会有光标闪动，即可录入文字。单击“文件→选项→高级”，在右侧勾选“显示正文边框”选项，即可看到边框线，如图 2-8 所示。

页面设置

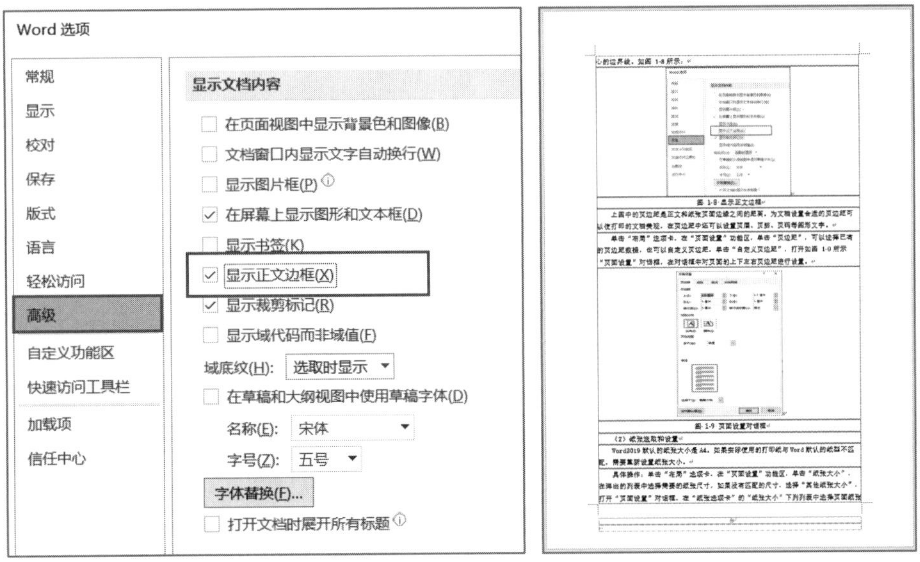

图 2-8　显示正文边框

图 2-8 中的页边距是正文和纸张页面边缘之间的距离。为文档设置合适的页边距可以使打印的文档美观，在页边距中还可以设置页眉、页脚、页码等。

具体操作：单击“布局”选项卡，在“页面设置”功能区中单击右下角的 按钮。在打开的“页面设置”对话框中，可设置页边距、纸张、布局、文档网格等。“页面设置”对话框主要功能界面如图 2-9 所示。

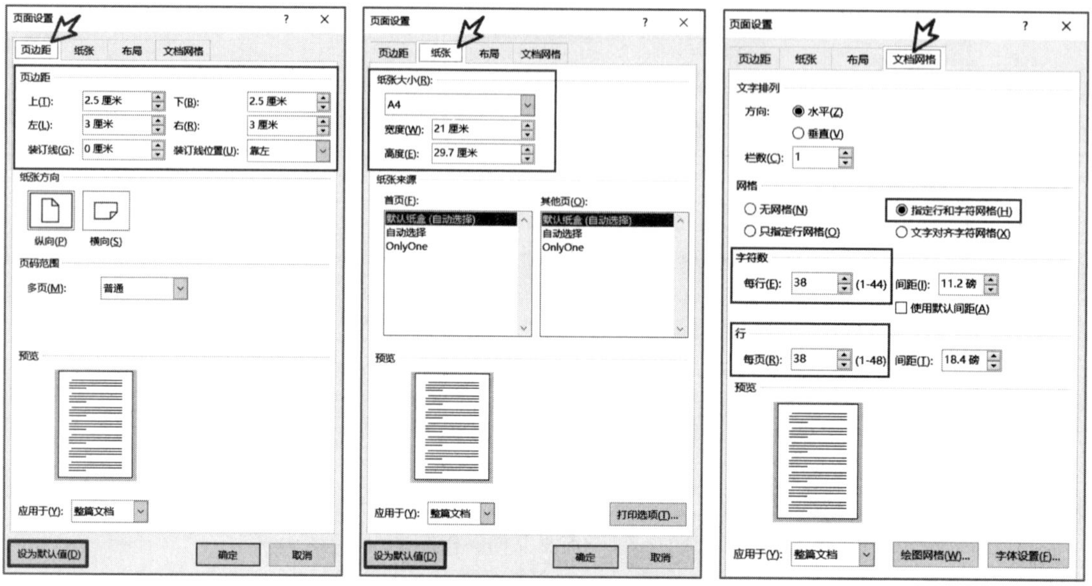

图 2-9 “页面设置”对话框主要功能界面

（2）纸张选取和设置。Word 2019 默认的纸张大小是 A4。如果实际使用的打印纸与 Word 默认的纸型不匹配，需要重新设置纸张大小。具体操作为：单击“布局”选项卡，在“页面设置”功能区中单击“纸张大小”，在弹出的列表中选择需要的纸张尺寸，如果没有匹配的尺寸，选择“其他纸张大小”命令。在打开的“页面设置”对话框“纸张”选项卡的“纸张大小”下列列表中选择页面纸张大小，也可以在“宽度”和“高度”文本框中输入纸张的大小。

（3）文档网格。Word 中通过设置文档网格进行精确排版，即可设置每页显示的行数和每行显示的字符数。在“页面设置”对话框中选择“文档网格”选项卡，进行相应设置即可。

（4）设置视图方式。在 Word 2019 中提供了多种显示方式，包括阅读视图、页面视图、Web 版式视图、大纲视图、草稿视图。

在阅读视图下，人们能够更方便地查看文档，该视图模式将隐藏不必要的选项卡，以阅读视图工具栏来替代，如图 2-10 所示。

页面视图是 Word 默认的视图方式。在该视图中，除了显示所有的内容，还能显示页眉、页脚、批注及脚注等，所显示的内容与打印出来的效果一致，称为“所见即所得”。

Web 版式视图是为方便用户浏览联机文档和制作 Web 页面而设计的。在该视图下，文字显得更大些，页与页之间没有分隔符，如图 2-11 所示。

大纲视图可以用来查看并编辑文档的大纲结构，同时可以对正文进行处理。在该视图中自动分级显示现有文档，以便用户可以直接从这里分配、编辑和组织文档的标题与结构，如图 2-12 所示。

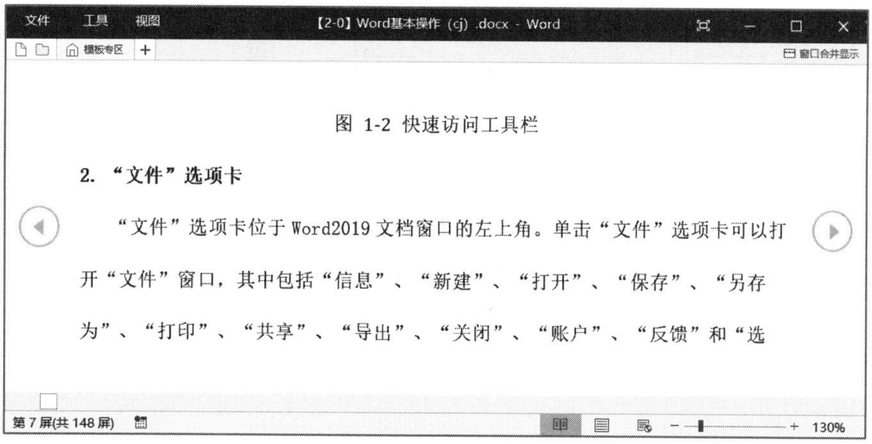

图 2-10　阅读视图

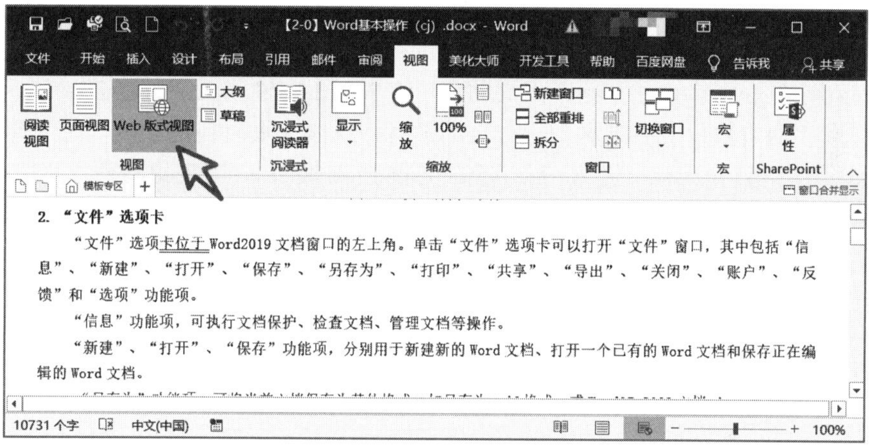

图 2-11　Web 版式视图

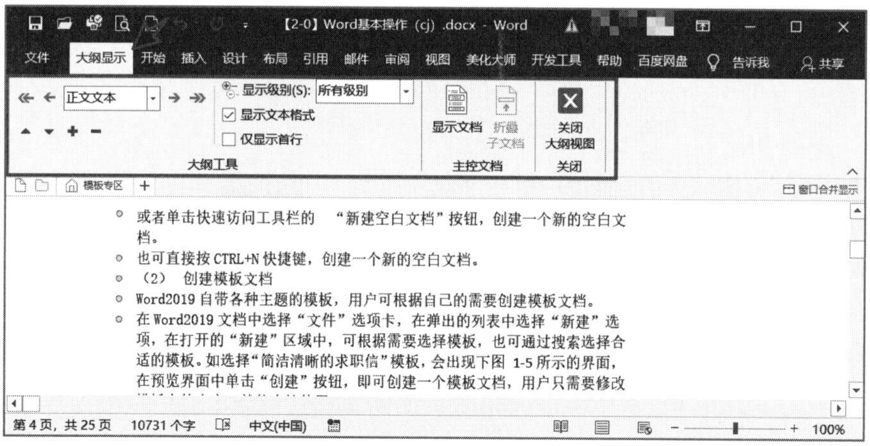

图 2-12　大纲视图

草稿视图是 Word 中的一种仅显示标题和正文的视图方式，如图 2-13 所示。

用户可以通过单击“视图”选项卡“视图”功能区中相对应的视图名称进行相互切换，或者单击页面右下角的视图按钮 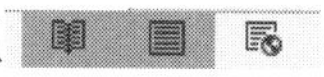 进行切换。

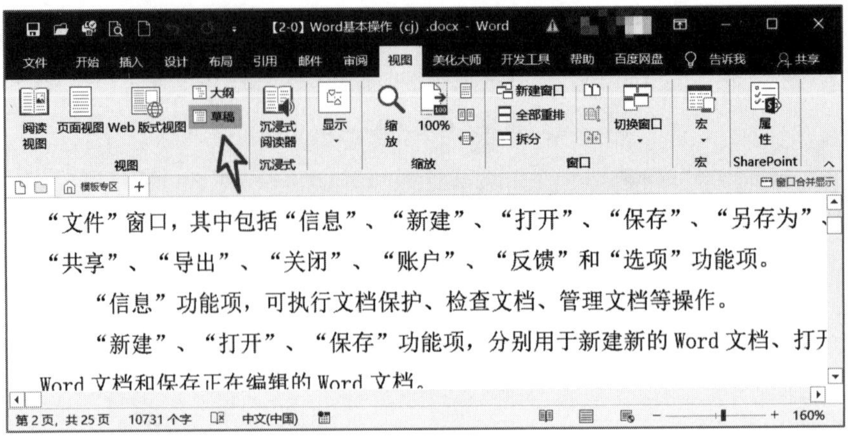

图 2-13　草稿视图

（5）分隔符。Word 2019 包括四类分隔符：分页符、分栏符、自动换行符和分节符。

分隔符

分页符：标记一页终止并开始下一页的点。在 Word 中输入文字时，会按照页面设置中的参数使文字填满一行时自动换行，填满一页时自动换页，而分页符的作用是使文档在插入分页符的位置强制换页。其快捷键是 Ctrl+Enter。注意：不要用连续输入多个换行符的方式换页。

分栏符：指示分栏符后面的文字将从下一栏开始。有时根据排版和美观的需要，需要对文本进行分栏操作。具体操作步骤为：选中需要进行分栏的文字，单击“布局”选项卡，在“页面设置”功能区中单击“栏”按钮，在弹出的列表中选择相应的分栏数，或者选择“更多栏”命令，在打开的“栏”对话框中进行自定义设置，如图 2-14 所示。

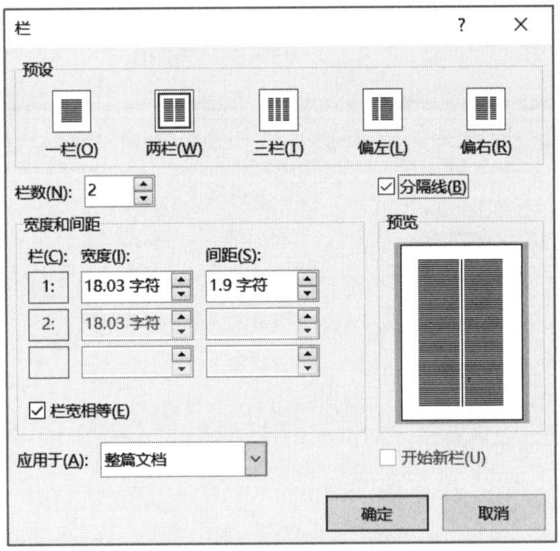

图 2-14　“栏”对话框

分节符：是指为表示节的结尾插入的标记。新建的 Word 文档默认只有 1 节，在文档左下角显示节的序号，如图 2-15 所示。分节符包含节的格式设置元素，如页边距、页面的方向、页眉和页脚，以及页码的顺序。

图 2-15　节序号

可以使用分节符改变文档中一个或多个页面的版式或格式。例如，可以通过分节符设置文档中不同页面的纸张方向，有的纵向显示有的横向显示。通过分节符可以设置不同的页码格式和不同的页眉文字等。

分节符包含 4 种类型：下一页、连续、偶数页、奇数页。

下一页分节符：插入分节符并在下一页上开始新节，如图 2-16 所示。

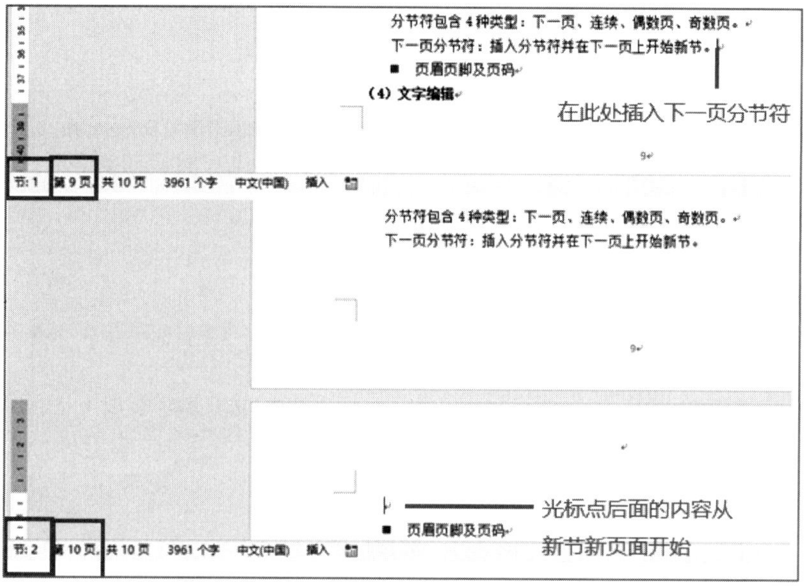

图 2-16　下一页分节符

连续分节符：插入分节符并在同一页上开始新节，如图 2-17 所示。

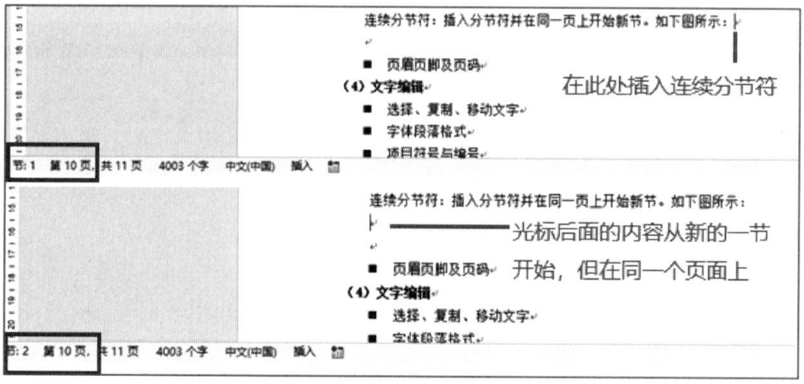

图 2-17　连续分节符

偶数页分节符：插入分节符，并在下一偶数页上开始新节，如图 2-18 所示。

奇数页分节符：类似于偶数页分节符，插入该分节符后，在下一奇数页开始新节，如图 2-19 所示。

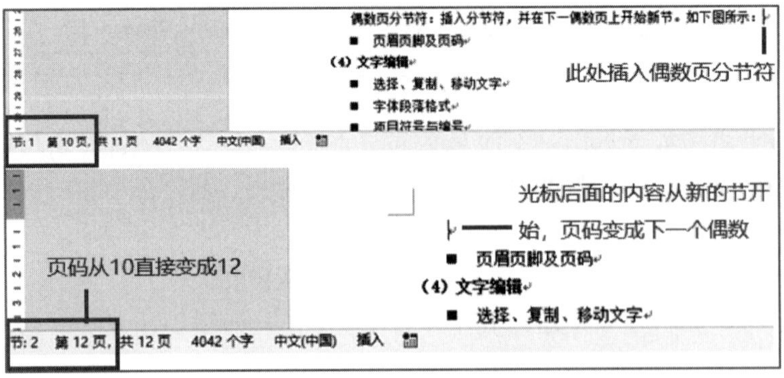

图 2-18　偶数页分隔符

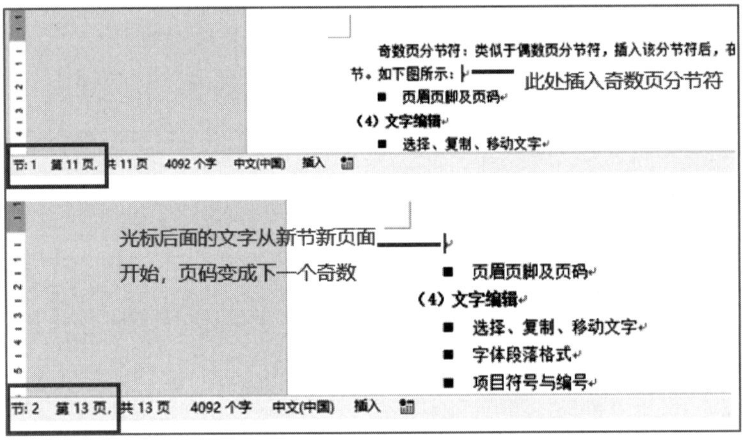

图 2-19　奇数页分节符

删除分节符：如果不需要分节符，或者插入了错误的分节符则需要将它删除，可以先切换到大纲视图，在大纲视图下，会显示一条虚线，上面有“分节符（连续）”字样（不同的分节符显示的字样也不同），按键盘上的 Delete 键，即可删除分节符，如图 2-20 所示。

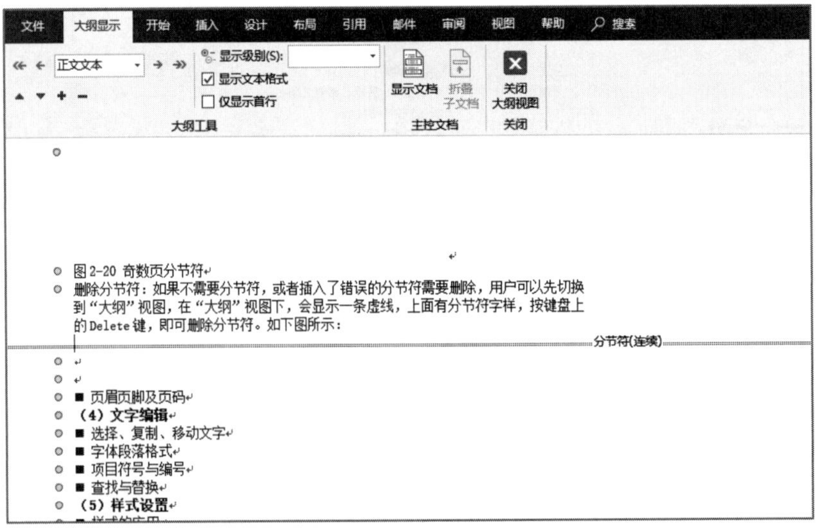

图 2-20　删除分节符

（6）页眉和页脚及页码。单击“插入”选项卡，选择“页眉和页脚”功能区中的“页眉”、“页脚”或“页码”可以给文档添加页眉、页脚和页码。

页眉页脚及页码

添加页眉步骤为：单击“页眉”按钮，在下拉列表中选择“编辑页眉”命令，进入页眉和页脚编辑状态，这时正文区域会变成灰色，不可编辑。如图 2-21 所示，在页眉区域输入页眉内容即可。如果要退出页眉编辑状态，可以单击“页眉和页脚工具”右侧的“关闭页眉和页脚”按钮，或者直接在正文区域双击。

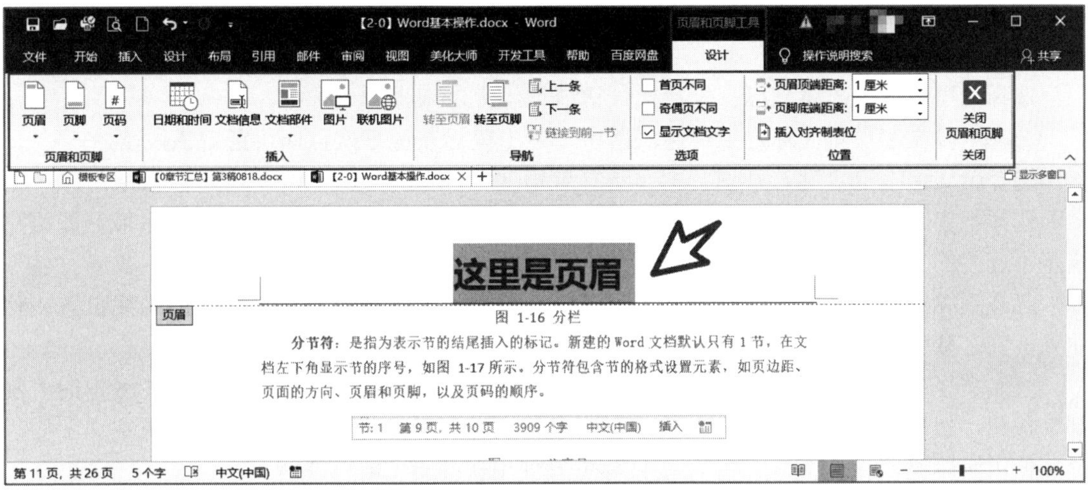

图 2-21　页眉编辑状态

添加页码步骤为：单击“页码”按钮，在下拉列表中选择“设置页码格式”命令，打开“页码格式”对话框。对编号格式、页码编号进行设置，然后单击“确定”按钮，如图 2-22 所示。再次单击“页码”按钮，选择“页码底端”命令（页码放置的位置，一般页码放在页面的底端），选择“普通数字 2”（页码居于页面的左中右位置），如图 2-23 所示，即可添加页码，并同时进入页脚编辑状态。

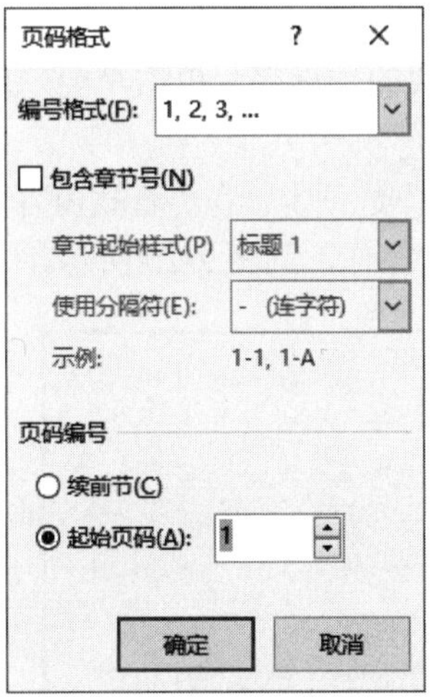

图 2-22　“页码格式”对话框

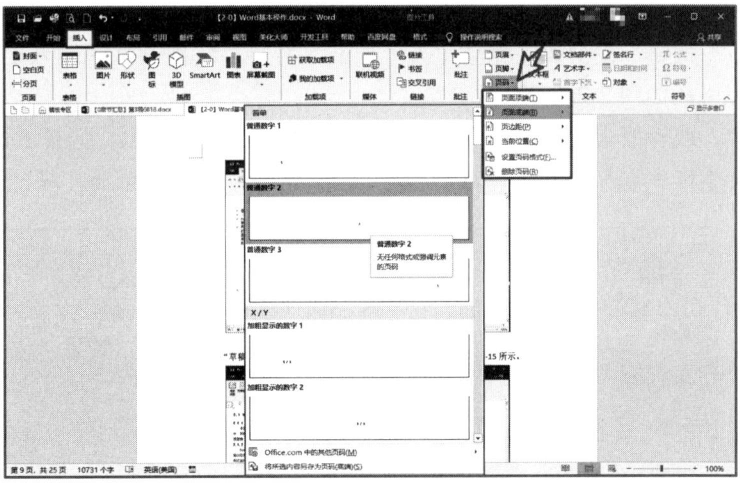

图 2-23　插入页码

如果要退出页脚编辑状态，可以单击“页眉和页脚工具”右侧的“关闭页眉和页脚”按钮，或者直接在正文区域双击即可退出。

5. 文字编辑

文字编辑

（1）选择、复制、移动文字。页面的左边距区域也称为文本选定区域，当光标移动到该区域，会变成向右的空白箭头，单击鼠标一次，选定当前文字行，双击鼠标，则选定当前所在的文字段落，连续三次单击，则选定整篇文档。

选择任意文字：将光标置于待选文本的开始处，按住鼠标左键不放，拖到待选文本的结束位置松开鼠标即可。

选择词语或词组：将光标置于待选词语或词组上，双击即可选定。

选择一段文字：将光标置于待选段落中，单击鼠标左键三次，即可选定该段落。

选择全文：按组合键 Ctrl+A，即可选择整篇文档。

选择不连续的文本区域：按住 Ctrl 键不放，用鼠标选定所需要的多个文本区域，即可将这些不连续的文本区域选中。

选择连续的文本区域：按住鼠标左键，拖动鼠标选择；或者先单击区域的开始位置，移动光标到区域的结束位置，按住 Shift 键，单击结束位置，即可选中该区域。

复制文字：选定所需操作的文本后，单击“开始”选项卡下“剪贴板”功能区中的“复制”按钮，然后在目标位置单击“粘贴”按钮，实现文字的复制操作。或者在选定文字后，直接使用快捷键 Ctrl+C 复制文字，在目标位置使用快捷键 Ctrl+V 粘贴文字。

移动文字：选定所需操作的文本后，单击“开始”选项卡下“剪贴板”功能区中的“剪切”按钮，然后在目标位置单击“粘贴”按钮，就实现了文字的移动操作。或者在选定文字后，直接使用快捷键 Ctrl+X 剪切文字，在目标位置使用快捷键 Ctrl+V 粘贴文字。

（2）查找与替换。查找是指将已有文档中根据指定的关键字找到相匹配的字符串进行查看或修改，替换则是用新的文本或符号替换查找到的内容。

Word 提供的查找功能可以按照多种方式查找，如使用通配符、带格式查找、区分大小写，还可以查找特殊符号。

查找具体操作：打开要编辑的文档，在“开始”选项卡下的“编辑”功能区中，单击“查找”按钮，在窗口左侧会出现“导航”栏目，在搜索框中输入要查找的关键字，单击按钮即可，如图 2-24 所示。

或者按快捷键 Ctrl+H，打开“查找和替换”对话框。选择“查找”选项卡，在“查找内容”文本框中输入需要搜索的文字，单击“查找下一处”按钮，进行搜索操作，如图 2-25 所示。

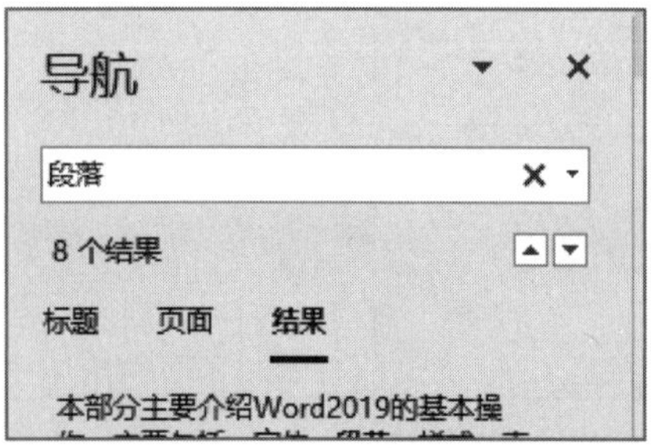

图 2-24　查找操作

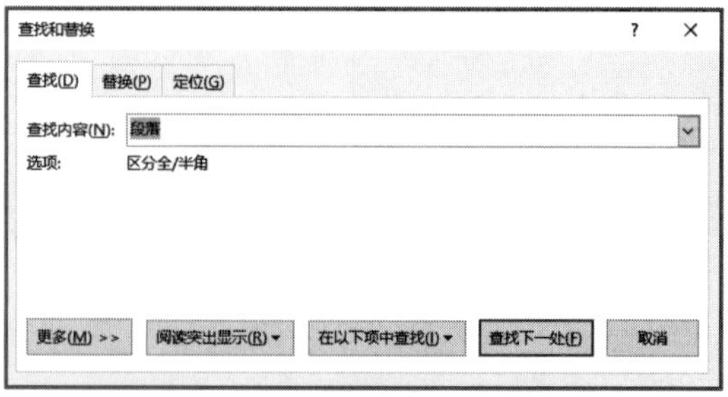

图 2-25　“查找和替换”对话框

替换具体操作：例如，将文档中所有的“Word”替换为“Word2019”并红色加粗显示。打开要编辑的文档，在“开始”选项卡下的“编辑”功能区中，单击“替换”按钮（或者按快捷键 Ctrl+H），打开“查找和替换”对话框。在“查找内容”文本框中输入“Word”，在“替换为”文本框中输入“Word2019”，单击对话框左下角的“格式”按钮，打开“字体”对话框。设置“加粗”和“红色”，单击“全部替换”按钮，完成替换操作，如图 2-26 所示。

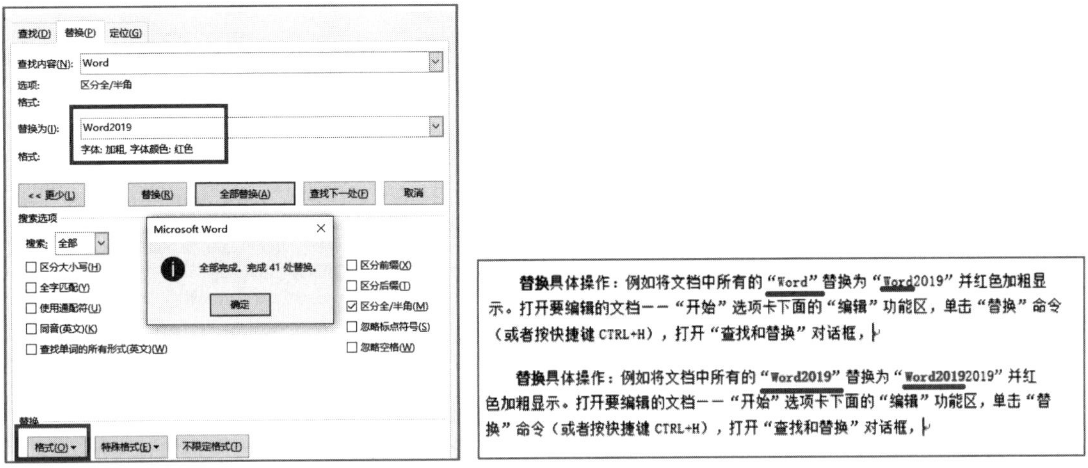

图 2-26 替换操作

（3）字符格式。在“开始”选项卡下的“字体”功能区中可以对文本字符格式进行设置，包括改变文字字体、字号大小、颜色、加粗、倾斜、下画线、设置字符为上标或下标、给字符加边框等。

字体段落设置

具体操作：选中需要改变字符格式的文本，单击“字体”功能区中的相应选项按钮，或者单击功能区右下角的按钮，打开“字体”对话框，在对话框中进行相应设置，如图 2-27 所示。

（4）段落格式。在“开始”选项卡下的“段落”功能区中可以对文本段落格式进行设置，包括改变段落的对齐方式、缩进方式、行距、段落间距、项目符号和编号、设置段落底纹和边框等。

段落对齐方式：利用 Word 的编辑排版功能调整文档中段落相对于页面的位置。常用的对齐方式有：左对齐（Ctrl+L）、居中对齐（Ctrl+E）、右对齐（Ctrl+R）、两端对齐（Ctrl+J）和分散对齐（Ctrl+Shift+J）。具体操作为：将光标定位在段落中，单击“段落”功能区中相应的对齐按钮即可。

段落缩进：指的是文本与页边距之间的距离。减少或增加缩进量，改变的是文本与页边距之间的距离。通过为段落设置缩进，可以增强段落的层次感。段落缩进一共有 4 种方式：首行缩进、悬挂缩进、左缩进、右缩进。

设置段落缩进有两种方式：一种是使用文本编辑窗口上方的“水平标尺”的游标设置段落缩进；另一种是利用“段落”对话框设置段落缩进。

段落间距及行距设置：段落间距指段落与段落之间的距离，行距指段落内部文本行与行之间的距离。具体操作：将光标定位在需要设置的段落文本中，单击“段落”功能区右下角的按钮，打开“段落”对话框，在对话框中进行相应设置。

段落缩进及间距设置如图 2-28 所示。

图 2-27　字体设置

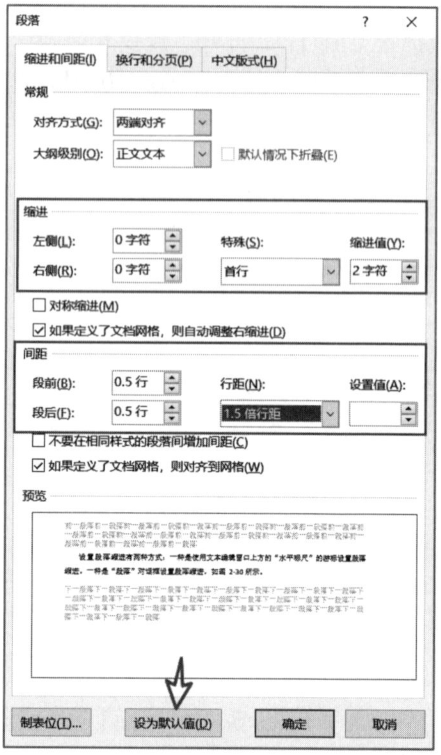

图 2-28　段落缩进及间距设置

（5）项目符号与编号。项目符号和编号是放在段落文本前，用来添加强调效果的点、数字或其他符号，一般用于并列关系的段落。合理使用项目符号和编号，可以使文档的层次结构更清晰、更有条理，例如，制作管理条例时，给条例前添加项目符号或编号。可以在键入的同时自动添加项目符号和编号列表，也可在文本原有段落中添加项目符号和编号。

项目符号与编号

添加项目符号具体操作：选中或将光标定位在段落，在“开始”选项卡下的“段落”功能组中单击“项目符号”☰·按钮添加默认的项目符号，或者单击“项目符号”按钮，在弹出的下拉列表中选择项目符号样式，如图 2-29 所示。

添加编号的操作与项目符号类似，单击“编号”☰·按钮添加默认的编号，或者单击“编号”按钮，在弹出的下拉列表中选择编号样式，如图 2-30 所示。

同时给多个段落添加项目符号和符号，先选中多个段落，在含有项目符号的段落中，按下回车键换到下一段落时，会在下一段落前自动添加相同样式的项目符号，直接按下 Backspace 键或者再次按回车键，可以取消自动添加项目符号。

6. 样式

Word 中的样式是字体、字号、缩进等字符段落格式设置的组合，将这一组合作为集合加以命名和存储，以便于对文档进行统一的格式化操作。应用样式不仅能快速地设置段落格式，还能确保文档格式的一致性，因此在编排时，可以先将文档中用到的各种样式分别加以定义，使之应用到相应的段落。

样式

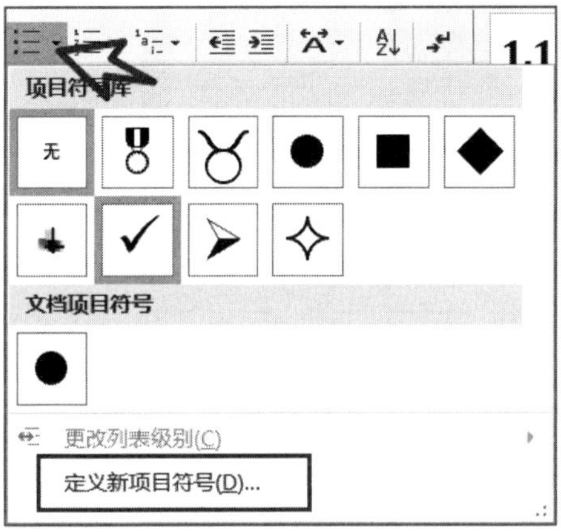

图 2-29　项目符号

图 2-30　编号

根据作用范围，Word 文档中的样式可分为以下几种：段落样式、字符样式、链接段落和字符样式、表格样式、列表样式等。

段落样式：以段落为最小套用单位的样式，不仅是一组段落格式的集合，还包括字符格式的集合，用于设置整个段落的格式，包括字体、大小、行间距、段落间距、对齐方式、边框和其他与段落外观有关的格式内容。即使只选取段落内一部分文字，套用时该样式也会自动套用至整个段落。

字符样式：以字符为最小套用单位的样式，是一组字符格式的集合。用于设置字符的外观效果，其中包括字体、大小、字形、字间距、下画线、阴影等与显示效果有关的格式内容。

链接段落和字符样式：是一组段落与字符格式的集合，但在应用时兼有段落样式和字符样式的特点。

表格样式：只有选取表格内容时，才能创建该类样式。创建后，此类样式不显示样式表，而显示在“表格工具—设计”选项卡下的“表格样式”区域内。

列表样式：只有选取的内容包含列表设置时，该选项才会可选。创建后，此样式不显示样式列表，而显示在设置列表的选项中。

7. 图片操作

Word 可以把剪贴画中的图片或磁盘中的图片插入到文档中。

（1）插入图片。将光标置于需要插入图片的位置，单击“插入”选项卡，在“插图”功能区中单击“图片”按钮，打开“插入图片”对话框，如图 2-31 所示。在磁盘中找到所需插入的图片，单击“插入”按钮，即可在光标处插入图片。

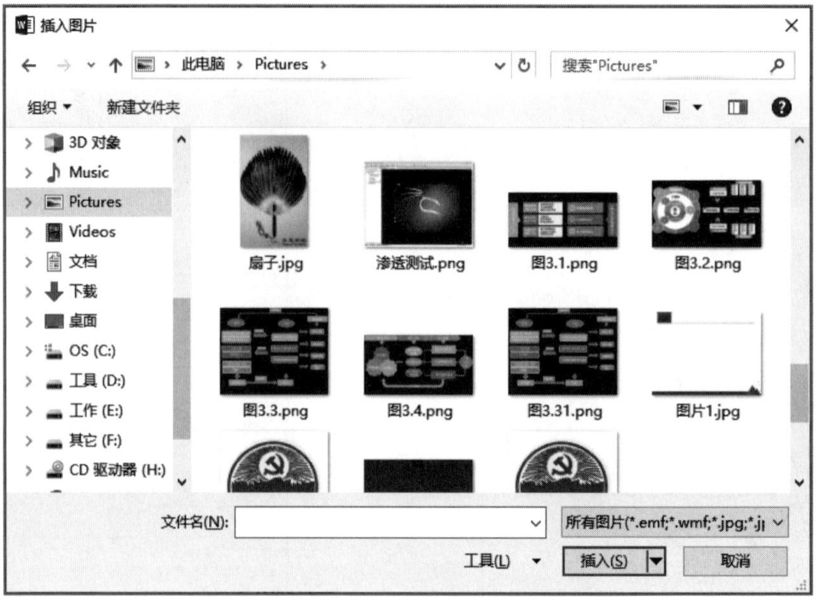

图 2-31 “插入图片”对话框

（2）编辑图片。插入图片后，选中图片，在 Word 文档窗口上方会多出“图片工具—格式”选项卡。该选项卡中包含了多种编辑图片功能，包括调整图片、图片样式、辅助功能、排列、大小。

图片操作

● 压缩图片。当在 Word 文档中插入多个图片后，文件往往变得很大，计算机反应慢，影响文件传输，导致 Word 文件过大的原因大多是插入的图片没有经过压缩占用空间大。只需要在 Word 中对图片进行压缩，就能够在不影响使用的前提下大大降低图片的占有空间，从而减小 Word 文档的占有空间。

具体操作：选中图片，单击“图片工具—格式”选项卡，在“调整”功能区中单击“压缩图片”按钮，打开“压缩图片”对话框，如图 2-32 所示，选择相应的分辨率即可。其中如果勾选“仅应用于此图片”复选框，则压缩图片操作只针对当前选中的图片，如果取消勾选，则压缩图片操作应用于 Word 文档中的所有图片。

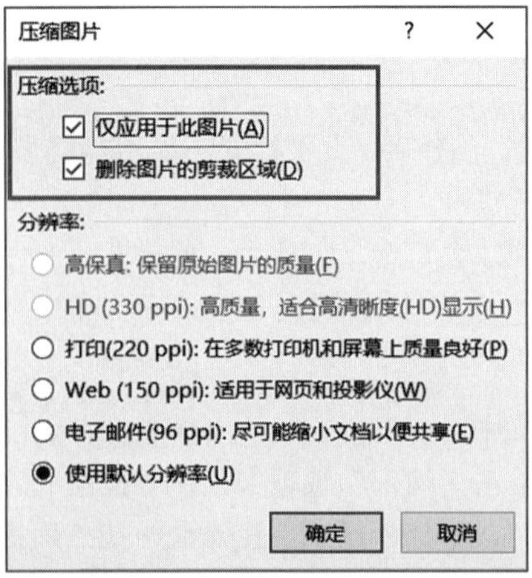

图 2-32 “压缩图片”对话框

● 裁剪图片。Word 2019 裁剪图片功能非常强大，不仅能够实现常规的图片裁剪，还可以将图片裁剪为不同的形状。

具体操作：选中需要裁剪的图片，单击“图片工具—格式”选项卡，在“大小”功能区中单击“裁剪”按钮，图片周围出现裁剪框，拖动裁剪框上的控制柄就可以调整裁剪框包围住图片的范围，如图 2-33 所示，操作完成后，按回车键确认。

形状裁剪，具体操作：选中需要裁剪的图片，单击“图片工具—格式”选项卡，在“大小”功能区中单击“裁剪”按钮，在弹出的下拉列表中选择“裁剪为形状”命令，然后在“形状”窗口中选择需要裁剪的形状按钮即可，如图 2-34 所示。

图 2-33　裁剪图片

图 2-34　形状裁剪

8. 表格操作

在文档中，用表格存放数据可以使内容看起来简洁明了，条理更清晰。Word 提供了强大的表格处理功能，包括创建表格、编辑表格、设置表格的格式及对表格中的数据进行排序和计算等。在对一些页面内容进行排版时，可以使用表格对页面进行布局，方便页面内容分块存放。

表格操作

（1）创建表格。

● 自动创建表格。将光标放于目标位置，单击“插入”选项卡，在“表格”功能区中单击“表格”下方的三角形，用鼠标在出现的示意表格区中拖动，示意表格上方会显示相应的行、列数。确定所需的行、列数后，单击鼠标左键即可在光标位置插入对应行、列数的表格。插入 4 行 4 列的表格操作如图 2-35 所示。

● 手动创建表格。在图 2-35 的左图中，选择“插入→表格”命令，打开“插入表格”对话框。输入需要的列数、行数，确认其他设置后，单击“确定”按钮，即可在光标位置手动插入表格。

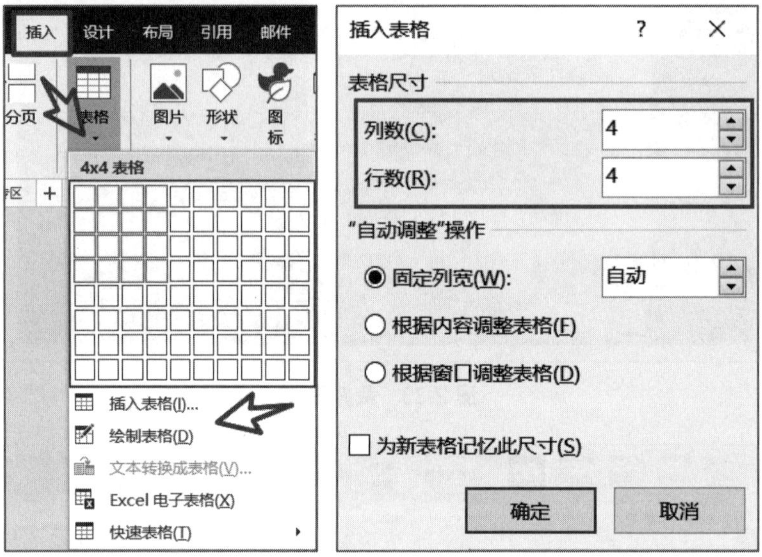

图 2-35　插入表格

（2）表格设置。

● 选择表格。光标移到表格上时，表格左上角和右下角会出现两个控制点，分别是表格移动控制点和表格大小控制点，如图 2-36 所示。

图 2-36　表格移动控制点与大小控制点

将光标移到表格移动控制点上，单击鼠标可选中整个表格；按住鼠标左键拖动，可以移动表格。将鼠标移到表格大小控制点上，按住鼠标左键拖动，可按比例缩放表格。

● 表格工具。将鼠标移到表格上，在任意单元格上单击，顶部的标题栏区域会出现“表格工具”，其下方有“设计”“布局”两个选项卡。在“表格工具”下的“设计”选项卡中，可设置表格样式、边框、底纹等。在“表格工具”下的“布局”选项卡中，可进行插入行、列，拆分/合并单元格，设置单元格内容的对齐方式，对表格内容排序，设置重复标题行，插入公式等操作。对应功能如图 2-37 所示。

选中表格后，单击鼠标右键，在弹出的快捷菜单中可执行合并单元格、删除单元格、拆分单元格、表格属性、新建批注等操作。

（3）光标（插入点）在表格中的移动。在编辑文档的过程中，除使用鼠标单击控制光标的移动，通过快捷键操作也能便捷地实现光标的移动，常用移动光标的快捷键如表 2-1 所示。

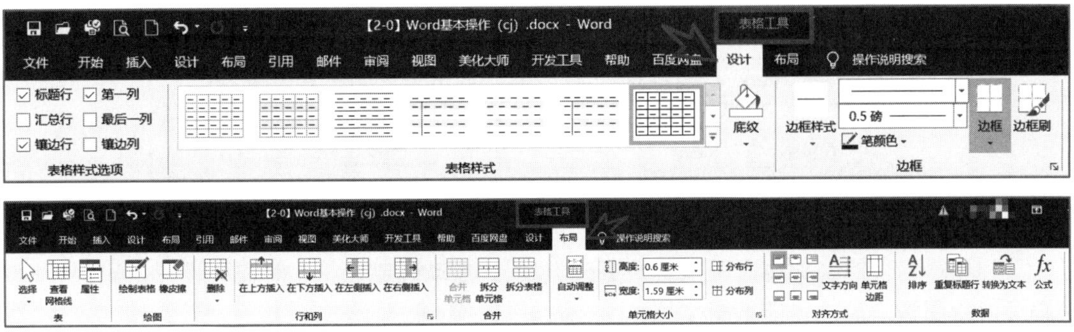

图 2-37　表格工具下的“设计”与“布局”选项卡

表 2-1　移动光标的快捷键

快捷键	功能	快捷键	功能
Tab	按行方向右移一个单元格	Shift+Tab	按行方向左移一个单元格
Alt+Home	移到本行最左侧的单元格	Alt+End	移到本行最右侧的单元格
Alt+PageUp	移到本列最上方的单元格	Alt+PageDown	移到本列最下方的单元格
↑（上箭头）	移到本列的上一个单元格（向上移一行）	↓（下箭头）	移到本列的下一个单元格（向下移一行）

（4）删除表格。单击表格任意单元格，再单击“表格工具”下的“布局”选项卡，在“行和列”功能组中单击“删除”按钮，从弹出的下拉菜单中选择“删除表格”命令即可。

将光标移到“表格移动控制点”上单击鼠标右键，在弹出的快捷菜单中选择“删除表格”命令，也可将表格删除，或者在“表格移动控制点”上单击鼠标左键，选择整个表格，再按 Shift+Delete 组合键，也可删除表格。

9. 文档保护

文档保护

为了防止他人随意查看或编辑文档，可以对 Word 文档设置相应的保护措施，如设置文档打开的密码、设置编辑权限、设置格式修改权限等。单击“文件→信息→保护文档”按钮，在弹出的下拉列表中，Word2019 提供了以下几种保护文档方式：

“始终以只读方式打开”，询问读者是否加入编辑，防止意外的更改。设为只读方式打开后，在关闭文档之前，仍然可以对本文档进行编辑并保存操作。关闭退出后，下次打开该文档时会提示“作者希望您以只读方式打开此文件，除非您需要进行更改。是否以只读方式打开？”，如图 2-38 所示。不论选择“是”或“否”，进入文档后都可以进行编辑。如果选择“是”以只读方式打开，则编辑后不能以原文件名保存。

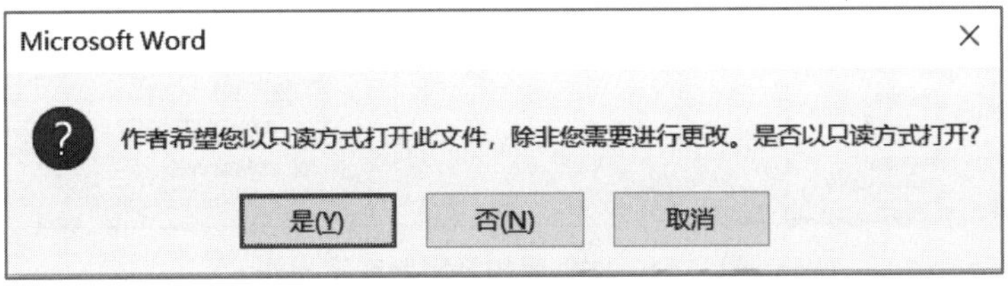

图 2-38　提示是否以只读方式打开文件

“用密码进行加密”，用密码保护文档，输入密码才能打开文档，如图 2-39 所示。

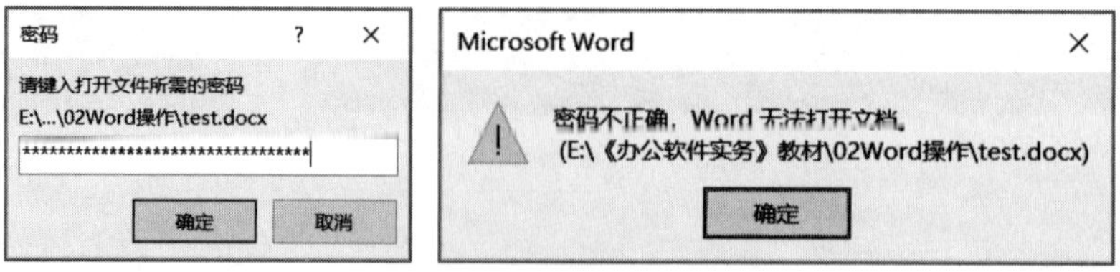

图 2-39　打开时需要输入密码

“限制编辑”，控制其他人可以做的更改类型。“启动强制保护”时需要设置密码，当输入密码“停止保护”后，才能编辑文档。

“添加数字签名”，通过添加不可见的数字签名来确保文档的完整性。数字证书是进行数字签名的必备条件，因为它能提供用于验证与数字签名关联的私钥的公钥。数字证书使数字签名可以用作验证数字信息的方法。获取数字标识后才能操作数字签名。添加数字签名时提示从合作伙伴处获取数字标识，如图 2-40 所示。

图 2-40　添加数字签名时提示从合作伙伴处获取数字标识

“标记为最终”，告诉读者此文档是最终版本，表示编辑已完成。其状态属性将设置为“最终”，将禁止输入、编辑命令和校对标记。文档顶部会提示“标记为最终 作者已将此文档标记为最终以阻止编辑。”，单击提示信息右侧的“仍然编辑”可进入编辑状态。文档保护及限制编辑操作如图 2-41 所示。

图 2-41　文档保护及限制编辑操作

设置保护密码，为文档设置密码 123456，即打开文档时需要输入此密码。

具体操作：按 F12 键，打开“另存为”对话框，单击对话框下方的“工具”选项，在下拉列表中选择“常规选项”命令。在打开的“常规选项”对话框的“打开文件时的密码”“修改文件时的密码”框中均输入“123456”，单击“确定”按钮，如图 2-42 所示。打开“确认密码”对话框，根据提示再次输入密码确认，保存文档。

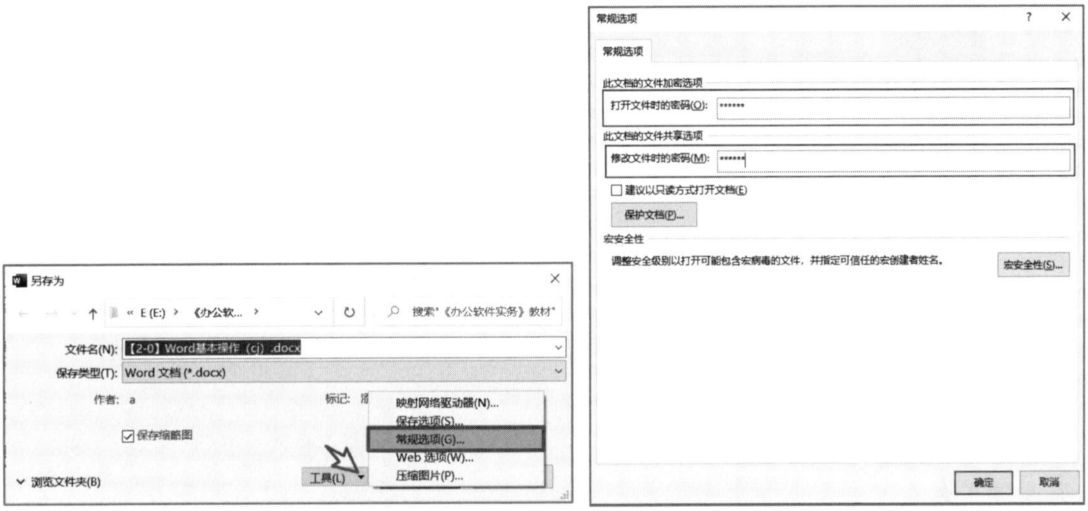

图 2-42　打开文件及修改文件的密码设置

打开设置了保护密码的文档时，会依次弹出提示输入“打开文件所需的密码”“修改文件所需的密码”的两个对话框，如图 2-43 所示。只有输入了正确的密码才能打开并编辑文档。

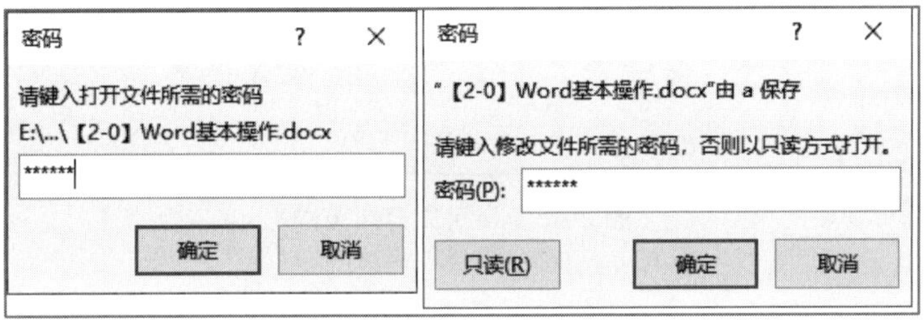

图 2-43　提示输入“打开文件所需的密码”“修改文件所需的密码”的对话框

10. 打印设置

打印文档之前，可以先通过“打印预览”查看打印效果。单击快速访问工具栏上的“打印预览和打印”按钮，或者按快捷键 Ctrl+P，打开“打印”窗口。窗口右边所见的页面效果即是打印输出后的效果，如图 2-44 所示。

打印设置

“打印”窗口左边可以进行打印设置，包括设置打印份数、选择打印机、打印范围、打印纸张等。在设置打印范围时，默认为“打印所有页”，可以在下拉列表中选择“打印当前页面”或者“自定义打印范围”。

自定义打印范围可在“页数”右侧的文本框中输入页码或页码范围，页码范围可由数字、英文逗号（,）、减号（–）组成。逗号分隔表示指定页码，减号分隔表示起止页码。如图 2-45 所示，表示打印第 1 页到第 3 页、第 5 页、第 7 页到第 9 页，共打印 7 页。

页码范围也可以用“页码+节”的形式，如 p1s2 表示第 2 节的第 1 页，p1s3—p8s3 表示第 3 节的第 1 页到第 8 页。其中 p（page）表示“页码”，s（section）表示“节”。

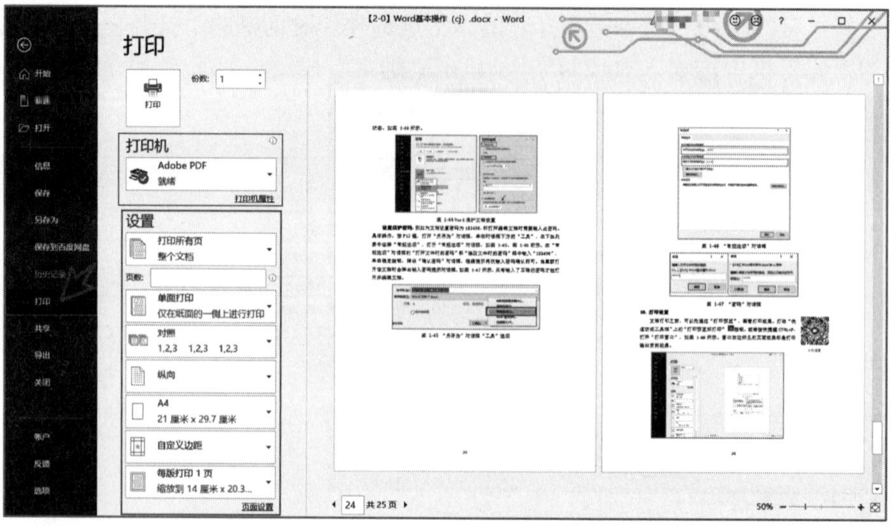

图 2-44 “打印”窗口

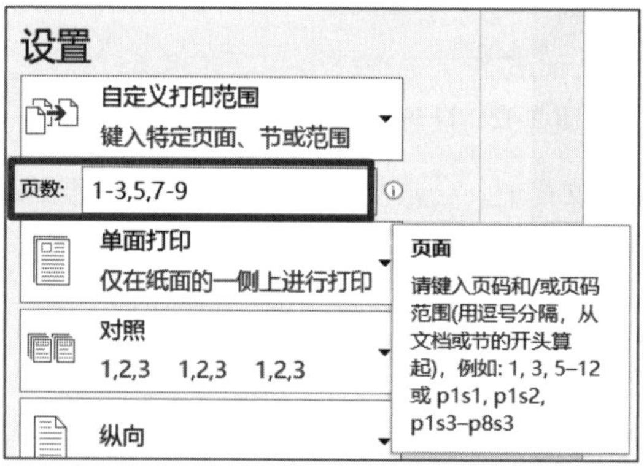

图 2-45 自定义打印范围

2.1.3 内容巩固

下载素材文件“Word 基本操作（素材文件）.docx”，按要求完成以下操作：

（1）页面设置，设置 A4 纸张，页边距上下各 2 厘米，左右各 3 厘米。

（2）删除文档内的所有空行、空格。

（3）将文中第 1 行标题设为“标题 1”样式，“1、2、3、4”四个标题文字设为“标题 2”样式。修改“标题 1”样式为：微软雅黑、二号、绿色、加粗，段后 0.5 行；修改“标题 2”样式为：微软雅黑、三号、蓝色、加粗。

（4）除第 1 行外，所有的“绿水”两字设为微软雅黑、绿色、四号加粗。

（5）对第 1 行中的“绿”设置为 72 磅文字大小，所有正文段落格式为首行缩进 2 字符，段前段后 0 行，行距为 20 磅。

（6）将第 1 幅图设置图片样式为“居中矩形阴影”；设置其所在文本框的填充颜色为绿色；文本框高度 5 厘米，宽度 15 厘米；文本框垂直对齐方式为中部居中；文本框上下左右边距均为 0。

案例素材下载地址：https://icourse.ywicc.edu.cn/Res/ResList.aspx?CourseId=830。

测试一下

每次测试 30 分钟，最多可进行 2 次测试，取最高分作为测试成绩。

扫码进入测试 >>

Word 基本操作

2.2　项目 1　制作旅游攻略

2.2.1　任务描述

Z 同学今年高中毕业，准备在高考成绩出来之前与父母一起来一次文化之旅。“凡事预则立，不预则废。”旅游攻略，就是对旅游行程做一个详细的规划。Z 同学喜欢海子的诗，心仪中国科学技术大学，于是确定了两个旅游目的地，安徽省安庆市和合肥市，具体要参观安庆市的独秀园、海子故居、六尺巷，合肥市的中国科学技术大学、合肥工业大学、逍遥津、包公祠等。Z 同学准备从浙江省桐庐县出发，请你为 Z 同学做一份旅游攻略。

本项目完成效果如图 2-46 所示。

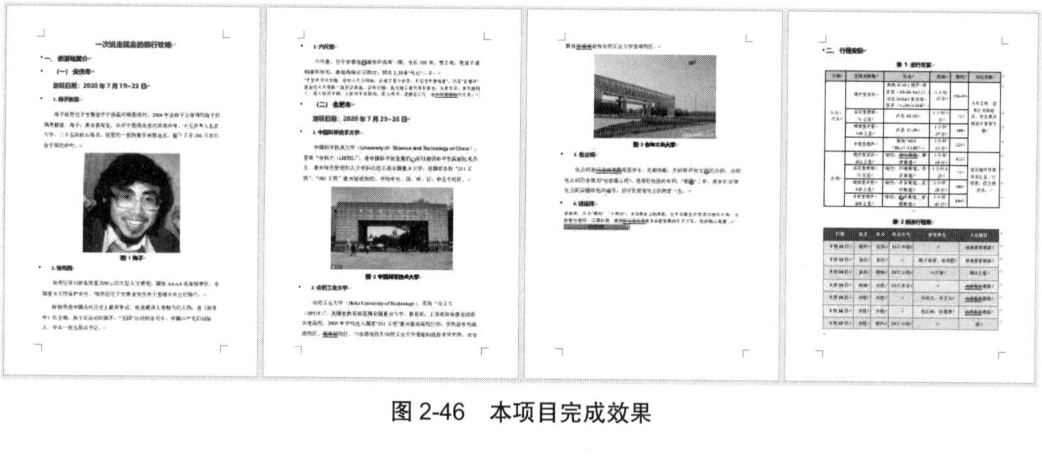

图 2-46　本项目完成效果

2.2.2　任务实现

页面设置

新建一个 Word 文档，命名为“XXX 的旅游攻略.docx”，其中 XXX 为你的学号加姓名，按要求完成下列操作。

1. 页面布局

纸张方向为纵向，纸张大小为 A4，页边距上下为 2.6 厘米，左右为 3.2 厘米，如图 2-47 所示。

第 1 行输入标题文字“一次说走就走的旅行攻略”，设置为标题，微软雅黑，三号，蓝色加粗居中。

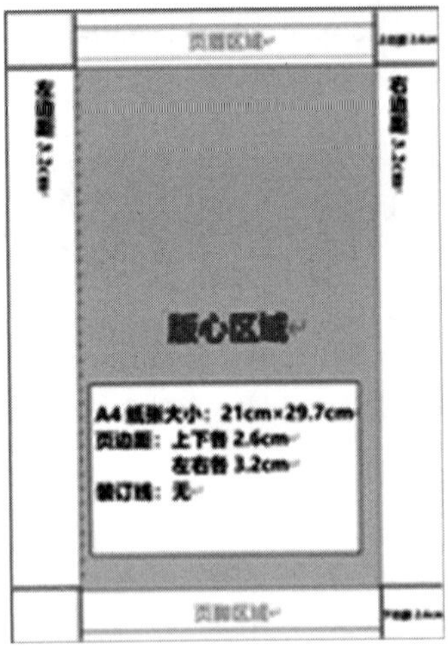

图 2-47　Word 页面设置

文档包括两部分：旅游地简介、行程安排。行程安排另起一页。

旅游地简介包括两部分：安庆市，合肥市。安庆市包括三部分：独秀园、海子故居、六尺巷；合肥市包括四部分：中国科学技术大学、合肥工业大学、包公祠、逍遥津。

2. 资料收集

资料收集

（1）收集景点资料

通过网络收集安庆市独秀园、海子故居、六尺巷三个景点的信息，以及合肥市中国科学技术大学、合肥工业大学、包公祠、逍遥津四个景点的信息。每个景点的介绍不少于 50 字，内容复制到文档中相应景点介绍部分。

天气信息：出游之前了解旅游地的天气信息，有助于提前做好相关准备。有很多天气预报的 APP 或网站，最多可以查询未来 40 天的天气情况。常用天气查询 APP 如“墨迹天气”，请通过 APP 或网站查询安庆市、合肥市的天气信息（具体日期任意或与计划日期一致）。

（2）交通方案

目前常用的出行交通工具有火车、长途汽车、自驾车、飞机等。行程中的交通信息一般包括出行方式、车次（或航班号等）、票价、用时等。下面以火车+长途汽车、自驾车两种方案进行介绍，飞机有相应的软件或网站可以查询与购票，此处不详细介绍。

方案一：火车+长途汽车

乘坐火车：乘火车是常用的出行方式，中国铁路官方提供 12306 APP、网站等平台，可查询、预订火车票。请用 12306 APP 或 12306 网站（网址：https://www.12306.cn/）查询“桐庐到安庆”“合肥到桐庐”的火车车次（乘车日期随意填写），如果没有直达列车，请以“接续换乘”功能查询。使用 12306 网站查询火车信息如图 2-48 所示。

长途汽车：乘坐汽车也是大家常用的出行方式，目前大部分长途汽车信息可通过网站查询。请用百度查询“安庆到桐城”“桐城到合肥”的长途汽车车次。使用百度查询长途汽车信息，如图 2-49 所示。

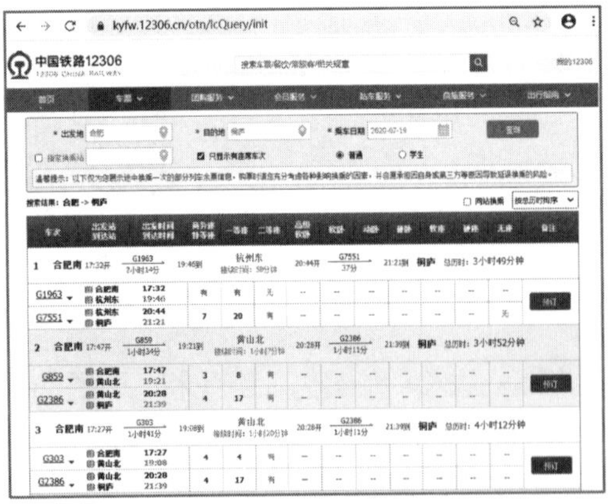

图 2-48　使用 12306 官网查询火车信息

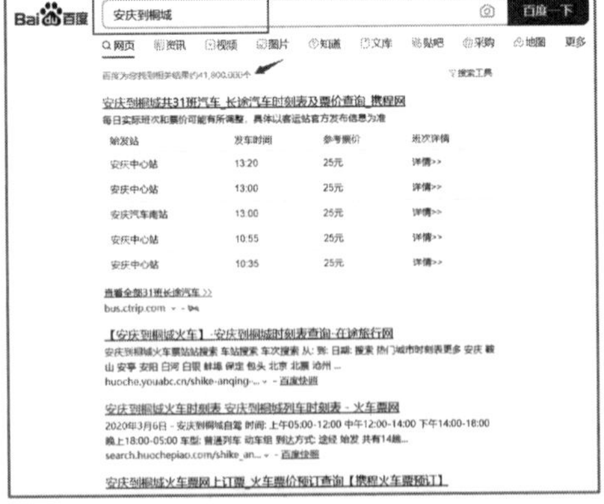

图 2-49　使用百度查询长途汽车时刻表

方案二：自驾车

平时自驾过程中，一般需要使用导航软件进行路线引导。常用导航软件有百度地图、高德地图、谷歌地图等。请选用一款导航软件，查询“桐庐到安庆”“安庆到桐城”“桐城到合肥”“合肥到桐庐”的自驾路线。内容包括经过哪些高速、里程和大约需要多少时间等，规划一条自驾路线的方案。使用百度地图网页端查询两地驾车路线如图 2-50 所示。

（3）住宿安排

在规划旅游行程时，一般需要提前选择并预定酒店。常用软件较多，如携程、艺龙等。请选择一款软件，根据计划行程，查询“安庆市”“合肥市”的经济型酒店（入住日期随意填写），各选择一家性价比较好的酒店。使用携程 APP 查询酒店信息如图 2-51 所示。

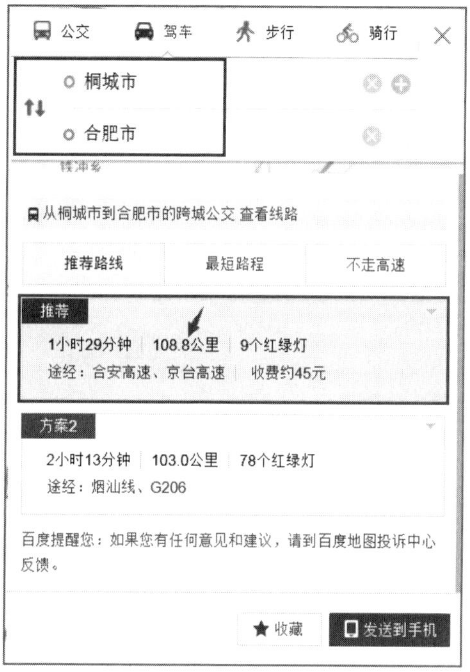

图 2-50　百度地图网页端搜索结果

图 2-51　使用携程 APP 查酒店信息

3. 文本处理

（1）去除格式粘贴

从网页中复制的文字，或从其他文档中复制内容，一般会带有源格式。在 Word 中粘贴时，先将光标定位到需要粘贴的位置，按下列方式可去除源格式，只粘贴文本。

文本处理

- 单击右键，在弹出的快捷菜单的“粘贴选项”中，选择“只保留文本”命令。
- 在“开始”选项卡下，单击“粘贴”按钮底部的三角形，在弹出的菜单的“粘贴选项”中，选择“只保留文本”命令。
- 直接粘贴后，单击粘贴内容底部的“粘贴选项”图标，在弹出的菜单的“粘贴选项”中，选择“只保留文本”命令。
- 设置默认粘贴，上述三种方式是每次粘贴时都需要操作的。设置默认粘贴后，执行复制粘贴命令时，就能跳过选择性粘贴环节，直接变成设置的默认格式。设置方法为：依次单击“文件—选项”命令，在弹出的“Word 选项”对话框中，在左侧单击“高级”选项，在右侧的“剪切、复制和粘贴”区域中，设置不同粘贴操作的默认格式，如“从其他程序粘贴”右侧选“仅保留文本”，设置完成后单击底部的“确定”按钮。设置默认粘贴后，选择性粘贴依然可用，如粘贴文本后，可通过选择性粘贴“保留源格式”等。设置默认粘贴操作如图 2-52 所示。

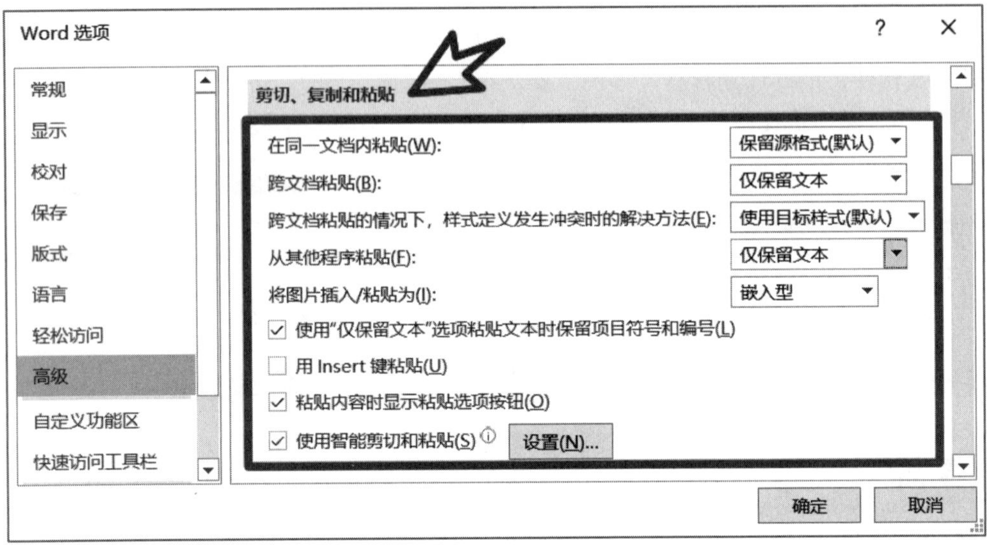

图 2-52　设置默认粘贴

（2）批量取消超链接

从网页中复制得到的信息，有些文字会带有超链接，用下列方式可以取消相应的超链接效果。先全选文档（Ctrl+A），再按组合键（Ctrl+Shift+F9），可取消所有超链接，并保留文本的所有格式。

在 Word 中粘贴时选择“只保留文本”命令，或在“选择性粘贴”中选择“无格式文本”命令，可以取消超链接等格式，只粘贴文本信息。

（3）批量删除空行、空格等指定字符

从网页中复制粘贴信息，若有多余的空行、空格、手动换行符等不需要的字符，可使用“查找和替换”（快捷键 Ctrl+H）功能批量删除指定信息。如删除空行，在“查找和替换”对话框中，单击“更多”，在“特殊格式”中选择“段落标记”（对应符号为：^p），“查找内容”为两个段落标记“^p^p”，“替换为”内容为一个段落标记“^p”，连续单击“全部替换”按钮，直到提示“全部完成，完成 N 处替换。”。

4. 设置编号

设置编号

将“旅游地简介”、“行程安排”设置为编号“一、二、三、”，字体为微软雅黑，四号加粗，段前段后 0，单倍行距，特殊缩进无；将“旅游地简介”下面的“安庆市”“合肥市”，设置为编号“（一）（二）（三）”，字体为微软雅黑，字号为四号加粗，左侧缩进 0.74 厘米，段前段后 0，单倍行距，特殊缩进无；将安庆市下面的“独秀园”“海子故居”“六尺巷”，合肥市下面的“中国科学技术大学”“合肥工业大学”“包公祠”“逍遥津”，设置为编号“1.2.3.”，字体为微软雅黑，小四号，紫色，加粗，左侧缩进 0.74 厘米，段前段后 0，单倍行距，特殊缩进无。

5. *新建样式*

新建样式

样式名为“样式 XXXXX”，其中“XXXXX”是你学号后五位。

字体：中文字体为宋体，西文字体为 Times New Roman，字号为小四。

段落：首行缩进 2 字符，段前段后均为 0.5 行，行距 1.5 倍，左对齐。

将文档中正文（不包括标题、编号）设置为新建样式。

6. *插入图片*

图片设置

通过网络，收集一张海子的照片，一张中国科学技术大学和一张合肥工业大学的图片，分别插入到海子故居、中国科学技术大学、合肥工业大学简介的后面。对图片进行一定的裁剪操作，并使用图片格式的压缩图片功能，将图片压缩，尽可能缩小文档占用的空间。调整图片大小，第 1 张图宽 8 厘米，第 2、3 张图宽 10 厘米，锁定纵横比。

为每张图片插入题注，海子照片的题注为“图 1 海子”，其中“1”为自动编号，题注位于图的下方。另两张图片的题注分别为“图 2”“图 3”加校名，题注文字微软雅黑，小四号加粗，居中。

7. *表格应用*

表格设置

在文档的最后插入两张表格，均设置为“根据窗口自动调整表格”；文字宋体、五号，中部居中。

第 1 张表格为 6 列 9 行，第一行为标题行，每列标题分别为“方案”“区间及距离”“方式”“用时”“费用”“对比分析”，格式设置如下：文字加粗，第 1 行加底纹，“深蓝，文字 2，淡色 80%”，行高 1 厘米。“方案”和“对比分析”两列下方，第 2～5 行、第 6～9 行均合并单元格，“方案”列下方两个合并后的单元格分别输入“火车+汽车”“自驾”；“区间”列下方前 4 行和后 4 行分别输入“桐庐至安庆”“安庆至桐城”“桐城至合肥”“合肥至桐庐”。

将收集到的出行信息填入表中，其中高铁按二等座、普通火车按硬座预算价格，自驾费用按照一千米 1 元预算；对长途汽车或自驾，请标注两地距离千米数，可参考导航地图搜索的推荐方案；自驾时，在“方式”列填写导航软件推荐方案中的“途径”或主要高速路线信息。对比分析两种方案的优缺点。

为表格插入题注，题注为“表 1 出行方案”，题注位于表的上方，题注文字为微软雅黑，小四号加粗，居中。

第 2 张表格为 6 列，行数根据需要设置，如首次插入时设置为 5 行，后续在表格中输入内容时根据需要添加或删除行。第一行为标题行，每列分别为“日期”“起点”“终点”“终点天气”“游览景点”“入住酒店”，下面各行分别填入每天的相应内容。插入题注，题注为“表 2 旅游行程表”，题注位于表的上方，题注文字微软雅黑，小四号加粗居中。

第 2 张表设置表格样式“网格表 4-着色 1”“偶条带行”，填充颜色“橙色，个性色 6，淡色 80%”；行高 1 厘米。修改表格样式操作如图 2-53 所示。

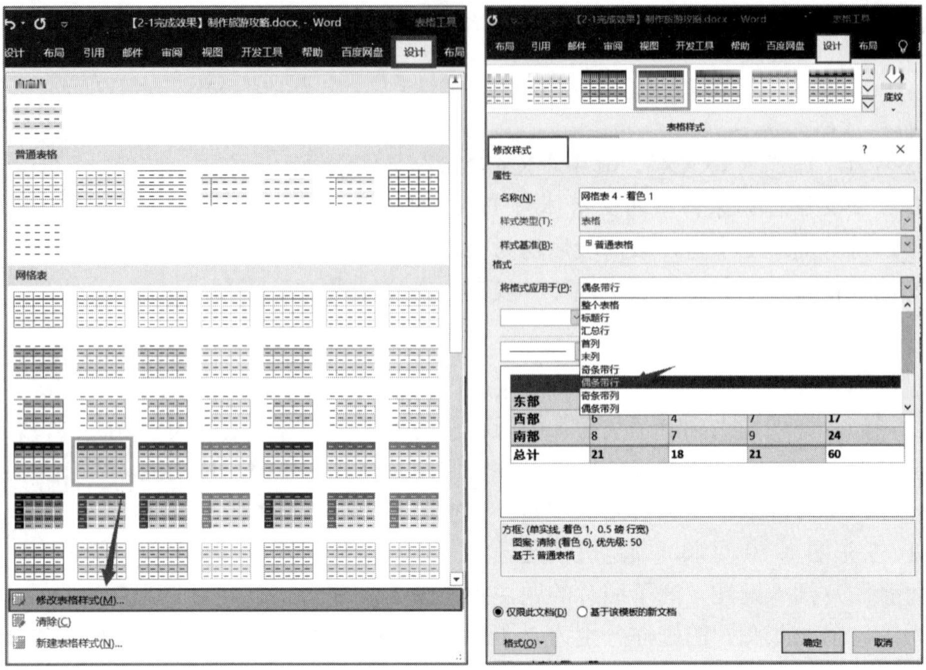

图 2-53　修改表格样式

2.2.3　任务总结

本案例虽然给定了一些具体的操作要求，但灵活性还是比较大的，学生通过制作旅游攻略，能够掌握 Word 文字处理的一些基本操作。

（1）网络资料的搜集，网页文本内容的复制粘贴及整理。

（2）查找和替换功能应用，查找功能的快捷键为 Ctrl+F，替换功能的快捷键为 Ctrl+H。

（3）Word 中表格边框、底纹的设置，图片版式、位置的设置方法。

（4）Word 中样式的应用，可利用样式批量设置文档格式。

2.2.4　任务巩固

某客户家住浙江省义乌市，现要求利用一周时间到江苏省扬州市和南京市旅游，分别要游览扬州市的瘦西湖、个园、大明寺，南京市的南京大学、东南大学、明孝陵、中山陵。请参照本案例的操作要求，制作一份详尽的旅游攻略。

请新建一个 Word 文档，按要求完成有关操作。

案例素材下载地址：https://icourse.ywicc.edu.cn/Res/ResList.aspx?CourseId=830。

测试一下

每次测试 30 分钟，最多可进行 2 次测试，取最高分作为测试成绩。

扫码进入测试 >>

项目 1　制作旅游攻略

2.3　项目 2　制作商品订购单

2.3.1　任务描述

小静为某电商企业的订单管理员，负责对订单信息进行处理，为优化订单信息，现需要制作一个商品订购单，主要包括表格设置，插入页眉页脚及公司 Logo 图标等，并对表格中的订单数据使用公式进行计算。

具体操作要求请扫码查看 >>

操作要求

本项目完成效果如图 2-54 所示。

智能信息科技有限公司　　服务热线：800-800-800

商 品 订 购 单

订购日期：2020 年 5 月 20 日　　№：56789

订购人信息	□首次 / □会员	会员编号	姓名		联系电话	
		1911010203	张小四		12345678900	
	身份证号		电子邮箱			
	QQ 号码		邮政编码		□□□□□□	
	家庭地址	省　市　县/区				
收货人信息	※指定其他送货地址或收货人时请填写					
	姓名		联系电话			
	送货地址	省　市　县/区				
订购商品信息	商品编号	商品名称	规格	单价（元）	数量	金额（元）
	YW007	多功能画笔	1 支	112.5	10	1125
	YW044	智能翻页笔	1 支	688.6	5	3443
	YW014	无线鼠标	1 个	266.7	6	1600
	YW001	智能护眼灯	1 个	956	8	7648
	合计金额	一万三千八百一十六元整（￥13,816.00）				
付款方式		□现金付款　□银行汇款　□货到付款（只限市内）				
配送方式		□普通包裹　□送货上门（只限市内）				
注意事项		● 请务必详细填写，以便尽快为您服务。 ● 有特殊送货要求时另请说明。 ● 收到您的订单后，我们的客户服务人员将会与您联系确认。				

感谢您的支持，欢迎常来采购！

图 2-54　本项目完成效果

2.3.2 任务实现

新建一个 Word 文档，命名为“XXX 的商品订购单.docx”，其中 XXX 为你的学号加姓名，按要求完成下列操作。

1. 页面布局

确定纸张大小、纸张方向、页边距、页眉和页脚边距等。根据商品订购单效果图，采用表格进行布局，根据效果图中表格的最大行列数（以合并操作之前的原始表格为准），此处插入 7 列 19 行的表格。

表格操作

2. 页面内容整理

页眉和页脚设置：在页面顶部空白区域双击，即可进入页眉编辑区，输入页眉文字并设置有关属性。

页眉页脚设置

插入图片及设置：在页眉区插入指定的 Logo 图片，双击图片进入“图片工具”选项卡，“环绕文字”选择“浮于文字上方”，选择“位置→其他布局选项”命令，在打开的“布局”对话框中设置“相对于”“页面”的位置，水平“绝对位置”为 2.6cm，垂直“绝对位置”为 1.2cm，如图 2-55 所示。

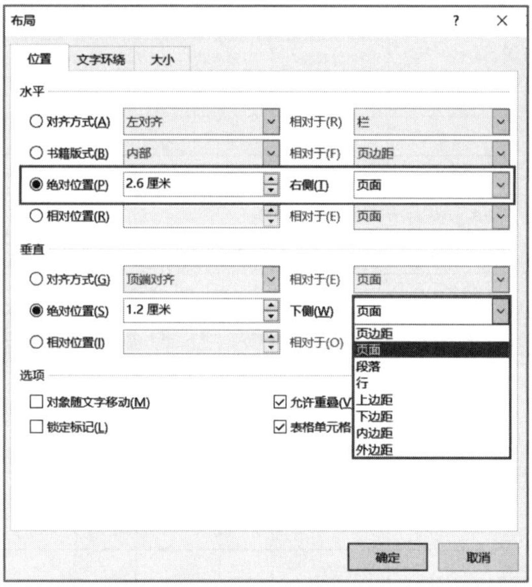

图 2-55 设置图片位置

表格设置：表格宽度为 15.8 厘米，居中，行高 1 厘米，在表格合适位置合并单元格，插入斜线条头，设置边框底纹等。

插入符号：在页眉适当位置，单击“插入→符号”按钮，插入 number 符号№、□、※。

3. 字体下载与安装

字体下载与安装

小静感觉计算机自带的字体不太好看，想自行下载字体设置标题“商品订购单”。提供字体下载的平台很多，注意有些字体涉及版权。下面介绍三个提供免费字体的网站：100font（网址：https://www.100font.com/），无须登录即可下载；站酷字体（网址：https://www.zcool.com.cn/special/zcoolfonts/）；字体传奇（网址：http://www.ziticq.com/）。

如打开“100font”网站，下载免费可商用字体“字体圈欣意冠黑体”，通过平台提供的百度网盘地址下载：https://pan.baidu.com/s/18zcaygWvnC2pZigwHNi60w，提取码：hz4w。将下载的文件解压后，双击运行“字体圈欣意冠黑体.ttf”，在打开的对话框中单击“安装”按钮即可，如图 2-56 所示。

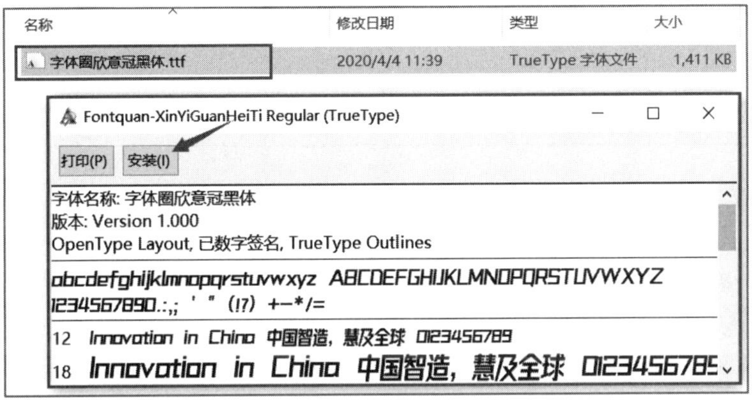

图 2-56　双击安装下载的字体文件

字体安装完成后，若安装字体之前打开的 Word 文档无法选择新安装的字体，可保存并关闭文档，再重新打开文档，即可选择新安装的字体，如图 2-57 所示。

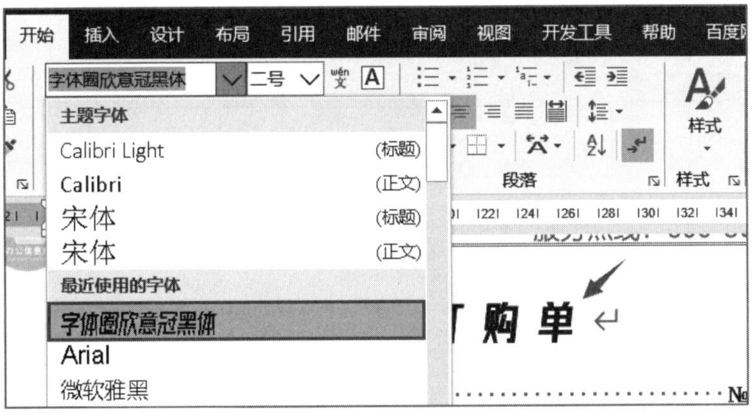

图 2-57　使用下载的新字体

4. *表格公式应用*

在 Word 表格中，可以使用公式进行一些简单的计算。常用函数有 AVERAGE、COUNT、MAX、MIN、PRODUCT、SUM 等，Word 中的函数常使用位置参数进行计算，位置参数及含义如下。

表格公式应用

LEFT：对当前单元格左侧的数据进行运算。

RIGHT：对当前单元格右侧的数据进行运算。

BELOW：对当前单元格下方的数据进行运算。

ABOVE：对当前单元格上方的数据进行运算。

在“订购商品信息”栏，利用公式 PRODUCT(LEFT)计算“金额”，利用 SUM(ABOVE)计算“合计金额”，并将“合计金额”转换为大写形式。

Word 表格中的公式计算，也支持类似 Excel 单元格地址的方式，表格从第 1 列开始对应列号用“A、B、C、…”表示，对应行号用“1、2、3、…”表示。分别用 SUM 函数及单元格地址的方式进行计算，如表 2-2 所示。

表 2-2　Word 中表格公式举例

第 1 列	第 2 列	第 3 列	公式结果	使用公式
11	12	13	36	=A2+B2+C2
21	22	23	66	=SUM(LEFT)
31	32	33	96	=SUM(A4:C4）

5. 将字体嵌入文件

当在 Office 文档中使用了非系统自带字体（如自己下载安装的字体“字体圈欣意冠黑体”），后续在没有安装对应字体的设备中打开该文档时，对应文字会自动变成 Office 中默认的字体。为便于文档在不同设备之间共享，对使用了特殊字体的文档，在保存时，可设置将使用的字体嵌入到文件中。对应字体将随文档一并保存，在其他计算机等设备中均可正常显示和编辑，但文档占用空间会变大。

方法一：选择“文件→选项→保存”命令，在打开的界面中勾选“将字体嵌入文件”“仅嵌入文档中使用的字符（适于减小文件大小）”“不嵌入常用系统字体”选项，如图 2-58 所示。

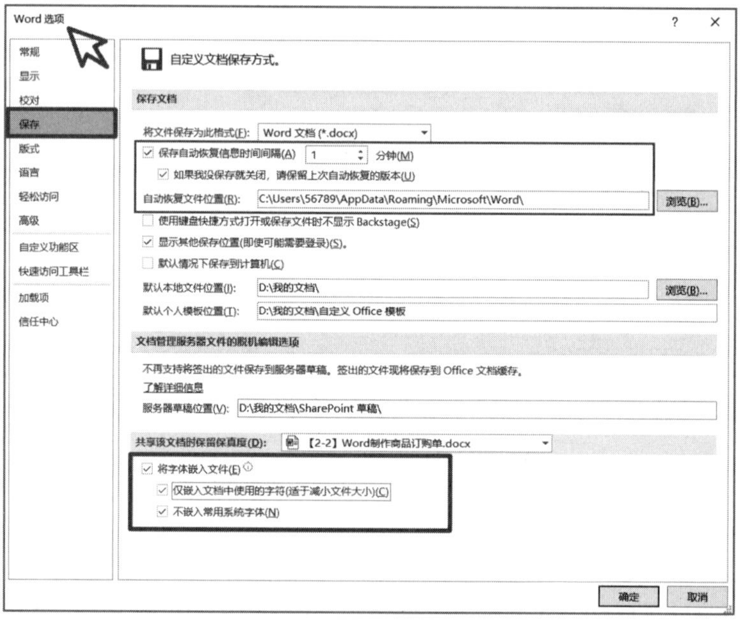

图 2-58　将字体嵌入文件

方法二：选择“文件→另存为”命令，单击“浏览”按钮，在打开的“另存为”对话框中选择“工具→保存选项”命令，即可进入“方法一”中的“自定义文档保存方式”界面，勾选“将字体嵌入文件”选项即可。

保护文档

6. 保护文档

为文档设置保护密码 123456，即打开文档时需要输入此密码。

方法一：选择“文件→信息→保护文档”命令，在打开的下拉列表中选择“用密码进行加密”，在打开的对话框中输入打开文件所需密码即可，如图 2-59 所示。

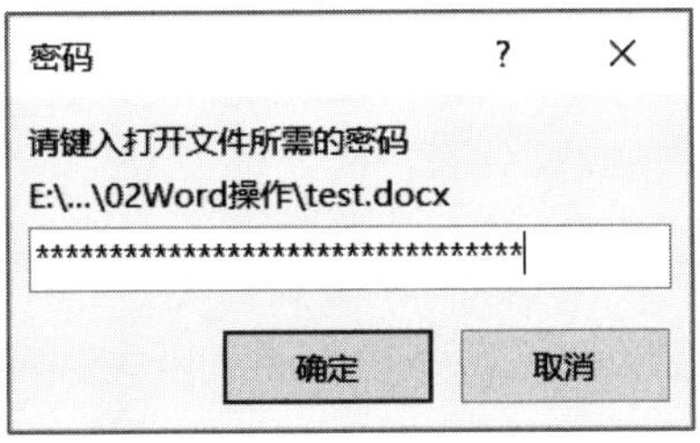

图 2-59　打开时需要输入密码

方法二：按 F12 键，打开“另存为”对话框，单击对话框下方的“工具”选项，在下拉列表中选择“常规选项”命令，如图 2-60 所示。

图 2-60　“另存为”对话框“工具”选项

打开“常规选项”对话框，在“打开文件时的密码”“修改文件时的密码”框中均输入“123456”，单击“确定”按钮，根据提示再次输入密码确认即可。当重新打开该文档时会打开输入密码的提示对话框，只有输入了正确的密码才能打开并编辑文档。

2.3.3　任务总结

（1）Word 中表格的应用，表格的行列数以执行合并操作之前的最大行数、最大列数为准。

（2）Word 中公式的应用，公式所引用的单元格数据发生变化后，公式不会自动进行计算，可用“更新域”或按 F9 键重新计算并更新结果。在使用功能键如 F9 操作时，笔记本电脑一般要按 Fn+F9，如重命名按 Fn+F2。

（3）Word 中进行图片排版时，一般先设置“文字环绕方式”。将“环绕方式”设为“衬于文字下方”或“浮于文字上方”时，按键盘的方向键可移动图片。通过设置图片的“位置”，可对图片进行精确定位。

（4）字体嵌入文件，对应字体将随文档一并保存，在其他计算机等设备中均可正常显示和编辑。

（5）设置文档保护后，需要输入密码才可打开文档，避免文档被他人随意查看。

2.3.4 任务巩固

下载本案例素材文件，按要求完成有关操作。

案例素材下载地址：https://icourse.ywicc.edu.cn/Res/ResList.aspx?CourseId=830。

测试一下

每次测试 30 分钟，最多可进行 2 次测试，取最高分作为测试成绩。

扫码进入测试 >>

项目 2　制作商品订购单

2.4 项目 3　制作会议邀请函

2.4.1 任务描述

小王所在企业需要组织一次产品设计有关的研讨会，现需要设计制作一份会议邀请函，包含会议内容、时间地点、议题、参会报名二维码等，客户可扫码填写会议回执，方便小王实时统计参会人员信息。

具体操作要求请扫码查看 >>

操作要求

本项目完成效果如图 2-61 所示。

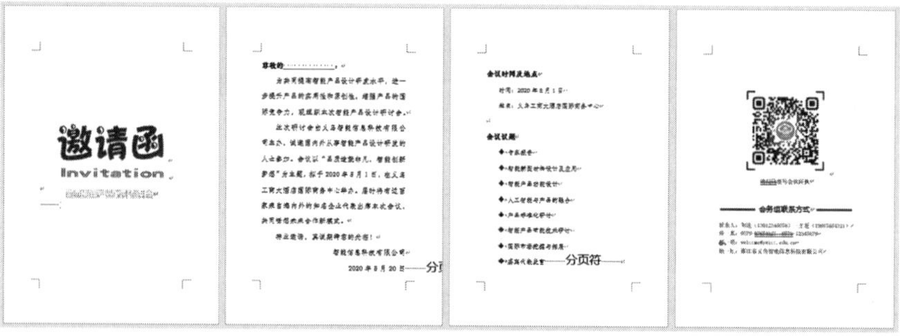

图 2-61　本项目完成效果（依次为第 1～4 页）

2.4.2 任务实现

将素材文件重命名为“XXX 制作的会议邀请函.docx”，其中 XXX 为你的学号加姓名，在素材文件中完成下列操作。

1. 页面设置

在“页面设置”对话框的“页边距”选项卡中设置“页码范围”为“书籍折页”，在“布局”选项卡中设置“页面”“垂直对齐方式”为“居中”，如图 2-62 所示。

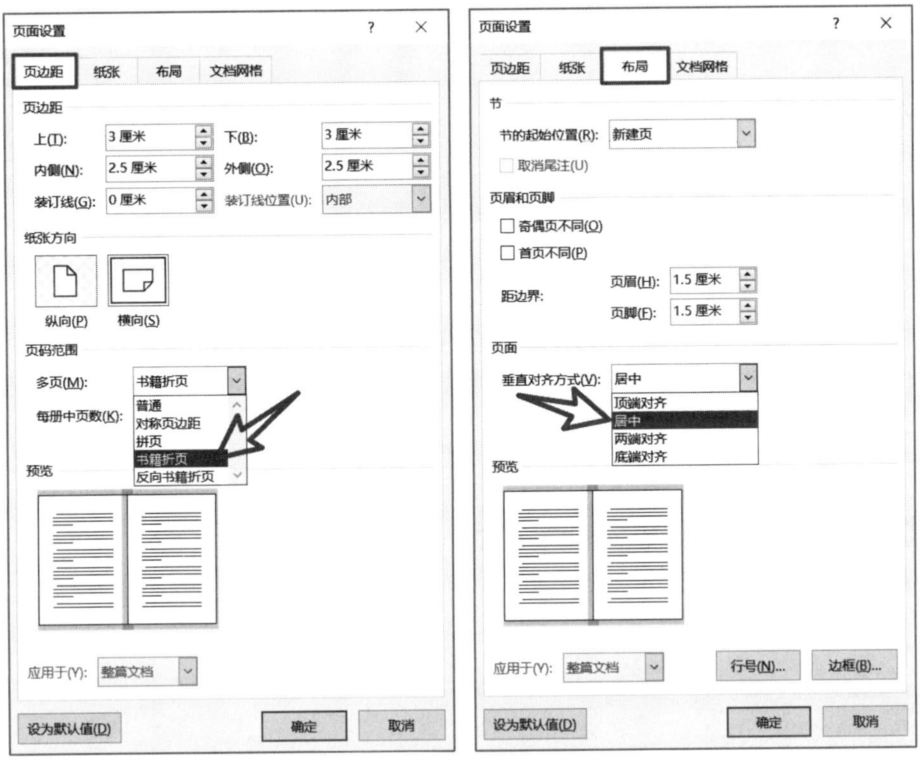

图 2-62　页面设置

2. 艺术字设置

运用艺术字体图片、文本框等元素设计封面，当然也可以利用网络在线字体转换器，如 https://www.qt86.com/或 http://www.diyiziti.com/，选择一种合适的字体制作“邀请函”“Invitation”艺术字。更改合适的艺术字图片颜色，将制作好的内容以图片保存，如图 2-63 所示。

在线艺术字设置

图 2-63　艺术字体在线生成平台 QT86

封面页第 3 行文字“首届智能产品设计研讨会”文字，从 Word 中选一种艺术字效果。

在线调查表制作

3. 在线调查表制作

利用第三方在线调查平台，如“问卷星”，根据会议回执要求，设计制作一个网络调查表，用于收集参会客户的有关信息。

会议回执填写内容包括：单位名称（文本框）、单位所在地（最好用省、市、县三级下拉选择）、姓名（文本框）、性别（男、女单选项）、手机号码（文本框，设置长度限制等验证）、住宿要求（下拉选择，共 5 个选项，依次为：单间、双间、套房、拼房、不用统一安排），也可根据你的设计包含其他内容。使用问卷星制作会议回执在线调查表，如图 2-64 所示。

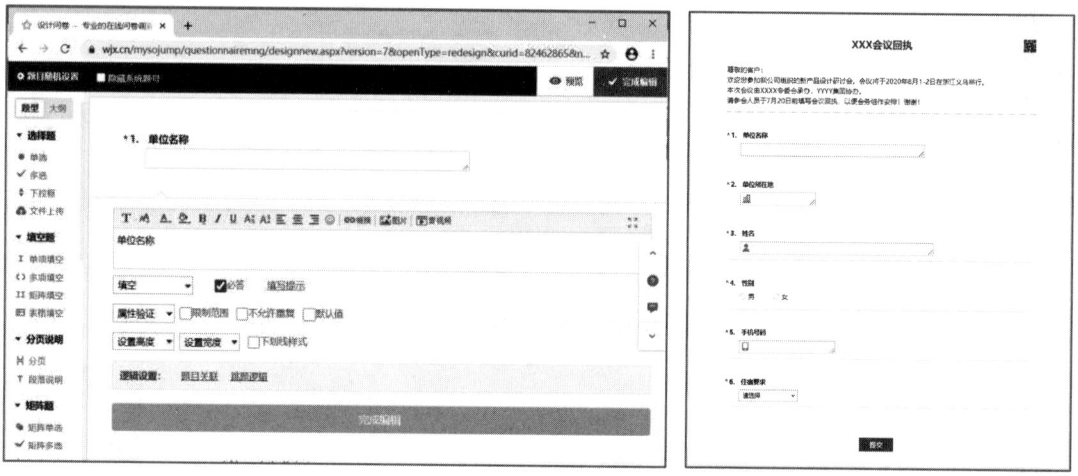

图 2-64　使用问卷星制作在线调查表（会议回执）

4. 二维码制作

二维码制作

在问卷星平台发布问卷后，提供“制作二维码海报”功能，可为问卷设计一张含二维码的海报，也可利用平台中嵌入的“创客贴”在线设计平台制作二维码海报。问卷星嵌入的“创客贴”在线设计平台中，提供了丰富的模板及素材，如图 2-65 所示。

图 2-65　使用问卷星及嵌入的“创客贴”平台制作二维码海报

问卷星平台自带的海报制作功能，在修改二维码图片方面功能有限。我们可使用“草料二维码”（网址：https://cli.im/）或“二维工场”（网址：http://www.2weima.com/）在线制作含公司 Logo 的二维码并进行美化。将问卷链接网址复制粘贴到草料二维码平台，制作一个含公司 Logo 的二维码图片，如图 2-66 所示。

图 2-66　用草料二维码制作含公司 Logo 的二维码

5. 书籍折页打印效果

Word 文档里面页码为 1、2、3、4；书籍折页打印时，自动将 1、4 两页打印在一面，2、3 两页打印在另一面。可安装 doPDF 或 Adobe Acrobat 软件，通过虚拟打印机生成 PDF 文件查看书籍折页的打印效果。书籍折页打印效果如图 2-67 所示。

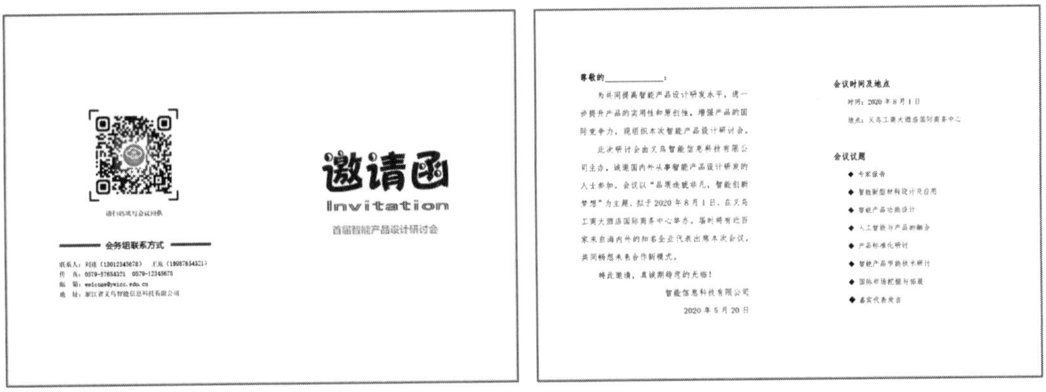

图 2-67　书籍折页打印效果

2.4.3 任务总结

充分利用在线工具平台资源，为办公业务处理服务，提高工作实效。

（1）可利用在线字体转换器，设计制作艺术字效果。

（2）可利用在线调查工具，开展调查问卷设计，实时收集所需信息。

（3）可利用在线平台设计制作二维码，如在二维码中加入公司 Logo。

（4）Word 文档设置书籍折页效果，可将多页内容正反页打印在同一张纸上，注意书籍折页打印顺序与文档中实际页码顺序的对应关系。

2.4.4 任务巩固

下载本案例素材文件，按要求完成有关操作。

案例素材下载地址：https://icourse.ywicc.edu.cn/Res/ResList.aspx?CourseId=830。

测试一下

每次测试 30 分钟，最多可进行 2 次测试，取最高分作为测试成绩。

扫码进入测试 >>

项目 3 制作会议邀请函

2.5 项目 4 制作个人简历

2.5.1 任务描述

小郑同学即将毕业，因需要找工作向招聘单位投递个人简历。他的个人简历包括封面和一页简历详情，详情内容包含个人基本信息、求职意向、教育背景、实习经历、校园经历、证书及荣誉、自我评价等。请根据他的有关要求，帮他设计制作一份在线简历及一份 Word 简历。

具体操作要求请扫码查看 >>

操作要求

本项目完成效果如图 2-68 所示。

图 2-68 本项目完成效果

2.5.2　任务实现

新建两个 Word 文档，分别命名为“XXX 的简历封面.docx”“XXX 的简历详情.docx”，其中 XXX 为你的学号加姓名，按要求完成下列操作。

1. 制作在线简历

在线简历制作

使用美篇（网址：https://www.meipian.cn/）、易企秀（网址：https://store.eqxiu.com/）等在线平台，制作在线简历，通过扫二维码方式查看，便捷又环保。

以美篇为例，通过微信扫码，或手机号码验证等方式登录，需要绑定手机号码后才能分享。登录后通过“新建文章”可创建新的文稿，可选择模板和背景音乐，把设计好的简历信息添加进去，检查确认后，单击“完成/分享”按钮即可成功发布，并弹出分享二维码。进入文章列表，在已经发布的文章右下角单击“分享”按钮，也可弹出分享二维码。默认的分享二维码不够美观，可复制链接，使用草料二维码等平台，自行制作一个二维码。美篇网页版操作如图 2-69 所示。

删除文章：在文章列表中单击文章右上角的菜单，选择“删除”命令即可。

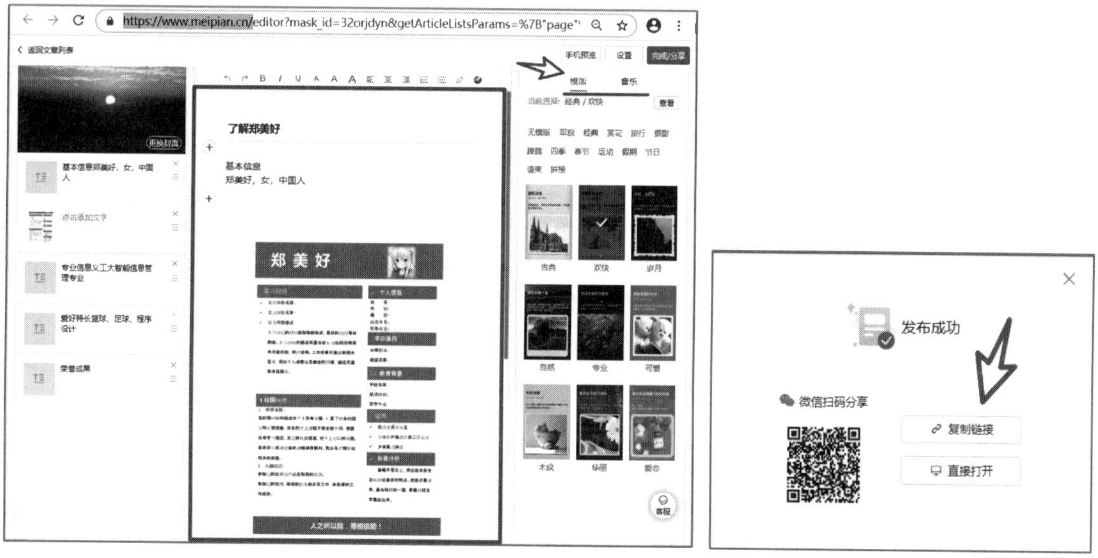

图 2-69　使用美篇制作在线简历

2. 制作简历封面

制作简历封面

封面包含 5 个部分，分别是左侧的矩形框、页面中部的图片、上方的文本框、左下方的文本框、底部二维码及其下方的文本框。

（1）插入形状

插入矩形框，为了方便操作，通过“视图”选项卡的“缩放”功能组中的“单页”模式，以便在窗口中查看整个页面。单击“插入→形状→矩形”按钮，在适当位置拖动鼠标插入一个矩形。选中矩形，利用“图片工具→格式→形状填充→渐变→其他渐变→渐变填充→预设渐变”，把矩形框设置“环绕文字”方式为“衬于文字下方”。

（2）插入图片

插入“海上日出.jpg”图片，设置“环绕文字”方式为“衬于文字下方”，然后调整到合适的大小及位置。

（3）下载安装新字体

提供字体下载的网站很多，注意字体的版权问题。目前“站酷字库”（网址：https://www.zcool.com.cn/special/zcoolfonts/）的部分字体提供免费下载。如下载“站酷小薇 LOGO”字体，解压后，双击运行字体文件“站酷小薇 LOGO 体.otf”，单击“安装”按钮即可安装，如图 2-70 所示。

“个人简历” 4 个字使用该字体，若安装后在 Word 中找不到该字体，请保存文档并关闭 Word 后，重新打开文档即可显示。

图 2-70　下载安装新字体

（4）制作二维码

带头像的微信二维码制作：可使用草料二维码生成器（网址：https://cli.im/），单击“微信”，在下方的“个人账号”界面中单击“上传二维码图片”按钮进行上传，上传微信二维码图片后，单击右下角的“二维码美化”按钮，可通过“美化模板”“上传 logo”“颜色”“添加文字”“外框”“码点”等对二维码进行美化设置。完成后单击“保存图片”按钮保存图片，然后将其插入到简历封面右下角的位置。使用草料二维码网页端操作如图 2-71 所示。

图 2-71　使用草料二维码制作美化二维码

3. 制作简历详情页

（1）页面设置

文档页面大小就是纸张的大小。Word 中默认的页面大小为 A4（大小为 21 厘米×29.7 厘米），是办公常用的打印纸规格。常用的纸张大小还有 16K（大小为 18.4 厘米×26 厘米）。通过“布局→页面设置→纸张”进行纸张大小的选择和设置，也可以自定义纸张的“宽度”和“高度”。

（2）版心大小和页边距

版心是输入正文内容的区域，常称为“排版空间”，指纸张大小减去页边距和装订线所剩余的空间。版心的大小与页边距有着直接的联系，页边距越大，版心就越小。反之，页边距越小，版心越大。通过设置页边距的大小和装订线的位置（靠左或靠上）及大小即可得到版心大小。版心、页边距和装订线位置，如图 2-72 所示。

图 2-72　页边距和装订线示意图

一张 A4 纸，大小为 21 厘米×29.7 厘米，如果左、右、上、下边距均为 2.5 厘米，装订线位置靠左 1 厘米，则版心宽度为：21 厘米−左边距 2.5 厘米−右边距 2.5 厘米−装订线 1 厘米=15 厘米，版心高度为：29.7 厘米−上边距 2.5 厘米−下边距 2.5 厘米=24.7 厘米。其版心大小为 15 厘米×24.7 厘米。

方法：单击“布局→页面设置”右下角的“对话框启动器”按钮，打开“页面设置”对话框。选择“页边距”选项卡，在“页边距”栏中设置上、下、左、右页边距的值，以及装订线的位置及大小。

（3）利用表格进行页面布局

在空白页面上插入一个 3 行 2 列的主表格，根据版心大小，设置表格第一行高 3 厘米，第二行高 20 厘米，第三行高 1.5 厘米。在第一行的两个单元格中分别输入姓名和照片。第二行的两个单元格宽度不相等，左边 9 厘米宽，右边 6 厘米宽。将第三行的两个单元格进行合并。

表格布局

在主表格第二行的左边单元格中嵌入一个 4 行 1 列的表格，第 1 个和第 3 个单元格的高度设置为 1 厘米，第 2 个和第 4 个单元格的高度根据各自内容的多少进行调整。

在主表格第二行的右边单元格中嵌入一个 10 行 1 列的表格，其中第 1、3、5、7、9 行的单元格高度设置为 1 厘米，其他单元格的高度根据内容多少进行灵活设置。

对部分单元格的底纹进行设置，分别选中三个表格，边框设置为“无框线”。最终布局如图 2-73 所示。

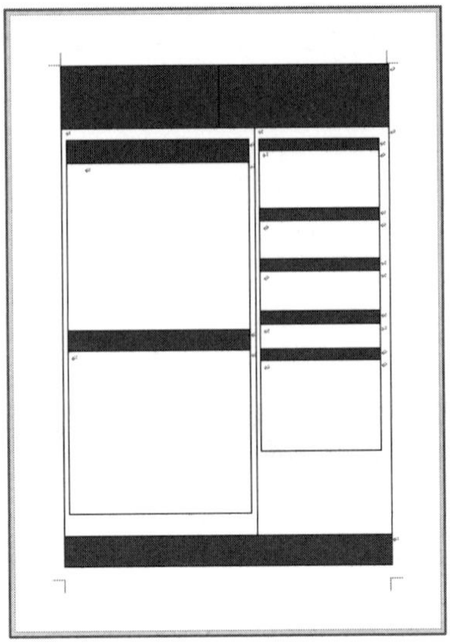

图 2-73　表格设置效果

（4）形状填充图片

插入一个圆形，直径为 2.6 厘米，设置形状填充图片为素材资料中的“照片.jpg”，将该圆形移动到最外层表格第 1 行的合适位置。

4. Word 转图片

将完成后的封面、详情页分别转换为图片。可使用截图操作将页面截图并保存成图片文件，也可使用在线格式转换工具操作。如使用在线转换工具“档铺”（网址：http://www.docpe.com/），可以将 Word 文档转换为图片格式，支持 png、jpeg、jpg、bmp、tiff、emf 等格式，如图 2-74 所示。

Word 转图片

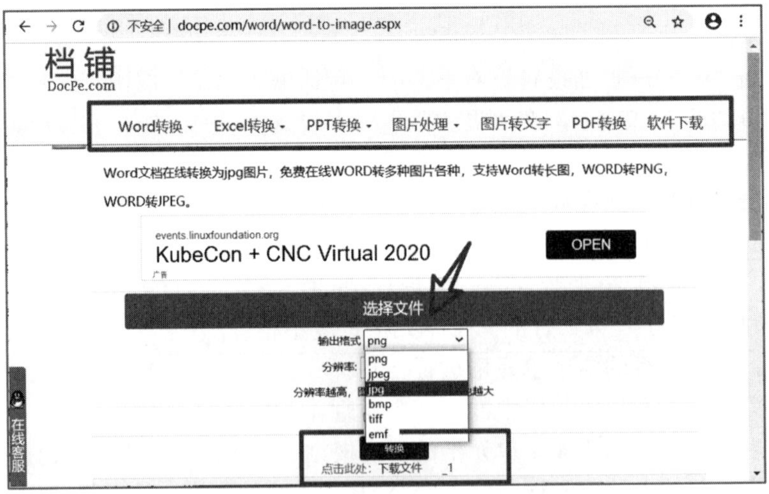

图 2-74　在线格式转换工具“档铺”

5. 模板文件制作与应用

模板是一个按照预先既定的格式设计好的一个文档，用一些提示性的文字进行占位，在占位符上单击时，对应区域会被选中，然后输入文字即可，原有内容会自动删除，文字内容会自动使用模板中设定的格式，无须再次排版。

模板适用于一些格式化的文本，如简历、合同等。如果经常处理的文档格式类似，像公文，也可以使用预先设计好的模板，直接在相应的位置输入内容即可自动套用设计好的样式，减少排版操作。

（1）开发工具

实现这一功能的主要工具是内容控件，其位于“开发工具”选项卡中。Word 默认状态不显示“开发工具”，通过“文件→选项→自定义功能区”，找到并勾选“开发工具”复选框，单击“确定”按钮即可显示，如图 2-75 所示。

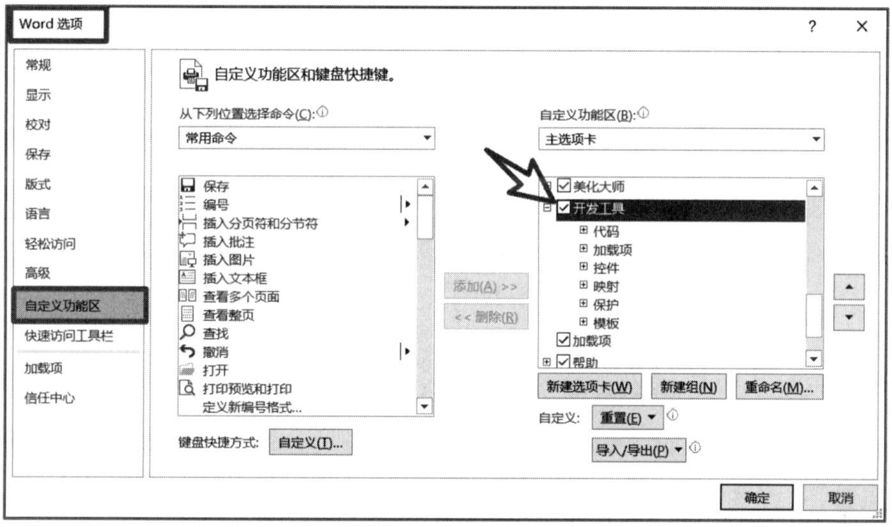

图 2-75 勾选“开发工具”选项

（2）制作模板，将简历封面页制作为模板文件

模板制作

插入格式文本内容控件，用于文本占位。在简历封面页文档中，在姓名、专业等位置，插入格式文本内容控件。鼠标单击插入位置，单击“开发工具”选项卡中的“格式文本内容控件”按钮，插入一个内容控件。

设置控件属性：单击插入的内容控件，在“开发工具”选项卡中单击“属性”按钮，打开“内容控件属性”对话框。在“显示为”下拉选项中选择“开始/结束标记”；勾选“内容被编辑后删除内容控件”复选框，则在输入内容后自动删除控件中的提示文字；勾选“使用样式设置键入空控件中的文本格式”复选框，可选择已有样式，也可新建样式用于控件内容。单击“新建样式”按钮，在打开的对话框中设置“名称”为“模板标题样式”，设置字体属性：微软雅黑、三号、加粗、蓝色，单击“确定”按钮完成设置。设置内容控件属性，如图 2-76 所示。

插入图片内容控件：在封面页的底部，插入两个文本框，在文本框中插入图片内容控件，用于图片占位，分别存放电子简历的二维码、个人微信二维码图片。在图片底部分别插入文本框，输入文字“电子简历二维码”“微信二维码”，如图 2-77 所示。

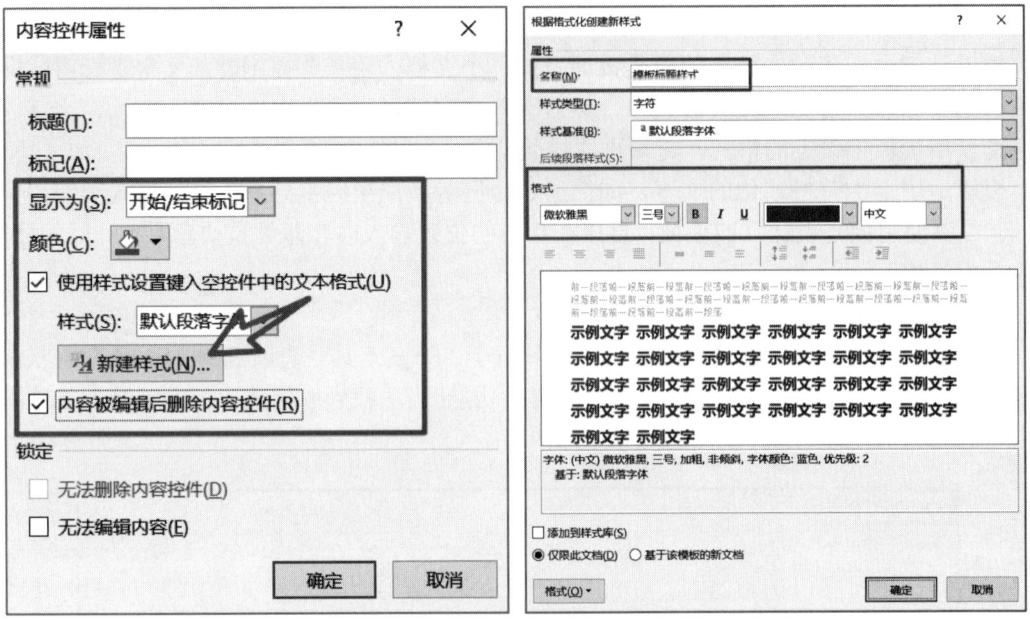

图 2-76　设置内容控件属性

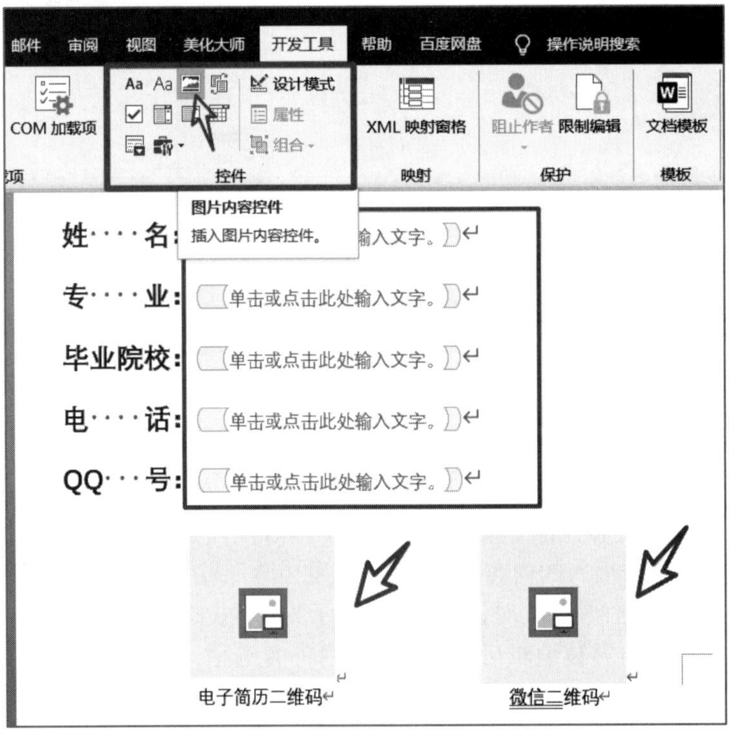

图 2-77　封面模板中的占位符

（3）保存模板

模板内容制作完成后，须保存为模板，存放到“自定义 Office 模板”文件夹中。单击“文件→另存为→浏览”按钮，在打开的对话框中设置“保存类型”为“Word 模板”，保存位置默认为“D：\我的文档\自定义 Office 模板”，文件名为“简历封面模板.dotx”，如图 2-78 所示。

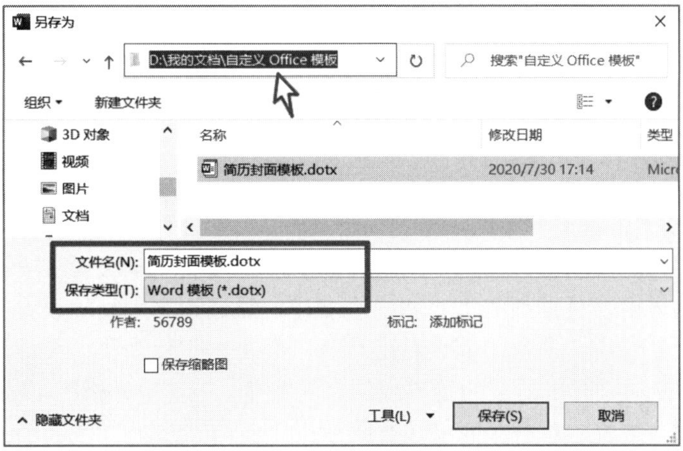

图 2-78　保存模板

（4）使用模板

单击“文件→新建”按钮，在界面右侧单击“个人”栏，即可看到自己创建的模板文件“简历封面模板”，单击即可用此模板创建一个新的 Word 文档。直接双击模板文件也可创建新文档。

模板应用

模板预览图：若在“个人”栏中选择模板时无法显示预览图，如图 2-79 左下角的模板无预览图，可以在模板文档制作完成保存前，单击“文件→信息”选项，单击右侧“属性”命令，在弹出的下拉菜单中选择“高级属性”，打开“文档属性”对话框。在“摘要”选项卡中，勾选下方的“保存所有 Word 文档的缩略图”，如图 2-79 右图所示。最后单击“确定”按钮，关闭对话框。之后新建的模板文档，可正常显示预览图，如图 2-79 所示。

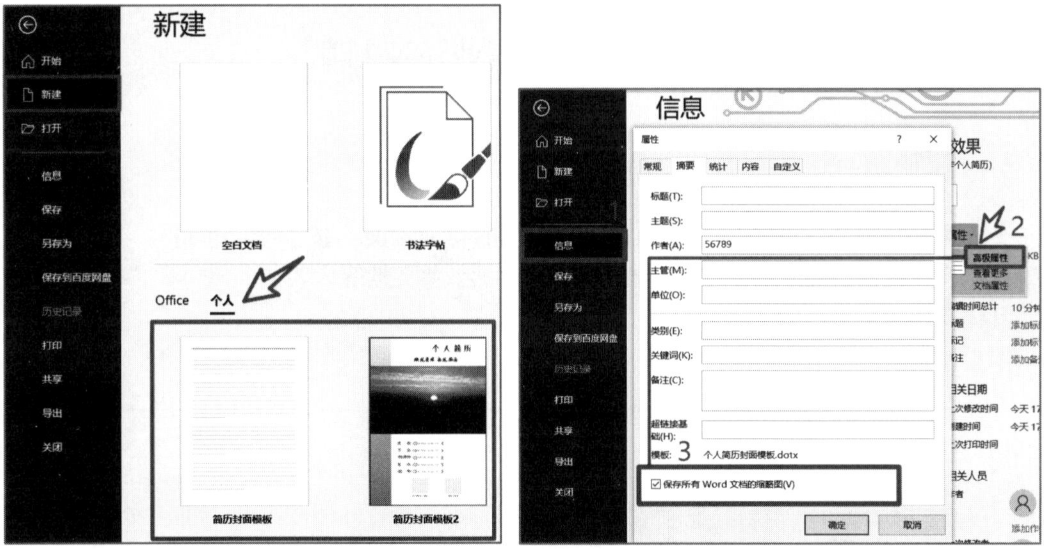

图 2-79　使用模板及显示模板预览图

（5）删除模板

找到自建模板文件的保存位置“自定义 Office 模板”文件夹，即可看到自定义的模板文件，找到需要删除的模板文件，删除即可。删除模板前，应关闭与该模板文件有关的文档，否则提示无法删除。

2.5.3 任务总结

（1）Word 2019 自带了多种不同风格的简历模板，新建文件时，在界面右侧单击“Office”，可以从中选择使用，还可以在搜索框中输入关键字“简历”，搜索更多的联机简历模板。

（2）本例中的表格，根据版心大小和内容安排，经过计算来精确设置一些单元格的高度和宽度。但在日常使用中，通常不需要精准计算，而根据实际需要，灵活设置各单元格的高度和宽度，用鼠标拖动单元格的左右边界线调整其宽度，拖动单元格的下边界线调整其高度。拖动表格右下角的小方块，对整个表格进行缩放。

2.5.4 任务巩固

下载本案例素材文件，按要求完成有关操作。

案例素材下载地址：https://icourse.ywicc.edu.cn/Res/ResList.aspx?CourseId=830。

测试一下

每次测试 30 分钟，最多可进行 2 次测试，取最高分作为测试成绩。

扫码进入测试 >>

项目 4　制作个人简历

2.6 项目 5　毕业论文排版

2.6.1 任务描述

小张为某高校今年的毕业生，现需要对完成的毕业论文，按学校要求进行编排，涉及封面、目录、图（表）索引、正文、参考文献等内容。

具体操作要求请扫码查看 >>

操作要求

本项目完成效果如图 2-80 所示。

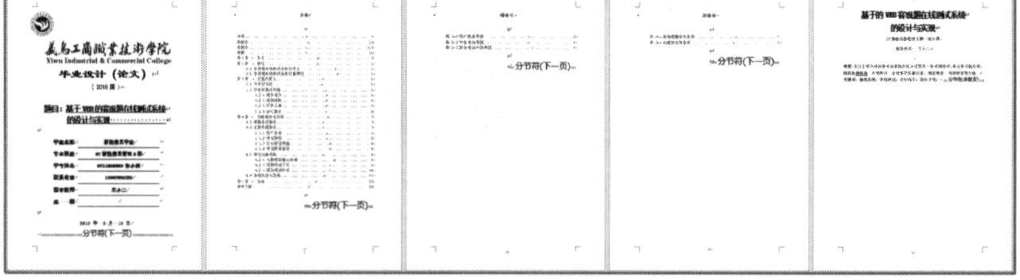

图 2-80　本项目完成效果（前 5 页）

2.6.2 任务实现

将素材文件重命名为“XXX 的毕业论文.docx”，其中 XXX 为你的学号加姓名，在素材文件中完成下列操作。

1. 封面排版

封面有些文字有下画线效果，且字数变化时对齐不方便。为方便封面内容的排版，通过插入表格形式，对封面内容进行排版，最后按要求设置表格的边框，如图 2-81 所示。

封面制作

学院名称	智能信息学院
专业班级	07 智能信息管理 2 班
学号姓名	0711010203· 张小四
联系电话	13987654321
指导教师	王小二
成· · · 绩	

图 2-81 封面内容用表格布局

2. 多级列表应用

根据文档结构，对一级、二级、三级标题设置多级列表，以便通过修改样式设置标题的字体、颜色、行距等属性，并用于自动生成目录。

多级列表与样式应用

多级列表设置时，在“定义新多级列表”对话框中，单击“更多”按钮后，对二级标题的“将级别链接到样式”设为“标题 2”，三级标题的“将级别链接到样式”设为“标题 3”；“要在库中显示的级别”均选“级别 1”。其他内容按题目要求设置。多级列表设置如图 2-82 所示。

修改标题样式：在“开始”选项卡的“样式”功能区中，将光标移到需要修改的样式上单击鼠标右键，在弹出的快捷菜单中选择“修改”命令，打开“修改样式”对话框，即可修改样式的字体、段落等属性。样式被修改后，所有使用了该样式的文本会自动应用修改后的效果。“修改”命令如图 2-83 所示。

3. 图、表编号及索引

为文档中的图、表设置自动编号，通过交叉引用设置对图、表的引用，并用于自动生成图索引、表索引操作。首次操作时，Word 题注的默认标签中，没有“图”“表”，在打开的“题注”对话框中，单击“新建标签”按钮，分别新建“图”“表”两个标签，如图 2-84 所示。

图编号及索引

交叉引用：为图设置交叉引用时，先选中图上方“如下图所示”中的“下图”两字，单击“引用→交叉引用”按钮。在打开的“交叉引用”对话框中，选择引用类型、引用内容及具体引用的题注，如图 2-85 所示。

表的交叉引用操作与图类似。

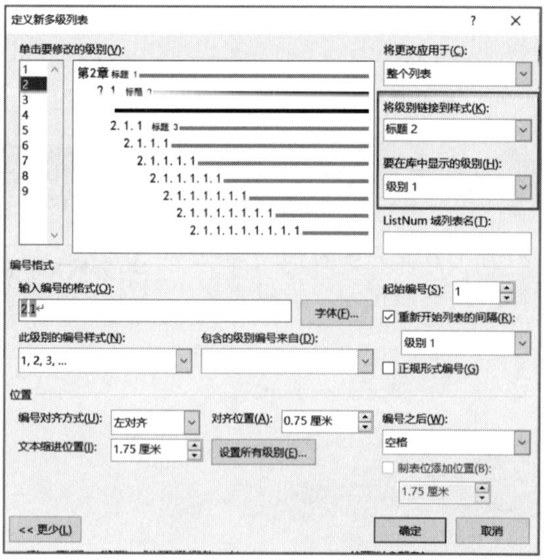

图 2-82　多级列表设置

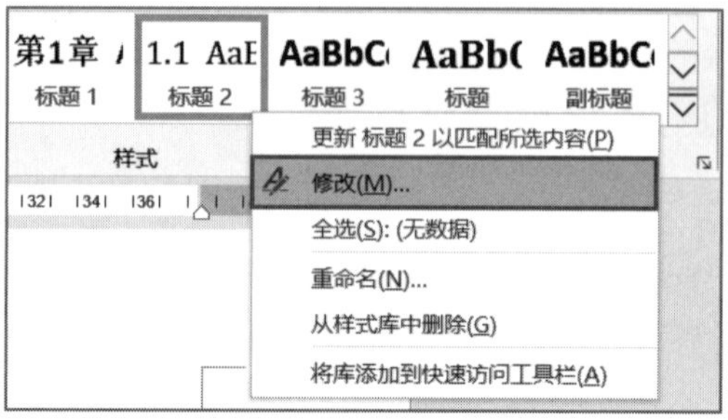

图 2-83　“修改”命令

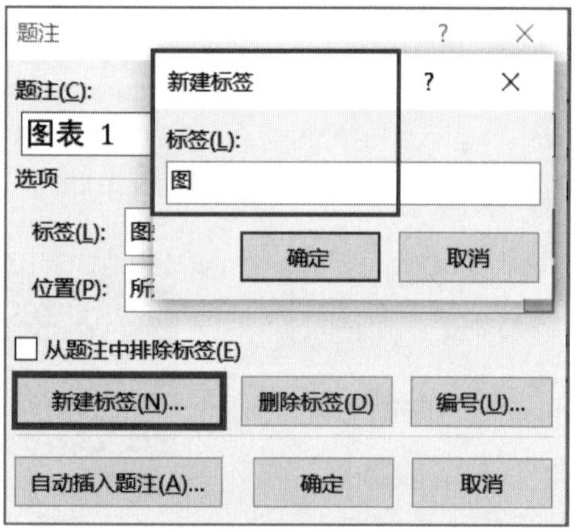

图 2-84　新建题注标签

图 2-85　为图、表设置交叉引用

4. 自定义样式

通过自定义样式，实现对文档正文部分的属性设置，提高文档的编辑效率。

5. 分节符及页眉页脚设置

根据排版要求，在封面、目录、图表索引等适当位置插入分节符，并设置相应的页眉、页脚。要注意的是，可以利用域对正文奇偶页设置不同的页眉。

分节符、页码的设置

插入分节符后，可以对不同的节进行独立排版，如设置不同的纸张大小、纸张方向、页眉、页脚等。如封面不要页码，目录、图、表索引页码用罗马数字表示，正文页码用阿拉伯数字表示等。注意：Word 中插入分节符后，不同节中默认的页眉、页脚是一致的，如果想要不同节独立编排，可以双击对应页眉、页脚，在打开的“页眉和页脚工具”中单击“链接到前一节”按钮，

页眉页脚设置

此时“链接到前一节”文字的底纹消失，且页眉或页脚右侧的“与上一节相同”标记消失。在实际操作时，先在需要设置的位置取消“链接到前一节”，再按要求设置页眉、页脚内容。分节符设置如图 2-86 所示。

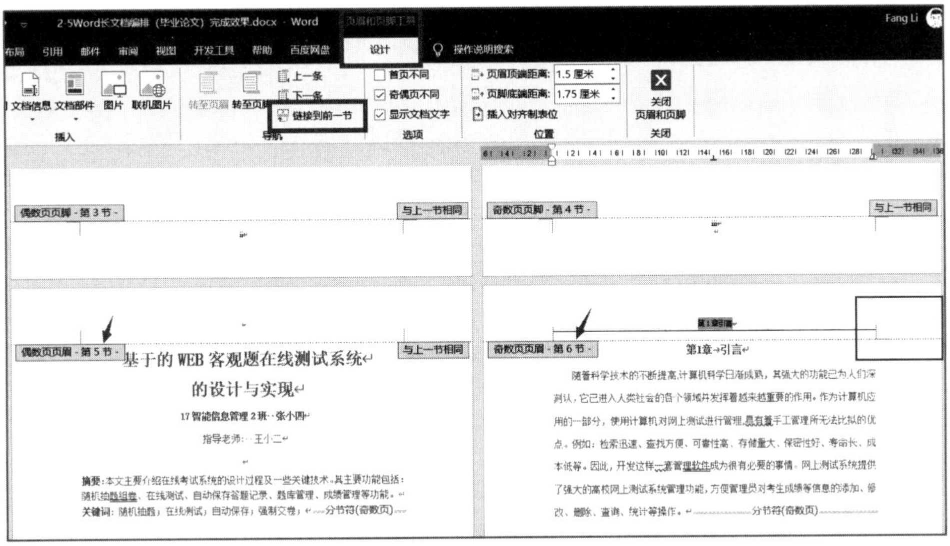

图 2-86　分节符设置

正文添加页眉：在插入页眉或页脚之前，首先在“页眉和页脚工具—设计”选项卡中勾选“奇偶页不同”选项，因为勾选此项后，之前设置的偶数页的页眉或页脚可能会发生变化。设置奇偶页不同如图 2-87 所示。

使用域插入页眉，奇数页页眉文字为：章序号 章名，如：第 1 章 XXX。偶数页页眉文字为：节序号 节名，如：1.1 XXX。以偶数页为例，在任意偶数页中，双击页眉区域进入页眉编辑状态，单击“插入→文档部件→域”按钮。在打开的“域”对话框中找到域名“StyleRef”，“样式名”设为“标题 2”，“域选项”栏勾选“插入段落编号”选项，单击“确定”按钮，如图 2-88 所示，此时页眉区会显示二级标题编号，如“4.2”。重复上述插入 StyleRef 域的操作，

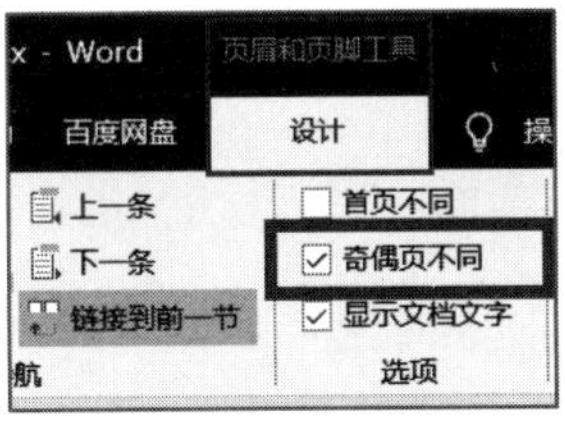

图 2-87　设置奇偶页不同

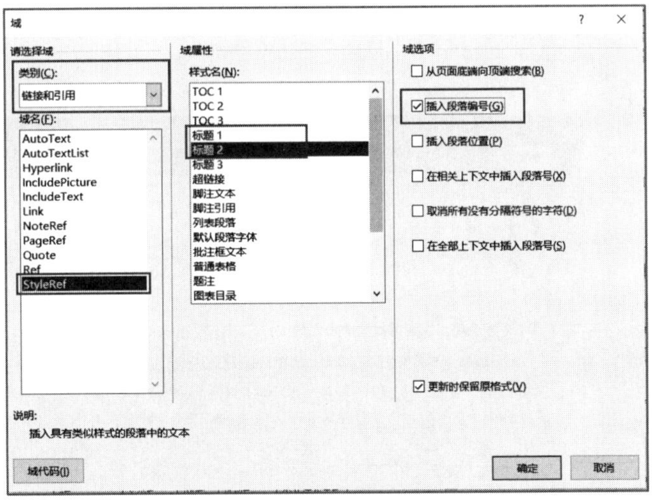

图 2-88　使用域插入页眉

这次在“域选项”栏中取消勾选“插入段落编号”选项，单击“确定”按钮，即可将对应二级标题名称插入到页眉区，此时页眉为“4.2 主要页面设计”。

6. 目录生成及更新

插入目录、图索引、表索引后，如果文中标题或页码有变化，在文档内容更改后，可在目录、图索引、表索引上，单击右键，在弹出的快捷菜单中选择“更新域”命令。例如，更新目录，则操作后打开“更新目录”对话框，“只更新页码”单选按钮在标题内容没变化时适用，当标题内容有变化时则选择“更新整个目录”单选按钮，如图 2-89 所示。

目录生成及更新

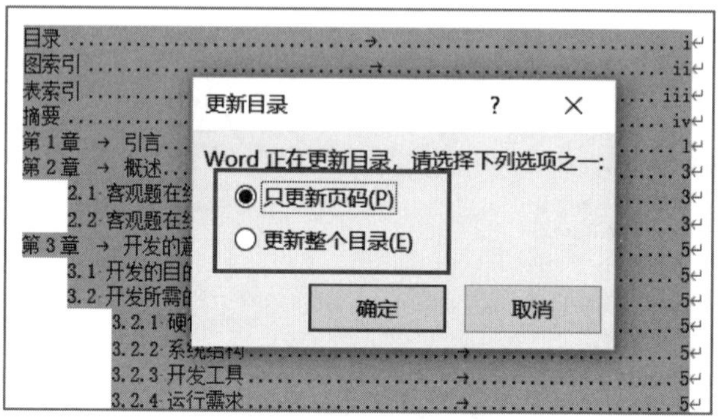

图 2-89　目录域更新

7. 文档修订和批注

将本 Word 文档另存为“论文修订版本.docx”后，在正文 2.2 中，使用“修订”方式，删除“花费人力物力,”；为“亲自”两字“新建批注”，内容为“亲自二字可删除”。文档修订与批注，如图 2-90 所示。

文档修订与批注

在“审阅”选项下对文档的修改项进行比较。单击“审阅→比较”按钮，在打开的“比较文档”对话框中，分别选择“原文档”“修订的文档”，在“比较设置”栏中勾选需要比较的内容后，单击“确定”按钮，系统提示“所比较的两个文档中有一个或全部含有修订。为进行比较，Word 会将这些修订视为已接受。是否继续比较？”，选择“是”，会自动生成一个名为“比较结果 n”的文档，可查看比较结果的详细内容。文档比较设置如图 2-91 所示。

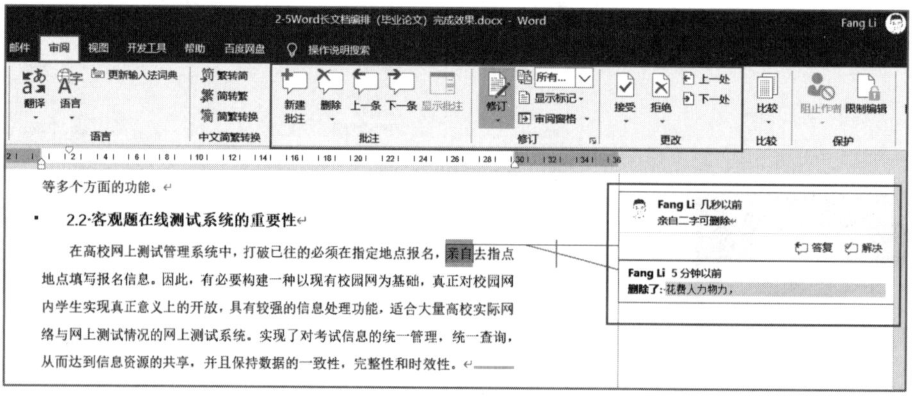

图 2-90　文档的修订与批注

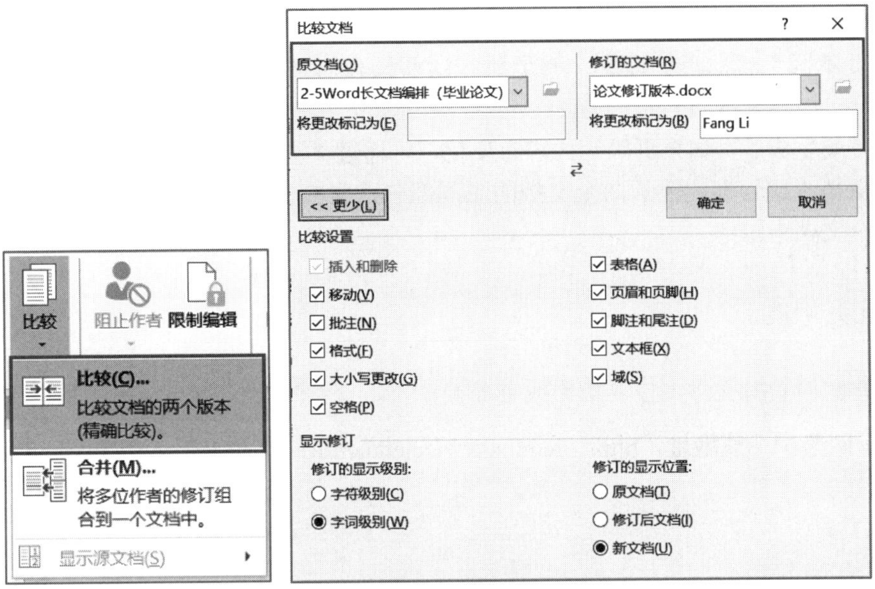

图 2-91　文档比较设置

文档的“比较”功能能够显示两个文档的不同部分，原文档不变，通过“合并”操作生成新的文档。新的文档就是合并大家意见生成新文档的结果，可以查看比较的结果后直接完成修订，不用挨个查找。文档比较结果如图 2-92 所示。

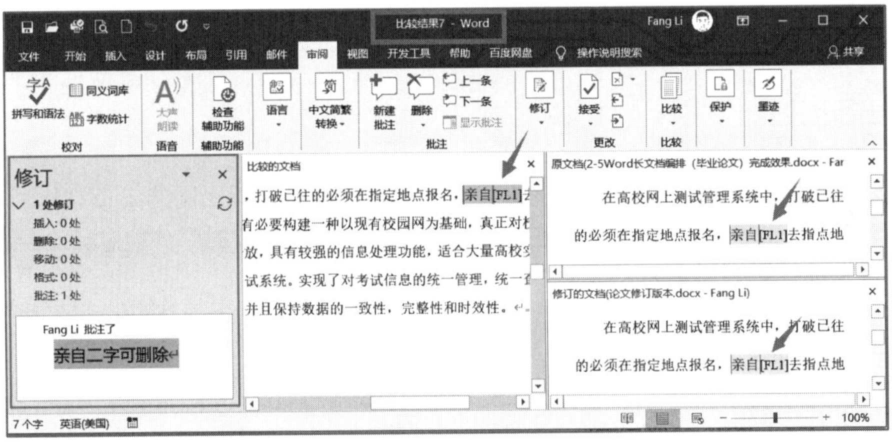

图 2-92　文档比较结果

2.6.3　任务总结

论文排版涉及知识点比较多，在操作过程中必须认真、仔细。通过完成本项目的操作，我们在以后实际工作中，各种项目计划书、策划书，都可以很轻松地按照要求进行规范处理。

（1）封面排版，对插入的图片可通过设置环绕方式及位置进行精确定位，利用表格方便对内容进行布局。

（2）通过样式设置，可实现对文档内容字体、段落等属性的批量编排。

（3）插入分节符后，可对不同节的纸张方向、页眉和页脚等进行独立编排。

（4）为不同节设置页眉、页脚、奇偶页不同等操作时，先取消“链接到前一节”和勾选“奇偶页不同”后，再去设置，避免执行这些操作时造成之前已设置内容变化需要重新设置。

（5）目录生成后，如果页码等内容有变化，可通过“更新域”命令对目录内容进行刷新。

（6）文档“比较”能显示两个文档的不同部分，文档“合并”功能可将多位作者的修订组合到一个文档中。

2.6.4 任务巩固

下载本案例素材文件，按要求完成有关操作。

案例素材下载地址：https://icourse.ywicc.edu.cn/Res/ResList.aspx?CourseId=830。

测试一下

每次测试 30 分钟，最多可进行 2 次测试，取最高分作为测试成绩。

扫码进入测试 >>

项目 5 长文档编排

2.7 项目 6 制作工作证

2.7.1 任务描述

小义是某高校学生会干事，最近学生会人员换届，需要对新上岗的人员制作工作证，工作证除包含姓名、部门名称、部门职务等文本信息，还有持证人的照片信息。

本项目完成效果如图 2-93 所示。

2.7.2 任务实现

新建一个 Word 文档，命名为“XXX 制作的工作证.docx”，其中 XXX 为你的学号加姓名，按要求完成下列操作。

1. 工作证排版

表格布局

为方便页面内容排版，一般可使用表格控制页面的整体布局，效果图中的证件内容可视为一个 7 行 3 列的表格。注意行、列数，应该以版面中最大的行、列数为准，其他区域可通过合并单元格处理。根据版面要求，在适当的位置输入 Logo 图片及文字内容，排版完成后，将表格边框设为无。在证件外围插入一个圆角矩形，设置轮廓颜色，无填充，并适当调整圆角弧度，如图 2-94 所示。

2. 整理人员名单

在 Excel 中，整理好需要制证的人员名单，名单中必须包含证件中所需的“姓名、班级

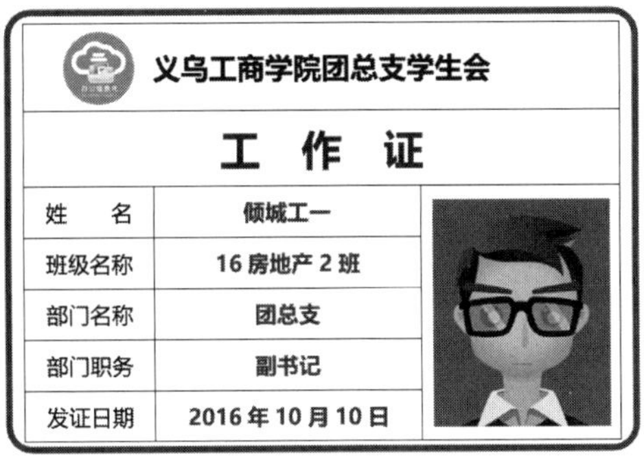

图 2-93 本项目完成效果

图 2-94 工作证内容用表格布局

名称、部门名称、部门职务、发证日期”等信息，Excel 表中的数据项可以多于所需的数据项，且数据项左右顺序无要求。为便于后续发证，建议将 Excel 表中的人员名单数据按发证顺序排列，如按“部门名称”排序。

邮件合并

3. 邮件合并操作

可批量制作具有相同格式的文档，如批量制作荣誉证书、请帖、邀请函、成绩单等，减少重复性的烦琐工作。Excel 数据文档、Word 文档模板整理好后，可在 Word 中执行邮件合并操作。

邮件合并主要操作步骤为：

（1）选择“邮件→选择收件人→使用现有列表”命令，在打开的“选取数据源”对话框中找到整理好的 Excel 文件，本任务为下载素材文件中的“学生名单.xlsx”。

（2）设置好“选择收件人”后，单击“邮件→插入合并域”按钮，可在 Word 中读取 Excel 的数据项，在 Word 模板的适当位置插入对应的合并域，如图 2-95 所示。插入合并域后，单击“邮件→预览结果”按钮即可显示 Excel 中对应的数据内容，单击“下一记录”可以显示 Excel 表中不同的数据行内容。

4. 用 IncludePicture 域显示图片

图片域应用

在“插入”选项卡下的“文本”组中单击“文档部件”，在弹出的下拉列表中选择“域”命令，打开“域”对话框。在“请选择域”中找到“IncludePicture”域，“文件名或 URL”为该域需要插入图片的文件名，其路径可为绝对路径，或相对路径。本任务工作证中的图片需要根据学号动态变化，此处先任意输入一个名称，如“XXX”，如图 2-96 所示。下面说明 IncludePicture 域代码：

```
{ INCLUDEPICTURE  "FileName"  [Switches ] }
```

"FileName"：表示图形文件的名称和位置。

Switches：表示开关。

\c：Converter 指定要使用的图形筛选。图形筛选的文件名不带有.flt 扩展名，如，输入 picture 表示筛选文件 picture.flt。

\d：表示图形数据不随文档保存，以减小文件长度。

* MERGEFORMAT：前面的是*（“*”后面有个空格），所有域代码都有这个开关，用来保存对域结果进行的格式修改。

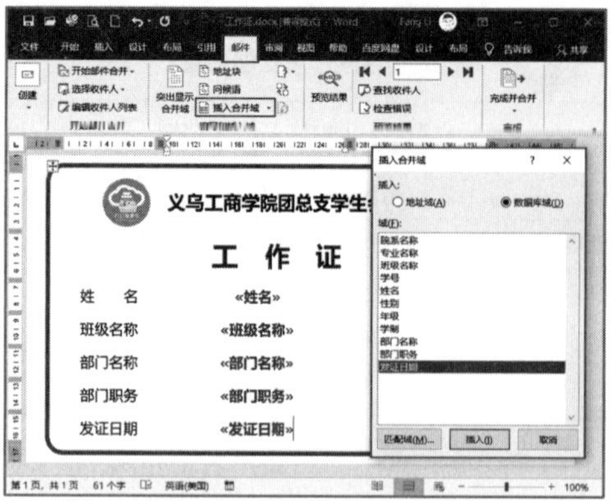

图 2-95　插入合并域

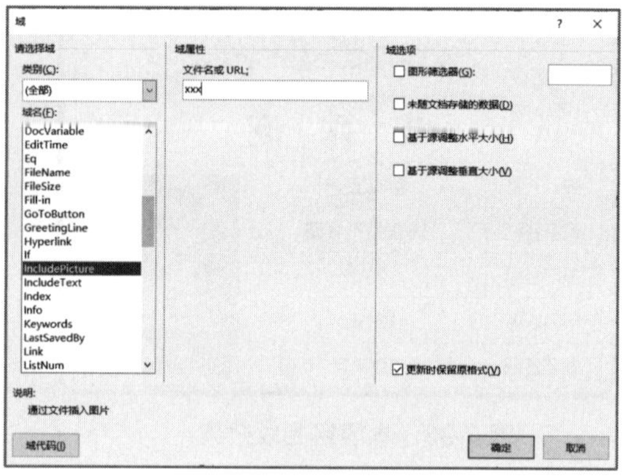

图 2-96　插入域

5. 域格式设置

选中插入的 IncludePicture 域，单击鼠标右键，在弹出的快捷菜单中选择“切换域代码”命令（或者按 Shift+F9 组合键），可在域代码与域之间来回切换。在域代码界面，可对域代码进行修改。如选中域文件名“XXX”，将其修改为“学号”域加照片文件扩展名“.jpg”。修改后“{}”内的代码为：INCLUDEPICTURE　"照片//{MERGEFIELD 学号}.jpg"　* MERGEFORMAT，如图 2-97 所示。

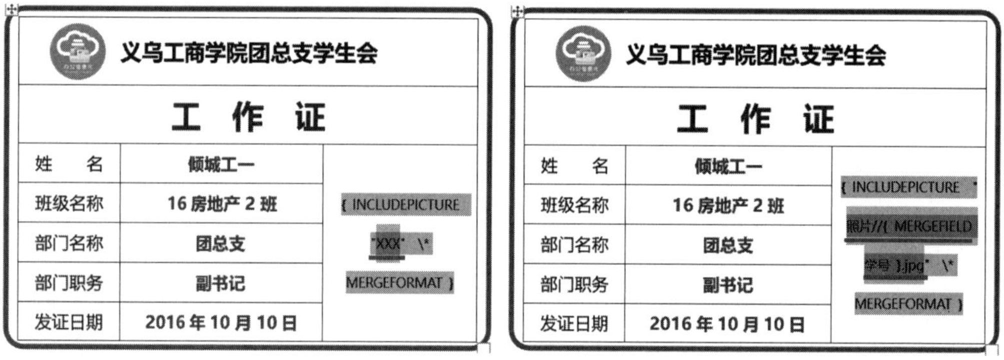

图 2-97　切换域代码及修改域代码

代码修改完成后，按 F9 键刷新，即可显示照片文件。

日期格式设置：Excel 中的“年月日”格式在 Word 插入日期合并域后变为“月日年”格式，如“2019 年 11 月 12 日”变为“11/12/2019”。编辑合并域，加上域开关：\@"yyyy 年 MM 月 dd 日"（MM 须大写），日期格式为“2019 年 11 月 12 日”。若设为\@"EEEE 年 O 月 A 日"，则日期格式为“二〇一一年十一月十一日”。

6. 证件的批量生成与打印

单击“邮件→完成并合并→编辑单个文档”按钮，可将指定范围的合并记录批量生成到单个文档中。本任务每张证件都涉及照片文件，为使合并后文档中的照片文件能正常显示，需要先保存合并后的文档，且保存位置必须与 IncludePicture 域中引用照片的位置一致，本任务需保存在与“照片”文件同级的子文件夹中。保存后，按 Ctrl+A 组合键全选整个文档内容，按 F9 键更新域，照片正常显示后即可批量打印文档。

批量生成与打印

工作证批量生成效果，如图 2-98 所示。

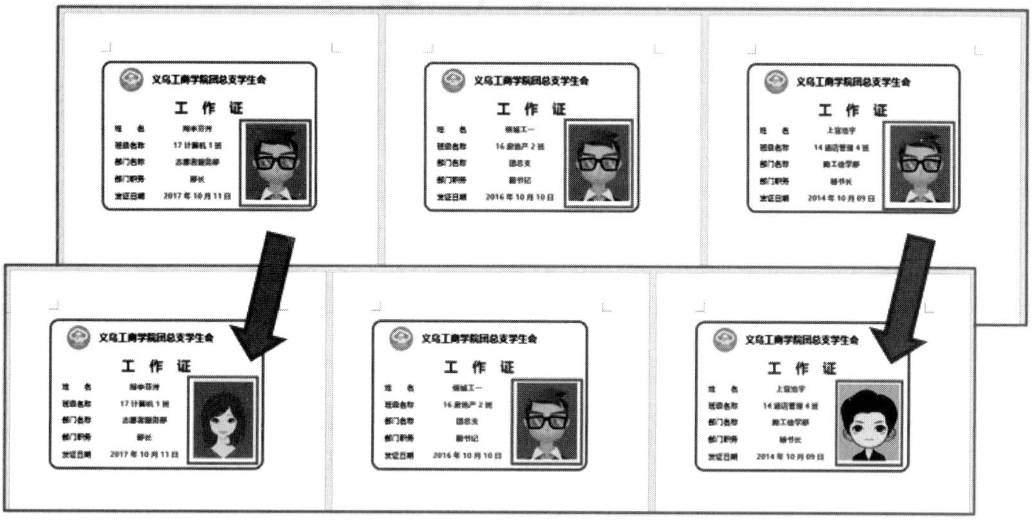

图 2-98　工作证批量生成效果

2.7.3　任务总结

（1）利用邮件合并功能，可批量打印具有相同格式的文档，如证书、邀请函等。

（2）关于域的快捷键：Ctrl+F9，快速插入域定义符“{}”（注意：这对花括号不能用键盘输入）；Shift+F9，显示或者隐藏指定的域代码；Alt+F9，显示或者隐藏文档中所有域代码；F9，更新单个域。在笔记本电脑上操作快捷键时，在按快捷键前，一般要按住 Fn 键，如 Fn+Shift+F9。

（3）IncludePicture 代码中的“文件名或 URL”属性需要将路径中的单反斜杠“\”替换为双反斜杠“\\”。如某图片的实际路径是“C:\xx.jpg”，在 IncludePicture 域中需将路径写成“C:\\xx.jpg”。

WPS 中的邮件合并操作，在“引用→邮件”中，数据源 Excel 文件只支持.xls 格式，如果数据表为.xlsx 格式，可另存为.xls 格式后再操作。

2.7.4　任务巩固

下载本案例素材文件，按要求完成有关操作。

案例素材下载地址：https://icourse.ywicc.edu.cn/Res/ResList.aspx?CourseId=830。

测试一下

每次测试 30 分钟，最多可进行 2 次测试，取最高分作为测试成绩。

扫码进入测试 >>

项目 6　制作工作证

2.8 项目 7 请帖排版

2.8.1 任务描述

小 Q 是某婚庆公司的员工，经常需要对各种不同版式的请帖进行排版，并根据客户提供的数据批量打印请帖。公司新采购一款请帖，需要设计对应的 Word 版面。

本项目完成效果如图 2-99 所示。

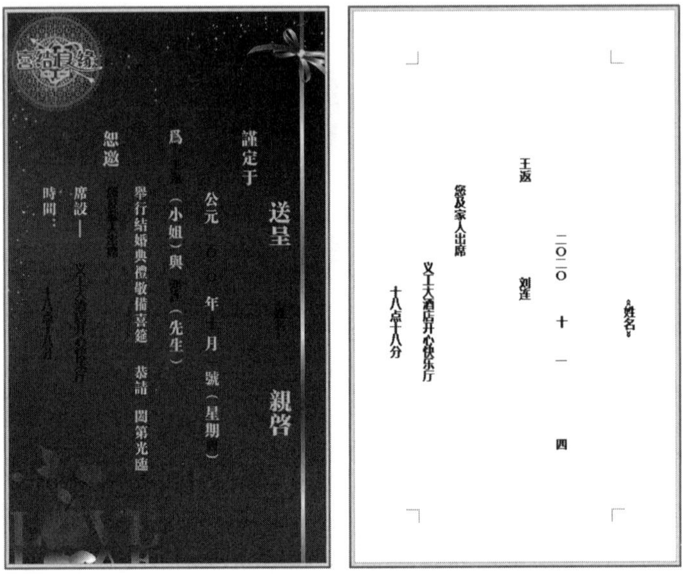

图 2-99 本项目完成效果

2.8.2 任务实现

新建一个 Word 文档，命名为“XXX 的请帖排版.docx”，其中 XXX 为你的学号加姓名，按要求完成下列操作。

1. 测量请帖大小

在 Word 中排版时，要使版面与请帖版面位置对应，因此先要测量请帖大小，再根据请帖大小自定义 Word 页面大小。可使用尺子对纸质请帖进行测量，记录宽度与高度。也可先采集与请帖等比例的电子图片，再在 PS 等软件中查看图像大小，如图 2-100 所示，该请帖宽度为 15.66 厘米，高度为 26.14 厘米。

自定义页面

2. 1∶1 原图整理

可通过扫描，采集请帖原始大小的电子图片；也可根据请帖的电子图片，利用像素与厘米的换算，整理 1∶1 大小，厘米与像素换算整理过程可能有误差，可以根据打印效果进行调试。

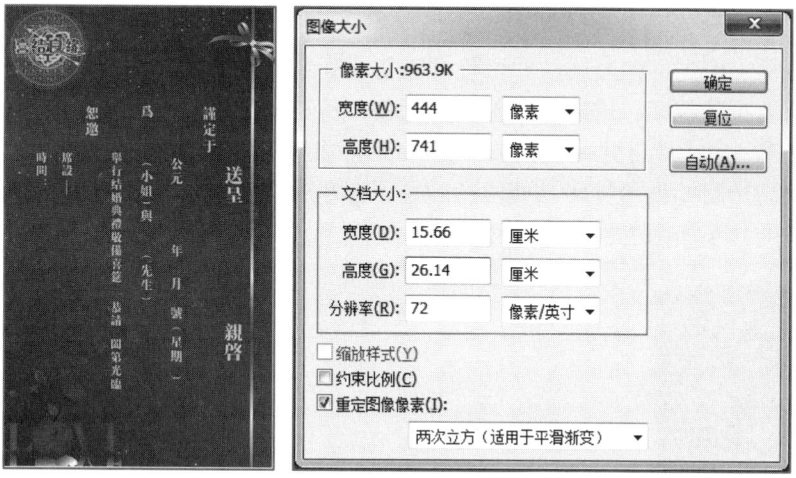

图 2-100　请帖版面，及利用 PS 查看图片大小

3. 定义纸张并设置背景

根据请帖大小，在页面设置中自定义纸张大小，让 Word 页面与请帖页面大小一致。为使 Word 中排版的内容打印到请帖时，刚好打印到对应的位置上，可将请帖图片作为背景，让 Word 内容定位更精准便捷。

插入 1∶1 大小请帖电子图片，设置“文字环绕方式”为“衬于文字下方”，拖动图片，使其完全覆盖整个页面。

4. 新建样式

在对 Word 文档进行排版时，经常需要设置文本的字体、字号、颜色、段落、编号等多种属性，涉及大量操作步骤。在后续编辑过程中，需要修改时，又要做大量重复操作。

通过自定义样式，把“字体、段落”等格式设置进行组合，将这一组合作为集合加以命名和存储。在需要使用或修改时，只需要修改“样式”即可。使用样式可使文档格式更容易统一，更有条理，编辑和修改更简单，能减少大量重复的操作，提高文档编排效率。

新建一个样式，名为“请帖”+学号后 5 位，如“请帖 56789”。对应格式为：中文字体微软雅黑，西文字体 Times New Roman，字号三号，颜色浅蓝，行距 18 磅，居中对齐。

5. 利用文本框排版

因请帖中需要填入的内容较多，直接在 Word 中输入内容则工作量大且后续修改很困难。Word 中的“文本框”可作为“独立层”的形式任意摆放，定位精准且操作方便。在请帖中，在需要“填入”内容的位置，分别插入一个文本框，并调整文本框的位置。操作时，可以先插入一个文本框，输入测试文本，对文字应用自定义样式“请帖”。其他位置的文本框，可以复制该文本框（按住 Ctrl 键，拖动文本框即可复制），减少对每个文本框单独设置属性。

文本框应用

将新建的样式“请帖 56789”应用到文本框中的文字。

文本框都设置好后，选中所有文本框（先单击一个文本框，按住 Shift 键，再依次单击其余文本框，可选中多个文本框），将文本框“填充”设置为“无填充”，文本框“轮廓”设置为“无轮廓”（注：WPS 中为“无线条”），设置好后效果如图 2-101 所示。所有内容排版完成后，应将背景图片删除，避免图片被打印。

6. 请帖的批量生成与打印

排版完成后，应先打印测试，并调整对应文本框到最佳位置。

若客户需要批量打印，可通过邮件合并操作，将请帖与事先整理好的名单信息表进行关联，利用“邮件→完成并合并→编辑单个文档”，可将指定范围的合并记录批量生成到单个文档中，即可实现请帖的批量打印。要注意的是，打印时，打印机内应装入纸质请帖。排版完成后批量生成的效果如图 2-102 所示。

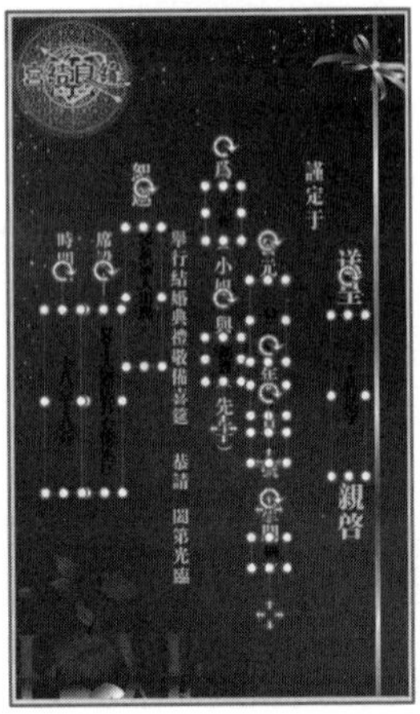

图 2-101　利用文本框排版效果

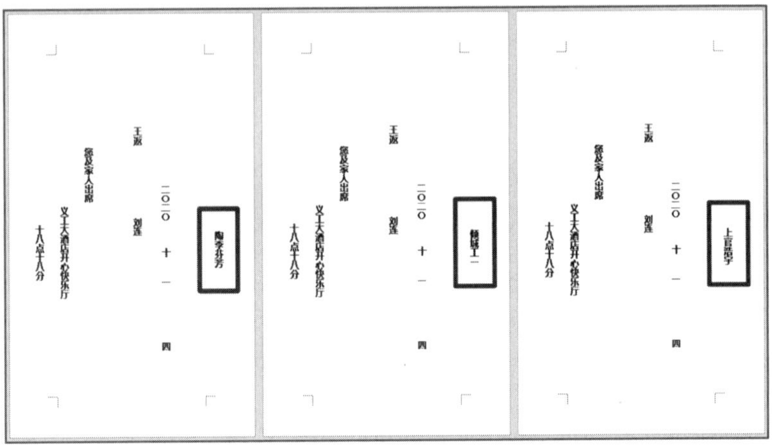

图 2-102　排版完成后批量生成的效果

2.8.3　任务总结

（1）利用自定义纸张大小，可对任意版面进行排版，实现对请帖、贺卡、信封等材料的排版。将请帖等需要排版的材料，按 1∶1 时原图电子版插入到 Word 中，方便对“填空”内容的定位。

（2）可以把“字体、段落”等格式设置进行组合并定义为一个“样式”，使用样式可使文档格式更容易统一，编辑和修改更简单，减少大量重复的操作。

（3）Word 中文本框是可移动、可调大小的文字或图形容器。利用文本框，可在文档的任意位置摆放内容，灵活控制输出内容的位置。若要多次使用文本框或形状，可将设置好的文本框或形状设为默认，下次插入时自动为默认效果，无须重复设置（注意：默认文本框或形状，只在本文档中有效）。设置默认文本框或形状如图 2-103 所示。

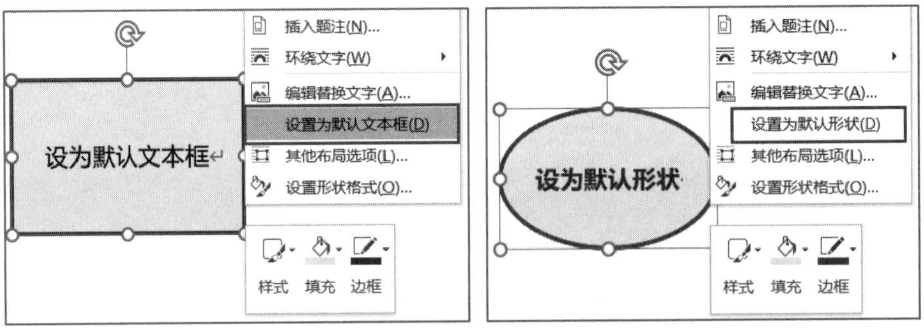

图 2-103　设置默认文本框或形状

（4）在 Word 中，先单击选中一个对象（如一个文本框），按住 Shift 键，再依次单击其余对象，可选中多个对象。

（5）在 Windows 系统中，按住 Ctrl 键，再拖动对象，即可复制被拖动的对象。

“绘图工具”中，MS Office 中的“无轮廓”，在 WPS 中对应为“无线条”。

2.8.4　任务巩固

下载本案例素材文件，按要求完成有关操作。

案例素材下载地址：https://icourse.ywicc.edu.cn/Res/ResList.aspx?CourseId=830。

测试一下

每次测试 30 分钟，最多可进行 2 次测试，取最高分作为测试成绩。

扫码进入测试 >>

项目 7　请帖排版

第3部分 Excel应用篇

3.1 Excel 基本操作

本部分主要介绍 Excel 2019 的基本操作，主要包括：页面设置、单元格设置、样式设置、条件格式化、数据有效性验证、公式函数应用、数据管理与分析、图表应用、外部数据导入与导出、文档保护等。

3.1.1 有关知识

Excel 2019 电子表格处理软件，具有强大的计算、分析和图表功能，是目前常用的办公数据处理软件，被广泛地应用于财务、统计、管理、金融等众多领域。Excel 2019 窗口界面，主要由标题栏①、快速访问工具栏②、选项卡③、功能区④、编辑栏⑤、工作区⑥、工作表标签⑦、视图栏⑧等部分组成，如图 3-1 所示。

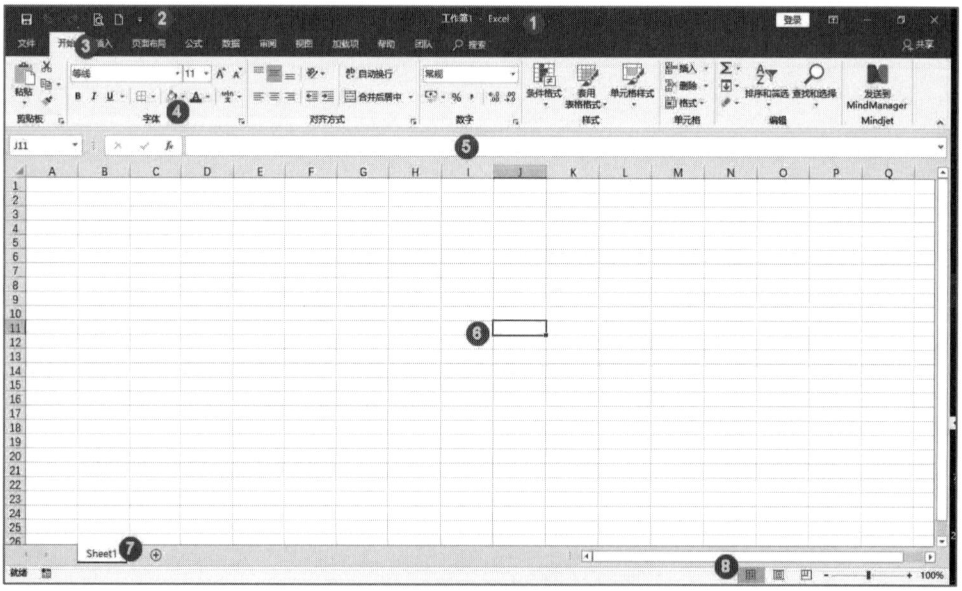

图 3-1 Excel 2019 窗口界面

Excel 2019 窗口有“文件”“开始”“插入”“页面布局”“公式”“数据”“审阅”“视图”“加载项”“帮助”“团队”11 个固定选项卡及功能区，单击选项卡会切换到与之对应的选项卡功能区。每个功能区根据功能不同，又分为若干个功能组，每个功能组有若干个命令按钮或下拉列表按钮，有的功能组右下角有“对话框启动器”/“窗格启动器”按钮。

1. 工作簿

Excel 工作簿是用来处理和存储数据的文件，也称为 Excel 文档，扩展名为 xlsx。启动 Excel 应用程序后，系统默认创建名为“工作簿 1”的工作簿文件。每一个工作簿可以包含多张工作表。

2. 工作表

工作表是显示在工作簿窗口中的表格，Excel 2019 工作表由 1048576 行和 16384 列构成，新建工作簿文件默认只有一张工作表，标签名为 Sheet1。可以插入多张工作表，每张工作表内容相对独立，可以通过单击窗口下方的工作表标签切换工作表。

3. 单元格

单元格是工作表中最基本的单位。每一个单元格都有一个地址，用来区分不同的单元格。单元格地址由一个标识列的字母和一个标识行的数字组成。如 C5，代表第 3 列第 5 行所在的单元格。Excel 的数据操作都是针对单元格里面的数据的。

4. 地址引用

Excel 包括三种地址引用：相对地址、绝对地址、混合地址，三种地址可以使用 F4 键进行转换。

相对地址引用是随单元格位置变动而变动的地址引用，复制公式时，使用相对地址引用，单元格引用会随之发生变化。相对地址的表示方式为单元格地址，如 A4，是最常用的单元格地址引用方式。如果当前单元格 C6 中的引用公式为“=A4”，则当从单元格 C6 变动到单元格 D7 后，单元格 D7 中的引用公式变为“=B5”。

绝对地址引用是指不随单元格位置变动而变动的地址引用，复制公式时，使用绝对地址引用，单元格引用不会发生变化。绝对地址的表示方式为在单元格地址的行号和列标前加“$”符号，如$A$4。如果当前单元格 C6 中的引用公式为“=$A$4”，则当从单元格 C6 变动到单元格 D7 后，单元格 D7 中的引用公式仍为“=$A$4”。

混合地址引用是指拥有绝对列和相对行，或是相对行和绝对列的地址引用，如$A4、A$4。如果公式所在的单元格位置发生改变，则公式中单元格地址的相对引用改变，而绝对引用不变。

5. 区域

区域是由多个连续或不连续的单元格组成的，可以对区域中的数据进行统一处理。A2:D8 表示左上角为单元格 A2 到右下角为单元格 D8 的连续区域。

3.1.2　常用操作

1. 新建 Excel 工作簿

方法一：当安装好 Office 2019 应用程序后，会在 Windows 操作系统的“开始”按钮中添加 Excel 应用程序启动项。单击 Windows 操作系统“开始”按钮列表中的“Excel”，启动 Excel 应用程序的同时创建一个名为“工作簿 1”的 Excel 文件。

常用操作

方法二：在需要创建 Excel 文档的位置，单击鼠标右键，在弹出的快捷菜单中选择“新建”→“Microsoft Excel 工作表”命令，即可创建一个新的 Excel 文件，双击打开这个文件，即打开了一个新的空白工作簿。

方法三：如果已经启动 Excel 2019 应用程序，选择“文件”选项卡，在弹出的列表中选择“新建”选项，在“新建”区域单击“空白工作簿”选项即可。

或者单击快速访问工具栏中的“新建”按钮，创建一个新的空白工作簿文档。也可直接按 Ctrl+N 快捷键，创建一个新的空白工作簿文档。

2. 保存工作簿

在编辑 Excel 的过程中，可以随时按 Ctrl+S 快捷键对工作簿进行保存，或者单击快速访问工具栏中的“保存”按钮进行保存。

也可以将文档另存为其他位置或文件名。选择“文件”选项卡，在弹出的列表中选择“另存为”选项，或者按 F12 键，打开“另存为”对话框进行保存设置。

3. 工作表的编辑和管理

（1）单元格区域的选定

用鼠标单击某一个单元格，即选定该单元格。按住鼠标左键拖动单元格区域，即选定了连续的单元格区域，或者单击一个单元格，按住 Shift 键的同时单击另一个单元格，则选定了这两个单元格之间相邻的连续区域。按住 Ctrl 键的同时选中单元格，则选定不连续的单元格区域。

（2）单元格数据的移动、复制和删除

移动单元格数据：将鼠标指针指向所选区域的边框上，当鼠标指针变为十字箭头形状时，按住鼠标左键不放，拖动鼠标到目标位置，即可移动单元格数据。或者选定要移动的单元格区域后，选择“剪切”命令，快捷键为 Ctrl+X，在目标位置左上角单元格选择“粘贴”命令，快捷键为 Ctrl+V，即可移动数据。

复制单元格数据：选定要复制的单元格或区域，将鼠标指针指向所选区域的边框上，当鼠标指针变为十字箭头形状时，按住 Ctrl 键和鼠标左键不放，拖动鼠标到目标位置，即可复制单元格数据。或者选定要复制的单元格区域后，选择“复制”命令，快捷键为 Ctrl+C，在目标位置左上角单元格选择“粘贴”命令，快捷键为 Ctrl+V，即可复制数据。

在 Excel 中，“删除”和“清除”是不同的命令，“删除”命令的功能是删除选定的单元格区域，包括单元格和单元格中的内容，因此删除操作会引起表格中其他单元格位置的变化。“清除”命令只是清除选定单元格区域中的内容，单元格保留。

清除单元格数据：选定要清除数据的单元格或区域，按键盘的 Delete 键，或者单击鼠标右键，在弹出的快捷菜单中选择“清除内容”命令即可。

删除单元格：选定要删除的单元格或区域，单击鼠标右键，在弹出的快捷菜单中选择“删除”命令，打开“删除”对话框，根据要求选择相对应的选项即可，如图 3-2 所示。

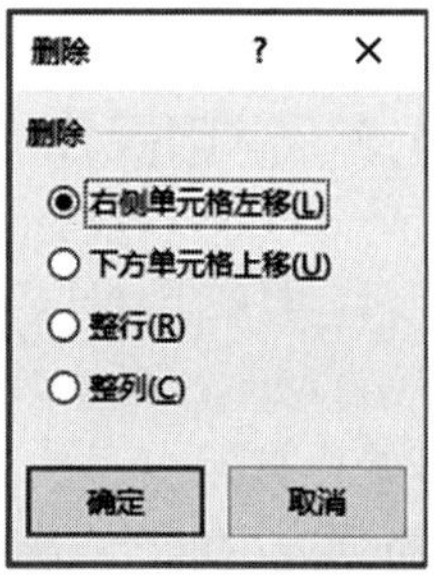

图 3-2 “删除”对话框

（3）行、列的选中

将鼠标指针移动到行号或列标上，鼠标指针会变成向右或向下的黑色箭头，单击鼠标，即可选中整行或整列。如果拖动鼠标，即可选中连续的行或列。

选择不连续的行或列，可以先选中某行或列，按住 Ctrl 键的同时进行选取即可。

（4）行、列的插入或删除

用鼠标右键单击行号或列标，在弹出的快捷菜单中选择“插入”或“删除”命令，或者选择“开始”选项卡，在“单元格”功能区中单击“插入”或“删除”按钮。

（5）添加工作表

在工作表标签栏中，单击“新工作表”按钮，即可添加新的工作表。

（6）重命名工作表标签

添加的新工作表标签默认为 Sheet1、Sheet2、……，为方便操作，最好给工作表起一个有意义的名称，对工作表进行重命名操作。双击工作表标签，输入新的工作表名称即可。

（7）复制和移动工作表

选定要复制的工作表，按住 Ctrl 键的同时，鼠标指针变成，沿标签拖至新位置。若不按 Ctrl 键，则为移动工作表。或者在工作表标签上单击鼠标右键，在弹出的快捷菜单中选择“移动或复制”命令，在打开的对话框中选好目标位置，勾选“建立副本”选项表示复制工作表，不勾选则表示移动工作表，单击“确定”按钮。

（8）删除工作表

选定要删除的工作表，在工作表标签上单击鼠标右键，在弹出的快捷菜单中选择“删除”命令。

（9）工作表标签着色

在 Excel 2019 中可以给工作表标签着色，使得工作表标签看上去更为醒目。右键单击工作表标签，在弹出的快捷菜单中选择“工作表标签颜色”命令，在打开的颜色列表中选择一种颜色即可，效果如图 3-3 所示。

图 3-3　工作表标签着色

4. Excel 数据输入

单击单元格后，即可直接输入数据内容，双击单元格，可对单元格中的数据进行编辑。或者单击单元格后，在编辑栏中输入或编辑数据内容。不同类型的数据其输入方法也有所不同，下面具体介绍文本、日期、分数、时间等数据的输入。

数据输入

（1）输入文本

文本类型的数据包括汉字、英文字母、特殊符号、空格及其他从键盘输入的符号。默认输入的文本型数据在单元格中靠左对齐。

部分数字数据为文本型数据，也称为非数值型数据，如电话号码、身份证号码、以 0 开头的数字等。输入这些数字时，可先输入一个英文的单引号，再输入相应的数字串。或者设置对应单元格格式为文本格式。选定对应的单元格区域，按下列方法操作。

操作方法一：按组合键 Ctrl+1，或在选定区域上单击鼠标右键，在弹出的快捷菜单中选择“设置单元格格式”命令，打开“设置单元格格式”对话框。单击“数字”选项卡，在“分类”栏中选择“文本”，单击“确定”按钮即可。

操作方法二：单击“开始”选项卡下“数字”功能区中的“常规”下拉列表，在列表中选择“文本”。

设置单元格格式为文本格式，操作界面如图 3-4 所示。

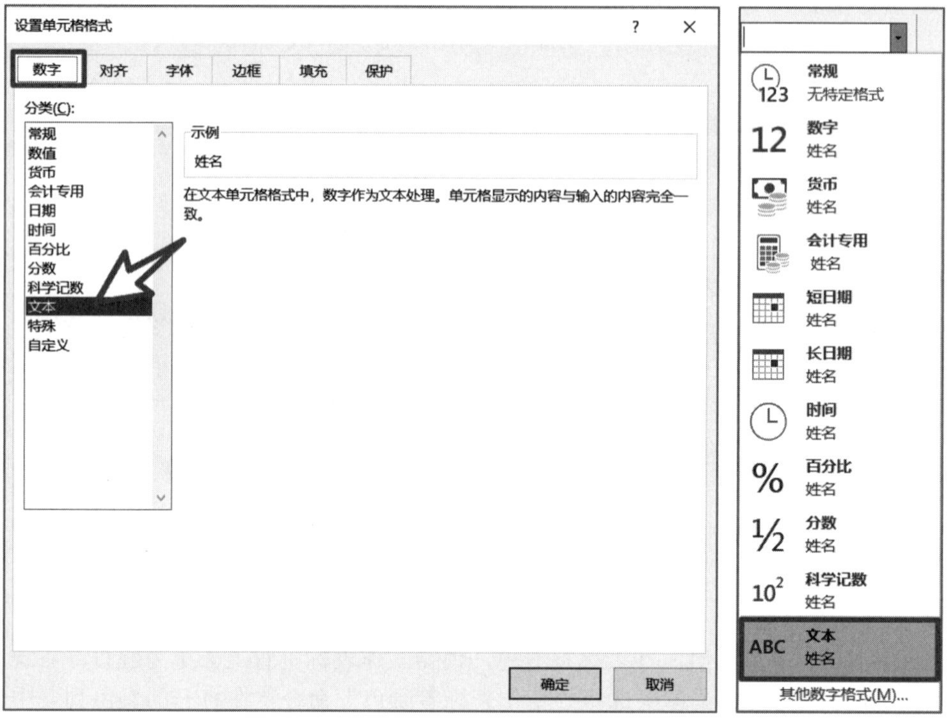

图 3-4　设置选定单元格格式为文本格式操作界面

（2）输入日期和时间

日期和时间本质上也是数值。Excel 内置了一些日期和时间的格式。在输入日期时，用斜杠“/”或短横“−”来分隔日期的年、月、日。

（3）输入分数

分数是特殊格式的数值。其格式为“分子/分母”，而“/”是日期数据的分隔符，因此在输入分数时，需要先输入 0 和空格，再输入“分子/分母”，例如输入“0 1/2”。

或者单击“开始”选项卡“数字”功能区中的“常规”按钮，在下拉列表中选择“分数”命令，先将单元格格式改为“分数”格式，然后再输入相应的分数数据。

（4）利用“自动填充”功能输入有规律的数据

有规律的数据指等差、等比、系统预定义的数据填充系列及用户自定义的新序列。自动填充将根据初始值决定以后的填充值。

- 光标移动到单元格右下角的点上，指针变成细十字形，即为填充柄，鼠标拖曳填充柄。当单元格内容为纯字符、纯数字或公式时，拖曳填充柄相当于复制操作；当单元格内容为文本型数字或文字数值混合时，填充时文字不变，数字则递增；当单元格内容为预设的自动填充序列中的一员时，按预设序列填充。
- 在“开始”选项卡下“编辑”功能区中单击“序列”按钮，打开“序列”对话框。在“序列”对话框中进行相关序列的填充，如图 3-5 所示。

快速填充：快捷键 Ctrl+E，相当于有自我学习能力的快捷键，只需要提供一个样本，就能完成剩余的操作。可以把它看成一个自动录制宏并且应用的功能，任何有规律的操作，如合并数据、拆分数据、批量添加前缀或后缀、单元格内容顺序调整、数据提取等都可尝试用 Ctrl+E 快捷键快速填充。如图 3-6 所示，根据身份证号在“出生日期”列的第 2 行手动输入“20130326”后，在下一个单元格中按 Ctrl+E 快捷键，则自动根据“身份证号”列的内容填充“出生日期”列。注意，有些操作快速填充不一定准确，操作后务必检查确认。

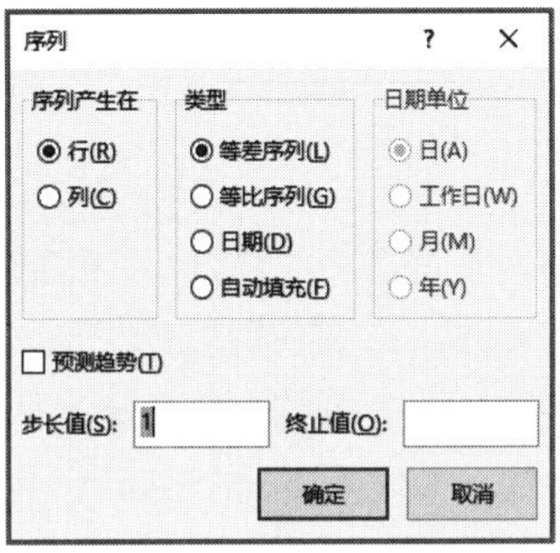

图 3-5　“序列”对话框

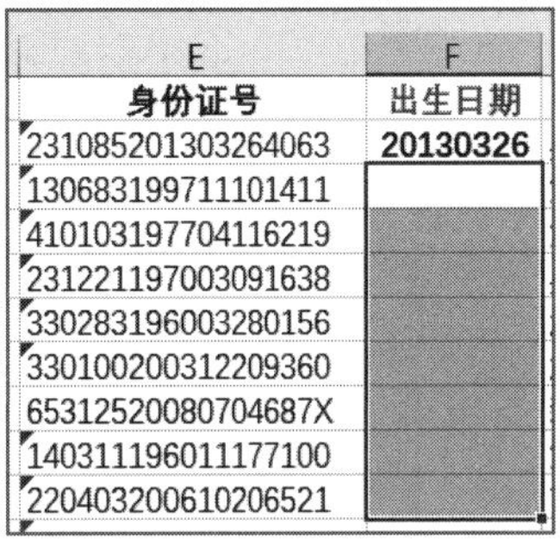

图 3-6　Ctrl+E 快捷键快速填充

自定义序列：单击“文件→选项→高级→编辑自定义列表”按钮，在打开的“自定义序列”对话框中对自定义的序列进行设置，拖动填充柄时可在序列之间循环变化。执行排序操作时，对汉字默认按拼音顺序排列，设置“自定义序列”对话框后，在进行数据排序时，可让数据按“自定义序列”的顺序排序。按自定义序列排序操作如图 3-7 所示。

自定义序列

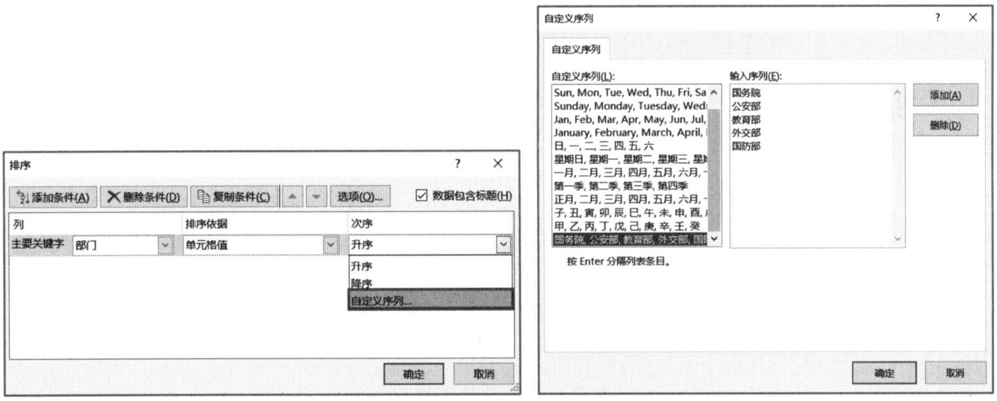

图 3-7　按自定义序列排序操作

5. 数据验证

利用“数据”选项卡下“数据工具”功能区中的“数据验证”选项，进行输入有效数据的设置，可以阻止非法数据的输入。验证设置包括：验证条件、输入和出错时的相关提示信息等，如图 3-8 所示。

数据验证

6. 外部数据导入与导出

除了手动输入数据到 Excel 中，也可以从外部文件导入数据到 Excel 表格中，使数据的获取更加高效和准确。另外也可以将 Excel 中的数据导出为其他格式，为其他应用程序所用。

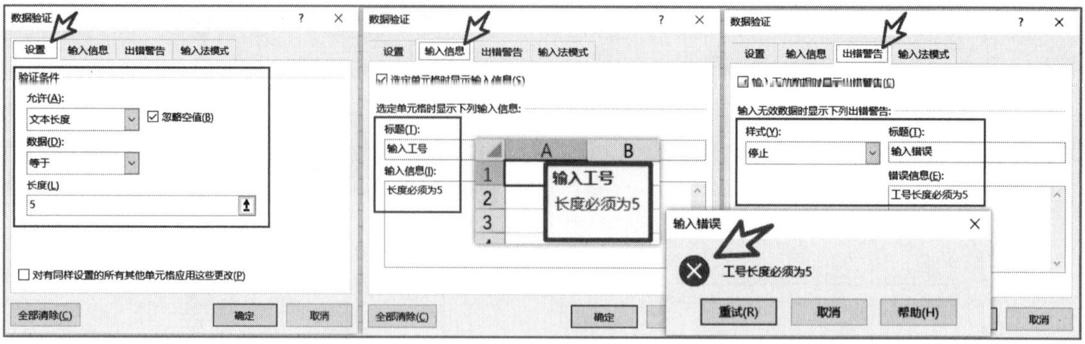

图 3-8　数据验证

外部数据导入：选择“数据”选项卡，在“获取和转换数据”功能区中根据外部数据来源单击相应的选项进行操作。“获取数据”分自文件、自数据库、自其他源、合并查询等。其中“自文件”分为从工作簿、从文本/CSV、从 XML、从 JSON 等。“自数据库”分为从 SQL Server 数据库、从 Microsoft Access 数据库、自 Analysis Services、从 SQL Server Analysis Services 数据库（导入）等。“自其他源”分为自表格/区域、自网站、从 OData 源、从 ODBC、自 OLEDB 等。获取数据选项，如图 3-9 所示。

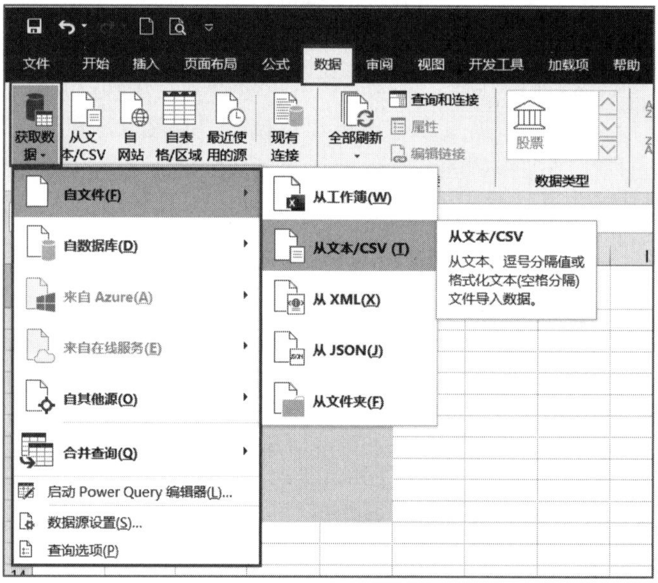

图 3-9　获取数据选项

（1）导入 XML 文件

选择“数据”选项卡，在“获取和转换数据”功能区中单击“获取数据”按钮，在下拉列表中选择“自文件→从 XML”命令，在打开的对话框中选择对应的 XML 文件，单击“加载”按钮即可将 XML 文件中的数据导入到 Excel 表，如图 3-10 所示。

（2）导入文本文件/CSV 文件

选择“数据”选项卡，在“获取和转换数据”功能区中单击“获取数据”按钮，在下拉列表中选择“自文件→从文本/CSV”命令，在打开的对话框中选择对应的文本文件，单击“加载”按钮即可将文本文件中的数据导入到 Excel 表中，如图 3-11、图 3-12 所示。

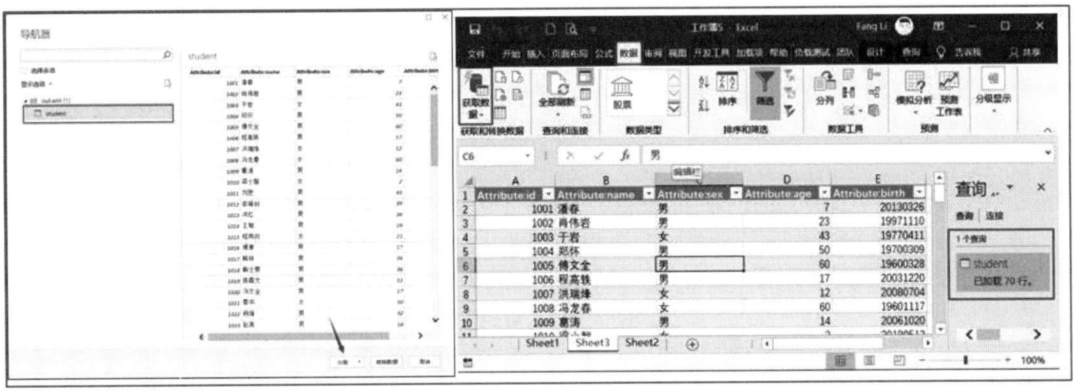

图 3-10　导入 XML 文件

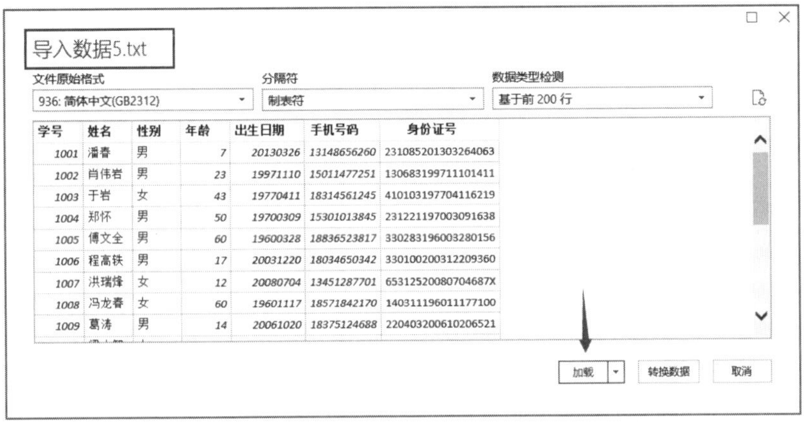

图 3-11　导入文本文件

图 3-12　导入 CSV 文件

若导入数据显示乱码，则须将“文件原始格式”选为“65001:Unicode（UTF-8）”。

（4）从 SQL Server 数据库导入指定表的数据

选择“数据”选项卡，在“获取和转换数据”功能区中单击“获取数据”按钮，在下拉列表中选择“自数据库→从 SQL Server 数据库”命令，根据打开的向导提示进行导入，如图 3-13 所示。

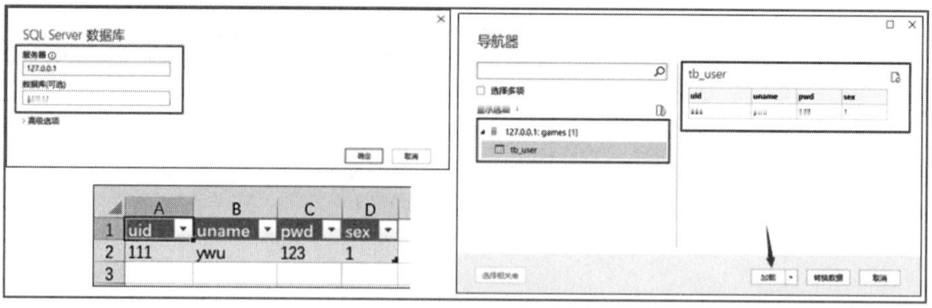

图 3-13　导入数据库文件

（5）从网页导入数据

选择“数据”选项卡，在“获取和转换数据”功能区中单击“获取数据”按钮，在下拉列表中选择“自其他源→自网站”命令，在打开的对话框中输入网址进行导入，例如，以浙江省教育厅网站为例（网址：http://jyt.zj.gov.cn/），如图 3-14 所示。

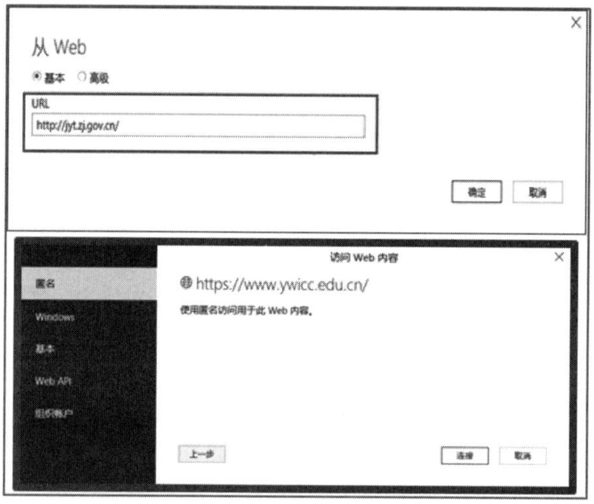

图 3-14　导入网页文件

选择“Table 0”，即可将对应的数据加载到 Excel 表中，如图 3-15 所示。

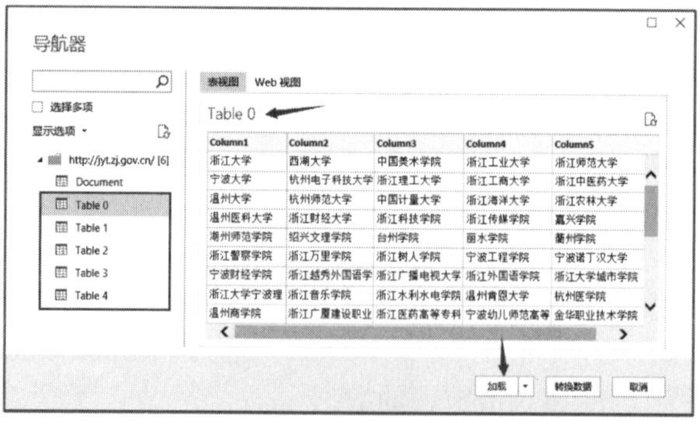

图 3-15　选择 Table

Excel 数据导出：单击“文件→导出”按钮，在打开的界面中选择所需格式，然后单击“另存为”按钮，可将 Excel 数据导出为 PDF、文本、CSV、XLS 等格式，如图 3-16 所示。

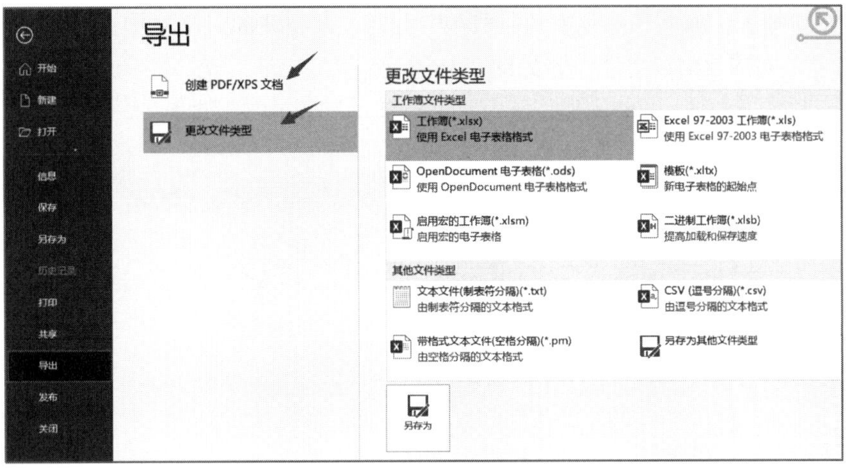

图 3-16　选择导出文件类型

Excel 导出 XML 文件：Excel 可以导出多种格式，以导出 XML 文件为例。假设生成一个班级学生的 XML 配置文件，包含学号、姓名、性别，对应的 XML 文件保存为 stu.xml，格式如下：

```
<?xml version="1.0" encoding="UTF-8" standalone="yes"?>
<data>
  <student xh="" xm="" xb="" />
  <student xh="" xm="" xb="" />
</data>
```

data 表示输出 XML 的根节点，student 表示单个学生信息节点，这两个字段限定 XML 输出的节点名称，<student></student>为单条 XML 节点属性的字段名称。

单击“文件→选项→自定义功能区”，在右边栏内找到“开发工具”并勾选，确保 XML 被勾选。在 Excel 中导入 XML 规则，单击“开发工具→源”按钮，单击右下角的“XML 映射”按钮。在打开的“XML 映射”对话框中，单击“添加”按钮，将 stu.xml 文件导入，右侧出现树形属性列表，列字段是 stu.xml 规则里面定义的字段。将 XML 源中的字段，逐个拖曳到“学号、姓名、性别”标题对应的单元格上，让字段映射到 Excel 的标题行，如图 3-17 所示。

图 3-17　设置 XML 字段映射关系

输出 XML 配置：单击“开发工具→导出”按钮，在打开的对话框中选择输出文件的位置及文件名即可。对应 XML 文件内容如图 3-18 所示。

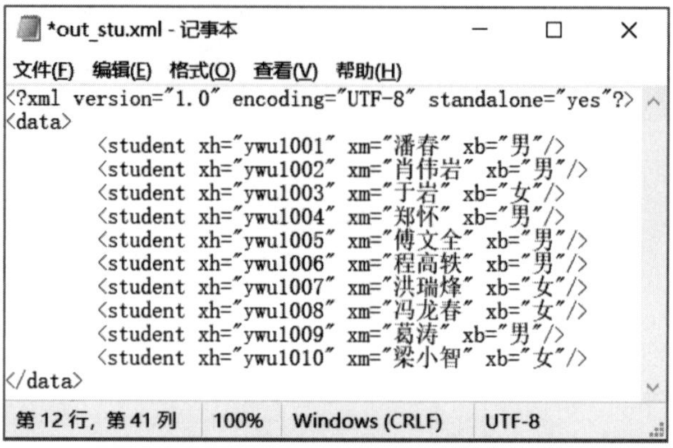
*out_stu.xml - 记事本

文件(F) 编辑(E) 格式(O) 查看(V) 帮助(H)

```
<?xml version="1.0" encoding="UTF-8" standalone="yes"?>
<data>
	<student xh="ywu1001" xm="潘春" xb="男"/>
	<student xh="ywu1002" xm="肖伟岩" xb="男"/>
	<student xh="ywu1003" xm="于岩" xb="女"/>
	<student xh="ywu1004" xm="郑怀" xb="男"/>
	<student xh="ywu1005" xm="傅文全" xb="男"/>
	<student xh="ywu1006" xm="程高轶" xb="男"/>
	<student xh="ywu1007" xm="洪瑞烽" xb="女"/>
	<student xh="ywu1008" xm="冯龙春" xb="女"/>
	<student xh="ywu1009" xm="葛涛" xb="男"/>
	<student xh="ywu1010" xm="梁小智" xb="女"/>
</data>
```

第 12 行，第 41 列 100% Windows (CRLF) UTF-8

图 3-18　Excel 导出 XML 文件内容

7. 工作表格式化

（1）单元格格式的设置

工作表格式化

设置单元格中文本的字体格式和对齐方式，可以直接使用“开始”选项卡下“字体”功能区和“对齐方式”功能区中相应按钮，或者使用“设置单元格格式”（快捷键 Ctrl+1）对话框进行设置。

单击“开始”选项卡下“数字”功能区右下角的“对话框启动器”按钮，打开“设置单元格格式”对话框。在该对话框中，可以设置货币格式、日期格式、时间格式、分数格式、数值格式及自定义格式，还可以设置单元格对齐方式、字体、边框、填充底纹等。

“数字”选项卡，可以设置数字的小数位数、负数形式及货币符号等。

“对齐”选项卡，可以设置单元格中文本的水平和垂直对齐方式及方向等。

“字体”选项卡，可以设置单元格中文本的字体、字形、字号及颜色等。

“边框”选项卡，可以给表格添加所需的框线。

“填充”选项卡，可以设置单元格的背景颜色、背景图案。

“保护”选项卡，可以设置单元格是否锁定、隐藏。为单元格设置“隐藏”后，一般需与“审阅→保护工作表”配套使用，可隐藏对应单元格的公式、内容等。

“设置单元格格式”对话框，如图 3-19 所示。

如设置“成绩表”格式，将表格标题行文字加粗显示，表格中所有内容上下左右居中对齐，给表格添加红色粗线外边框，内部为细线黑色边框。

具体操作：选中标题行文字，单击“字体”功能区中的“加粗”按钮 **B**，选中所有单元格，再单击“对齐方式”功能区中的“垂直居中”和“水平居中”按钮，然后单击“对话框启动器”按钮，打开“设置单元格格式”对话框。选择“边框”选项卡，在“直线”样式中选择粗线，颜色选择红色，单击右边“预置”区的“外边框”，再次在“直线”样式中选择细线，颜色选择黑色，单击右边“预置”区的“内部”，效果如图 3-20 所示。

（2）行高和列宽的设置

将鼠标指针移到行号底边框线，待鼠标指针变成带上下箭头的十字形状，上下拖动鼠标

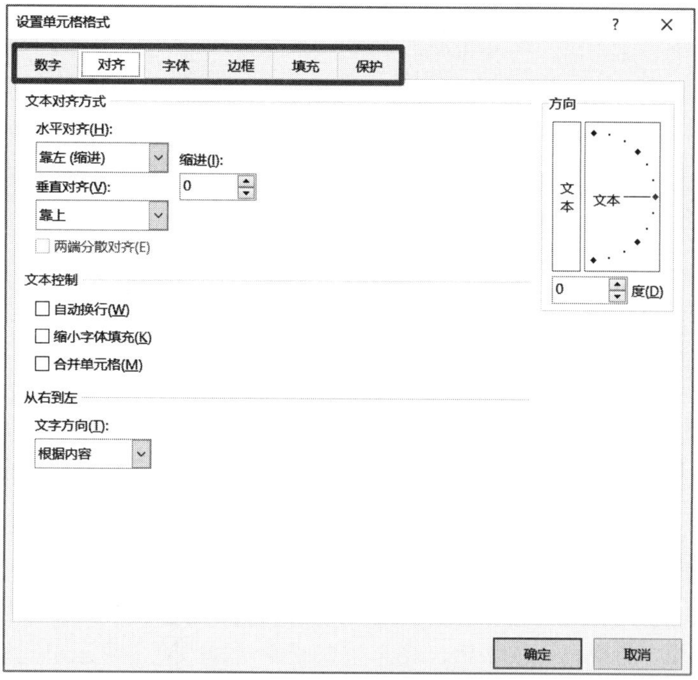

图 3-19　“设置单元格格式”对话框

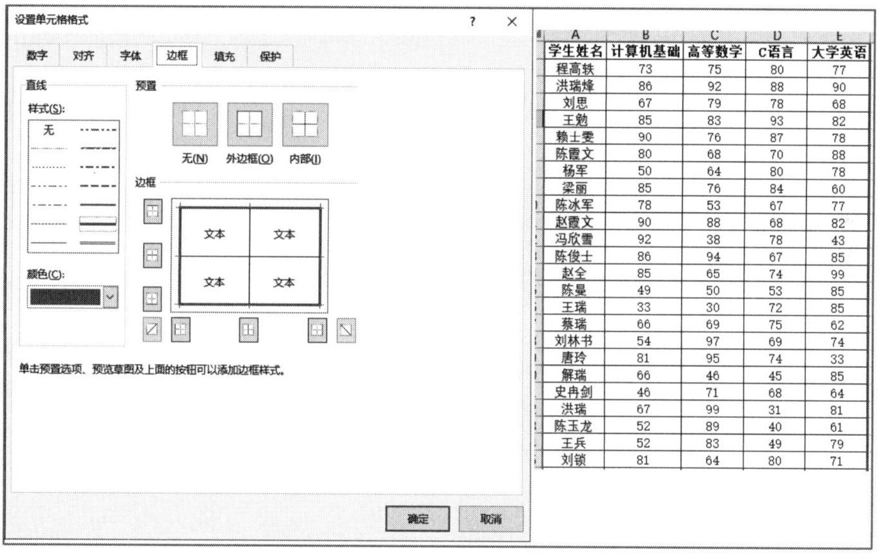

学生姓名	计算机基础	高等数学	C语言	大学英语
程高轶	73	75	80	77
洪瑞烽	86	92	88	90
刘思	67	79	78	68
王勋	85	83	93	82
赖土雯	90	76	87	78
陈霞文	80	68	70	88
杨军	50	64	80	78
梁丽	85	76	84	60
陈冰军	78	53	67	77
赵霞文	90	88	68	82
冯欣雪	92	38	78	43
陈俊士	86	94	67	85
赵全	85	65	74	99
陈曼	49	50	53	85
王瑞	33	30	72	85
蔡瑞	66	69	75	62
刘林书	54	97	69	74
唐玲	81	95	74	33
解瑞	66	46	45	85
史冉剑	46	71	68	64
洪瑞	67	99	31	81
陈玉龙	52	89	40	61
王兵	52	83	49	79
刘锁	81	64	80	71

图 3-20　设置边框

即可随意改变行高。将鼠标指针移到列标右边框线，待鼠标指针变成带左右箭头的十字形状，左右拖动鼠标即可随意改变列宽。

精确设置行高或列宽：单击行号或列标，选中行或列，单击鼠标右键，在弹出的快捷菜单中选择“行高”或“列宽”命令，在打开的对话框中输入数值即可，如图 3-21 所示。

最合适的行高或列宽：选中需要调整的所有行或列，单击“开始”选项卡下“单元格”功能区中的“格式”按钮，在下拉列表中选择“自动调整行高”或“自动调整列宽”命令，如图 3-22 所示。

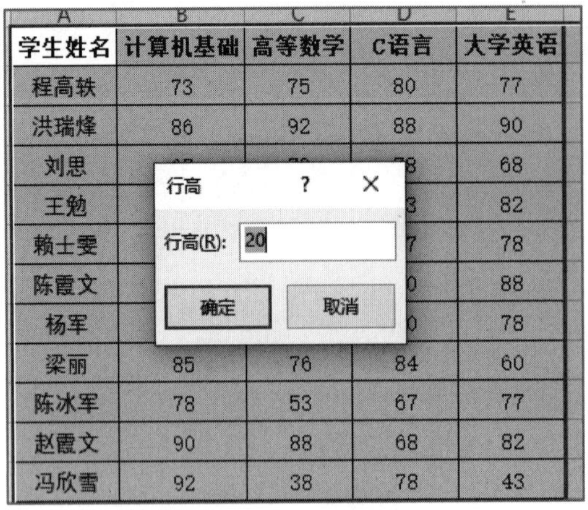

图 3-21　设置行高

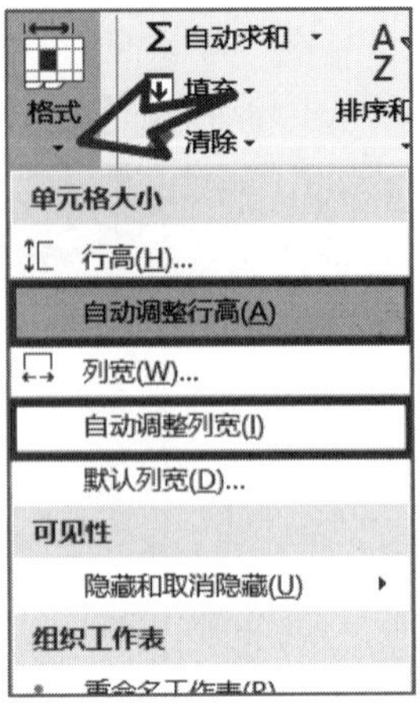

图 3-22　最合适行高或列宽

（3）条件格式的设置

有时某些需要将单元格中符合特定条件的数据用特殊的格式显示出来，Excel 中可以通过条件格式功能来实现该操作。选择需要设置条件格式的单元格区域，单击“开始”选项卡下“样式”功能区中的“条件格式”按钮，在下拉列表中选择“突出显示单元格规则”命令，在弹出的列表中选择所需的显示规则，并在打开的对话框中设置条件格式即可。

如将所有学生不及格成绩突出显示，效果如图 3-23 所示。

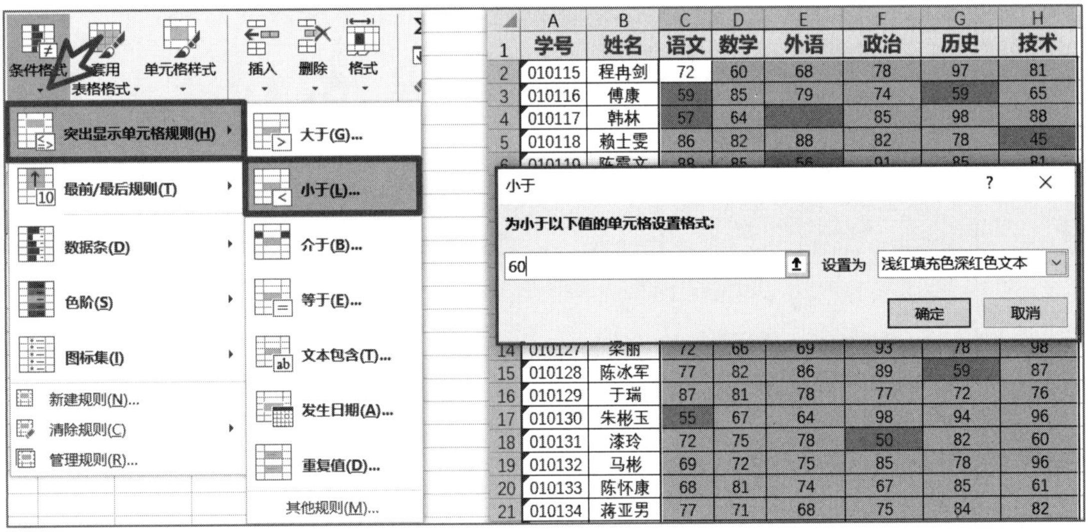

图 3-23　条件格式

8. 使用公式与函数

（1）使用公式

Excel 中的公式是以“=”开始的，由运算符连接常量、单元格引用、函数组成的式子。其形式是：=操作数和运算符。其中，常用运算符有算术运算符、比较运算符、文本运算符、引用运算符，如表 3-1 所示。

公式与函数

表 3-1　Excel 中的常用运算符

算术运算符	+	-	*	/	^	%
比较运算符	=	>	>=	<=	<	<>
文本运算符	&字符串连接					
引用运算符	：（冒号）	，（逗号）	单个空格			

下面介绍运算符的优先级。

算术运算符从高到低分为 3 个级别：百分号和乘方、乘除、加减。

比较运算符优先级相同。

4 类运算符的优先级为：引用运算符>算术运算符>文本运算符>比较运算符。

优先级相同的运算顺序为从左到右。

要在单元格中输入公式进行计算，需要先输入“=”，然后输入公式的内容，按 Enter 键确认即可。

（2）常用函数

函数是一个预先定义好的用于数值计算和数据处理的特定公式。使用函数计算可以简化公式，使数据处理更方便。Excel 2019 提供了丰富的函数供用户使用。在“公式”选项卡下“函数库”功能区中列出了函数类别：财务函数、逻辑函数、文本函数、日期和时间函数、查找和引用函数、数学与三角函数、其他函数等。

函数由函数名和参数组成，基本格式为：函数名（[函数参数]）。函数参数可以为多个，也可以为空，比如日期函数 TODAY()，没有参数。多个参数之间用逗号隔开。

注意：函数参数用括号括起来，即使没有参数，括号也不能省略。公式和函数中的所有符号均为英文标点符号。

函数学习要点：

1）了解函数的功能。知道函数能解决什么问题。

2）了解函数的名称，通过函数名才能使用函数进行运算。

3）了解函数的参数及其含义，在使用带参数函数时，需要设置对应参数。

在工作中需要使用函数时，根据函数名或函数功能搜索资料学习即可。

● SUM 函数。返回某一单元格区域中所有数字的和。如计算学生的总分，选中 F2 单元格，单击“开始”选项卡下“编辑”功能区中的“自动求和”按钮 Σ，单元格中显示函数“=SUM（B2:E2)”，按回车键确认，如图 3-24 所示。双击 F2 单元格右下角的填充柄，即可自动计算其他学生总分。

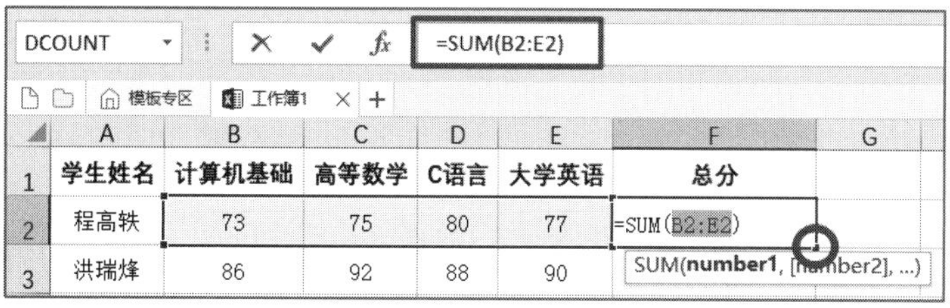

图 3-24　自动求和

● AVERAGE 函数。返回某一单元格区域中所有数字的算术平均值。如计算学生的平均分，选中 G2 单元格，在“公式”选项卡下“函数库”功能区中的“f_x 插入函数”按钮，打开

“插入函数”对话框。在“选择函数”列表中选择“AVERAGE”，单击“确定”按钮，打开AVERAGE“函数参数”对话框，在“Number1”框中，将单元格区域修改为B2:E2，如图3-25所示。

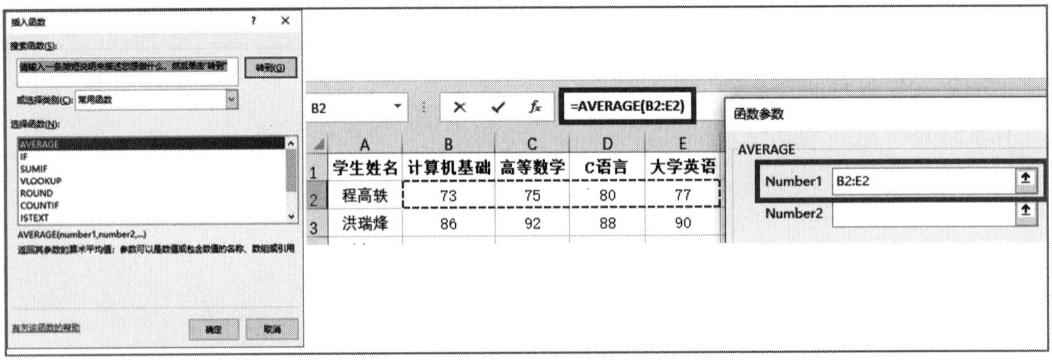

图 3-25　插入函数

- COUNT 函数：计算包含数字的单元格及参数列表中的数字的个数。
- IF 函数：是一个条件函数，包含三个参数：Logical_test，value1，value2。如果 Logical_test 表达式为真，则返回 value1 的值，否则返回 value2 的值。如针对学生成绩，如果平均分大于等于 85 分，则该生为优等生，在 H 列对应单元格中显示“优等生”。具体操作：选中 H2 单元格，单击编辑栏上的“f_x插入函数”按钮，在打开的“插入函数”对话框“选择函数”列表中选择“IF”函数，打开 IF“函数参数”对话框，输入如图 3-26 所示的参数，Logical_test 为“G2>=85”，Value_if_true 为“优等生”，Value_if_false 为空格，单击“确定”按钮。双击 H2 单元格右下角的填充柄，自动填充其他单元格。

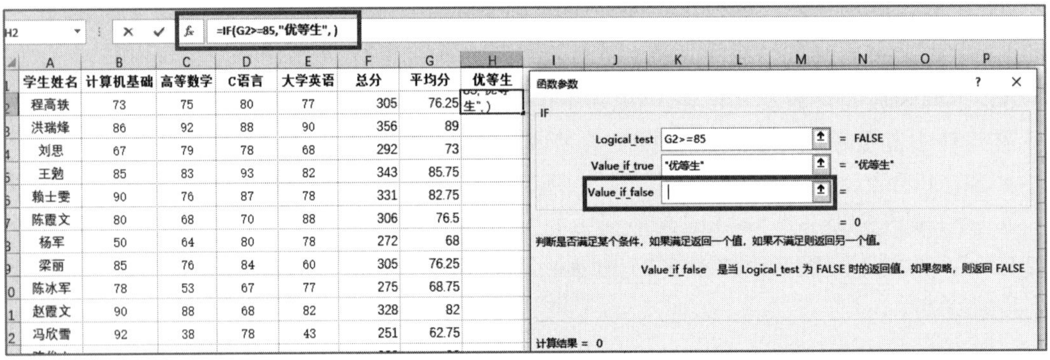

图 3-26　IF 函数

9. 图表

图表可以直观地将数据展示出来，更容易被理解和接收。Excel 2019 提供了丰富的图表，一共有 16 种图表类型及它们的组合，分别是柱形图、折线图、饼图、条形图、面积图、XY 散点图、地图、股价图、曲面图、雷达图、树状图、旭日图、直方图、箱形图、瀑布图、漏斗图。每种类型又具有不同的子类，如二维图表、三维图表。通过“插入”选项卡下“图表”功能区中的“插入图表”按钮可以创建图表。

图表应用

（1）创建图表

以创建簇状柱形图为例，选中用于创建图表的数据区域，单击“插入”选项卡下“图表”功能区中的“插入柱形图或条形图”按钮，在下拉列表中选择“更多柱形图”命令，打开“更改图表类型”对话框。在打开的对话框中选择所需的图表类型，单击“确定”按钮，如图 3-27 所示。

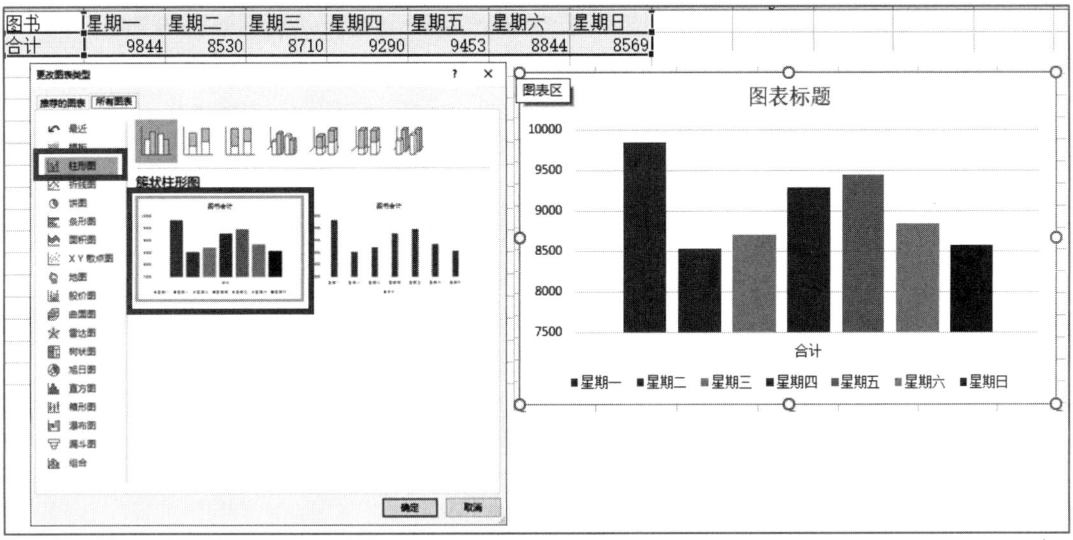

图 3-27　创建图表

（2）编辑图表

用户可以对创建的图表进行编辑，包括更改图表类型、修改图表标题、修改图表图例项、添加数据标识等。

选中创建的图表，激活“图表工具”选项卡。“图表工具”选项卡包括两个子选项卡“设计”和“格式”。“设计”选项卡中可以执行以下操作：修改图表布局、修改图表样式、重新选择图表数据、更改图表类型和移动图表位置。“格式”选项卡主要对图表中的元素进行格式修改。

修改图表标题。在“图表标题”文字上双击，重新输入修改后的标题文字。

更改图表类型。选中图表后，在“图表工具-设计”选项卡中单击“更改图表类型”按钮，打开“更改图表类型”对话框，选择需要更改的图表类型，单击“确定”按钮。

修改图例位置。选中图表后，在“图表工具-设计”选项卡下“图表布局”功能区中单击“添加图表元素”按钮，在下拉列表中选择“图例”命令，在弹出的列表中选择图例位置，如图 3-28 所示。

10. 数据管理与分析

（1）数据排序

排序是数据管理与分析必备的功能，分单列排序和多重排序。

单列排序：按某一关键字排序。选中该关键字列下的任一单元格，单击“开始”选项卡下“编辑”功能区中的“排序和筛选”按钮，在弹出的下拉列表中选择“升序”或“降序”命令。

数据排序

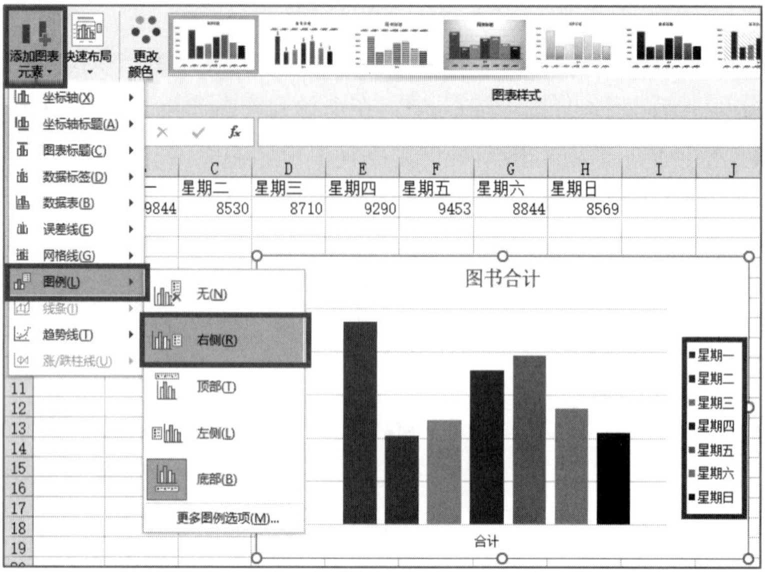

图 3-28　修改图例位置

多重排序：按多个关键字排序。选中数据表格中的任一单元格，单击“开始”选项卡下“编辑”功能区中的“排序和筛选”按钮，在弹出的下拉列表中选择“自定义排序”命令，打开“排序”对话框。选择“主要关键字”字段名及对应的次序，单击“添加条件”按钮，增加“次要关键字”，选择“次要关键字”字段名及对应的次序，单击“确定”按钮完成排序，根据需要还可添加其他关键字。“排序”对话框，如图 3-29 所示。

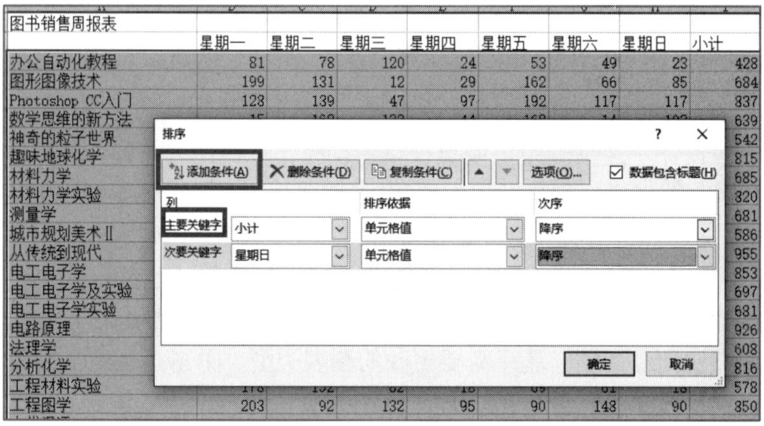

图 3-29　“排序”对话框

（2）数据筛选

Excel 数据筛选对数据进行过滤，显示符合条件的数据，暂时隐藏不满足条件的数据。隐藏的数据可以恢复。数据筛选的方式分为两种：自动筛选和高级筛选。自动筛选针对简单条件的快速筛选方法，高级筛选可构造复杂的筛选条件。

数据筛选

自动筛选：选中数据清单中的任一单元格，单击“开始”选项卡下“编辑”功能区中的“排序和筛选”按钮，在弹出的下拉列表中选择“筛选”命令，在数据清单的字段名后面会出现一个筛选按钮，单击条件字段名后面的按钮，在下拉列表中选择“数字筛选”，在弹出的列表中选择筛选条件规则，打开“自定义自动筛选方式”对话框，在该对话框中进行筛选条件设置，如图 3-30 所示。

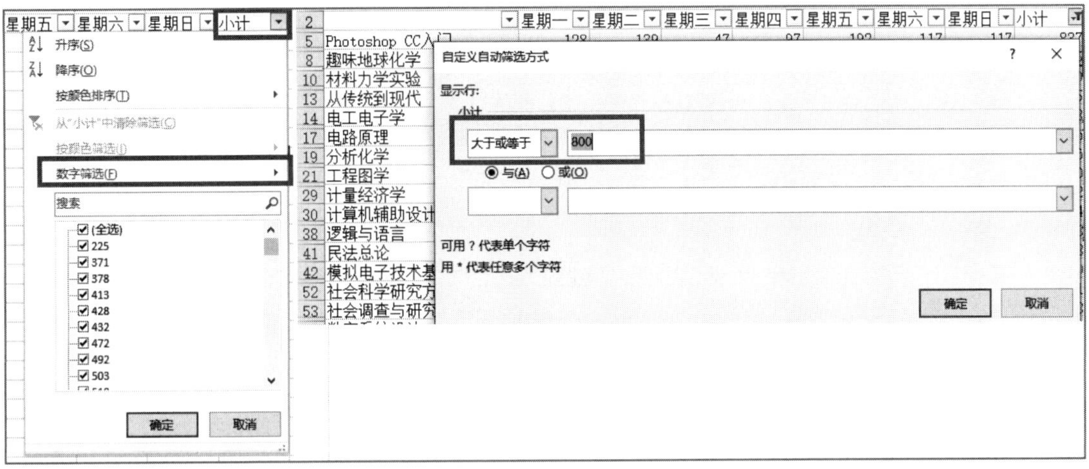

图 3-30　自动筛选

注意：自动筛选过程中，后一次设置的筛选条件是在前一次筛选结果的基础上进行筛选的，即只能处理多个存在逻辑“与”关系的条件，如“语文<60”且“数学<60”（在成绩表中语文表示语文成绩），而不能处理多个存在逻辑“或”关系的条件，如“语文<60”或“数学<60”，此时需要用到高级筛选功能。

高级筛选：如果筛选的条件中涉及多个字段，用高级筛选可快速地筛选出符合条件的数据。进行高级筛选之前，需要根据筛选条件建立一个条件区域。

高级筛选的条件区域需要符合以下要求：

1）条件区域必须与原数据清单有至少一行或一列的间隔。

2）条件区域的字段名必须与原数据清单字段名完全一致。

3）多个条件之间存在逻辑与的关系，条件写在同一行；若多个条件存在逻辑或的关系，则条件写在不同行。

操作步骤：在数据清单的旁边（左右或上下，不要与数据清单相连的区域）创建条件区域，条件区域创建好后，单击数据清单中的任一单元格，选择“数据”选项卡下“排序和筛选”功能区中的“高级”按钮，打开“高级筛选”对话框。“列表区域”为要进行筛选的数据清单，默认会自动选择，若数据区域有误可重选。“条件区域”可以选择根据筛选条件自行创建的单元格区域。

在成绩表中，筛选“语文<60”或“数学<60”或“外语<60”，高级筛选操作如图 3-31 所示。

（3）分类汇总

在实际工作应用中，往往需要对数据进行分类统计。Excel 提供的分类汇总功能可以对数据清单中某类记录进行求和、求平均值等计算，并且将计算结果分级显示。在执行分类汇总操作之前，需要先对数据清单进行排序，以保证字段值相同的记录相邻。要进行分类汇总，数据清单的第一行必须要列标记，即字段名。

分类汇总

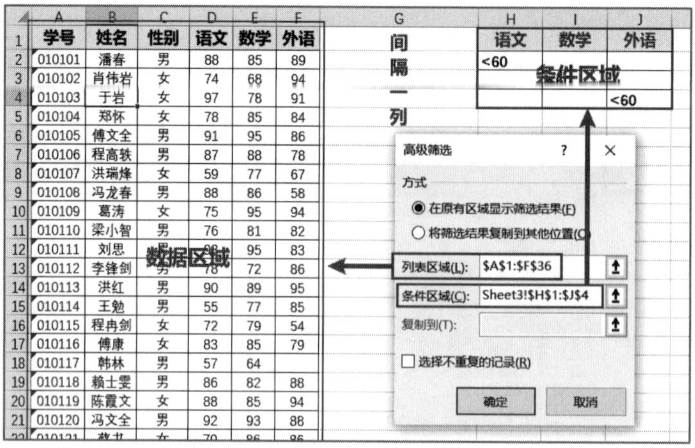

图 3-31　高级筛选

建立分类汇总：先按关键字进行排序，然后单击“数据”选项卡下“分级显示”功能区中的“分类汇总”按钮。在打开的“分类汇总”对话框中设置分类字段、汇总方式、选定汇总项，然后单击“确定”按钮。单击左上角分级显示按钮 2，则显示为 2 级，如图 3-32 所示。

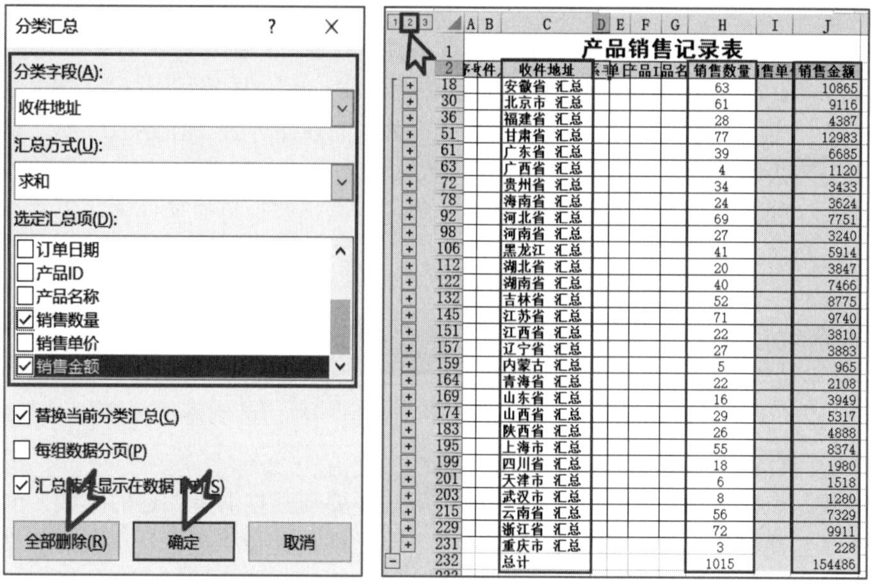

图 3-32　分类汇总

如果要删除分类汇总，只需要再次打开“分类汇总”对话框，单击左下角的“全部删除”按钮即可。

11. 页面设置与打印

Excel 表格编辑完成后，通常需要打印输出，在打印输出前，需要先进行页面设置。通过页面设置，可以调整表格在页面中显示的位置、添加页眉和页脚、设置打印区域、设置打印标题等。

页面设置

（1）页面设置

单击“页面布局”选项卡下“页面设置”功能区右下角的“对话框启动器”按钮，打开“页面设置”对话框。“页面”选项卡中可以设置纸张大小、纸张方向。“页边距”选项卡中可以设置上、下、左、右页边距及表格在页面中的水平居中或垂直居中，如图 3-33 所示。“页眉/页脚”选项卡中可以添加页眉和页码。“工作表”选项卡中可以设置打印范围和打印顺序。如果需要打印重复标题行，在该选项卡的“顶端标题行”后选择重复的标题行区域即可。

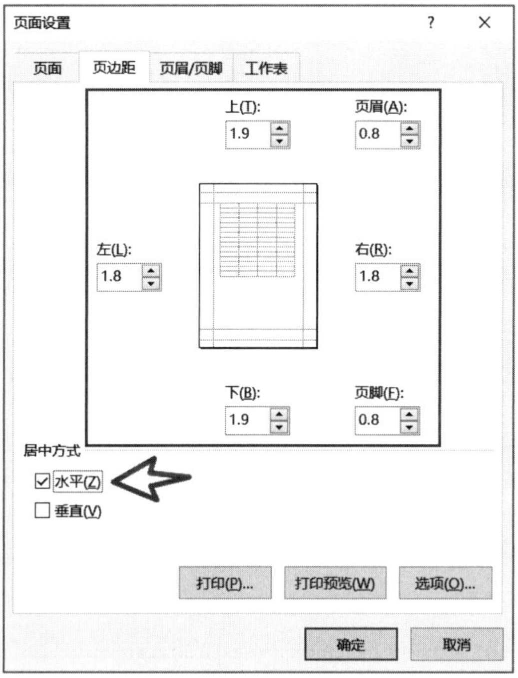

图 3-33　页边距设置

（2）打印工作表

打印预览：打印之前可以先查看工作表的打印效果。单击快速启动工具栏中的“打印预览和打印”按钮，切换到打印预览窗口。通过打印预览窗口，用户可以看到逼真的打印效果，包括页眉、页脚和打印标题等。

打印工作表：如果只想打印工作表中的部分内容，可以选择“文件”选项卡中的“打印”命令，设置打印范围，可以选择“打印活动工作表”“打印整个工作簿”“打印选定区域”，可设置缩放方式，如“将所有列调整为一页”。

12. 保护文档

保护文档

（1）保护当前工作表

保护当前工作表即控制对当前工作表所做的更改类型。在需要保护的工作表标签上单击右键，在弹出的快捷菜单中选择“保护工作表”命令，打开“保护工作表”对话框。在该对话框中输入保护密码，设置限制的相关操作，如图 3-34 所示。也可通过单击“审阅”选项卡→“保护工作表”按钮，在打开的“保护工作表”对话框中完成设置即可。启用工作表时须输入密码后才能进行编辑。

若要使部分区域允许编辑，选定指定区域，如 A1:C4，单击鼠标右键，在弹出的快捷菜单中选择“设置单元格格式”命令，在打开的对话框中单击“保护”选项卡，不勾选“锁定”（此项默认状态为勾选状态），如图 3-35 所示。确定后，再执行“保护工作表”的操作。

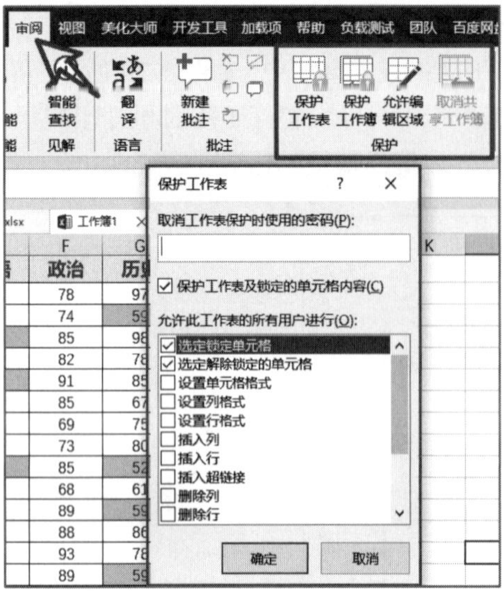

图 3-34　保护工作表

图 3-35　锁定单元格内容

（2）保护工作簿

保护工作簿即控制对工作簿结构进行不需要的更改，例如，添加工作表。单击“审阅”选项卡中的“保护工作簿”按钮，打开“保护结构和窗口”对话框。设置密码启用后，对数据表不能进行插入、删除等操作，如图 3-36 所示。再次单击工作簿再输入密码可撤销保护，或通过“审阅”选项卡→“保护工作簿”按钮，在打开的对话框中输入密码可撤销保护。

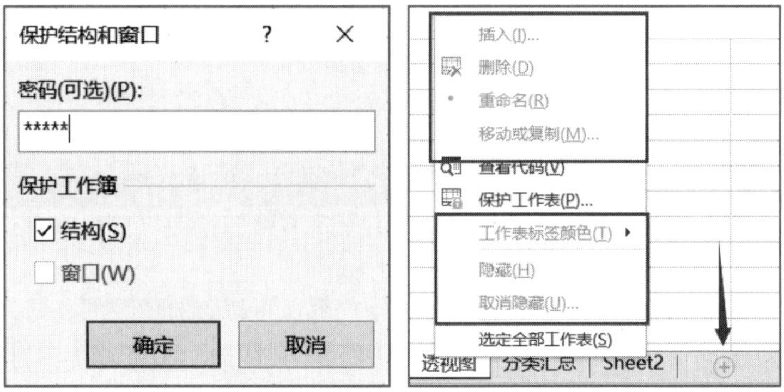

图 3-36　保护工作簿

3.1.3　内容巩固

下载素材文件“Excel 基本操作（素材文件）.xlsx”文件，完成下列操作。

（1）在 Sheet1 第 1 行的前面插入一行，输入“员工工资表”，设置 A1:H1 区域“合并后居中”，垂直居中显示，文字格式为黑体、16 号、加粗、蓝色，设置该行的行高为 40，其他行的行高为 20，水平、垂直方向均居中。第 2 行设置文字为微软雅黑、12 号、加粗，填充黄色。为表格中其他数据添加细线边框。

（2）在 Sheet1 的 F 列后增加“应发工资”列，计算该列的值（公式为应发工资=基本工资+岗位工资+考核工资）。将“应发工资”大于或等于 6000 元的设为红色加粗显示。

（3）将 Sheet1 复制到 Sheet2，在 Sheet2 中进行分类汇总，分类显示男生、女生各类工资的平均值，显示到第 2 级。

（4）在 Sheet1 中，每列设置最佳列宽；设置页边距上、下均为 1 厘米，左、右均为 0，页眉、页脚均为 0.5 厘米；页面水平居中（打印时内容在纸张上水平居中）；页脚格式为“第 1 页，共？页”；打印区域为 A:H 区域，顶端标题行为前 2 行。

案例素材下载地址：https://icourse.ywicc.edu.cn/Res/ResList.aspx?CourseId=830。

测试一下

每次测试 30 分钟，最多可进行 2 次测试，取最高分作为测试成绩。

扫码进入测试 >>

Excel 基本操作

3.2 项目 8 在线调查数据处理

3.2.1 任务描述

小王负责组织企业的一次产品设计研讨会，之前已发送了会议邀请函，并通过在线调查工具“问卷星”收集了会议回执信息。现需要从在线调查平台导出调查数据，统计参与调查人员的会议回执信息。

具体操作要求请扫码查看 >>

操作要求

本项目完成效果如图 3-37 所示。

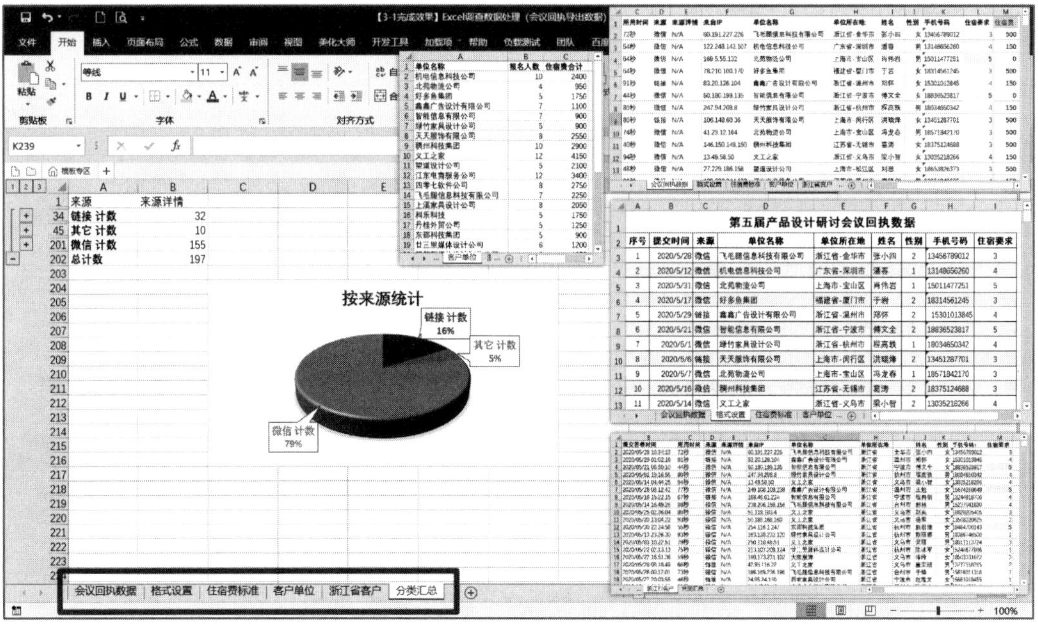

图 3-37 本项目完成效果

3.2.2 任务实现

将素材文件重命名为“XXX 的调查数据处理.xlsx”，其中 XXX 为你的学号加姓名，在素材文件中完成下列操作。

1. 在线调查数据导出与整理

在线调查
数据处理

将前期通过在线调查平台收集的会议回执信息，导出到 Excel 文件中，若所用平台不支持直接导出 Excel 格式，可通过复制粘贴方式，将数据整理到 Excel 表格中。问卷星平台提供导出调查数据到 Excel 文件中的功能，导出到 Excel 中的数据与在网页中查看的数据（如图 3-38 所示）相比，Excel 中的数据没有网页中的左侧两列“星标”“操作”。

图 3-38　问卷星查看下载调查数据

注意：从网页中的表格复制数据，在选中数据区域时，除拖动选择外，还可利用 Shift 键操作。先单击需选择区域的左上角，如“星标”左侧；拖动滚动条到需选择区域的右下角，按住 Shift 键，在区域的右下角单击，即可选中该区域，如图 3-39 所示。

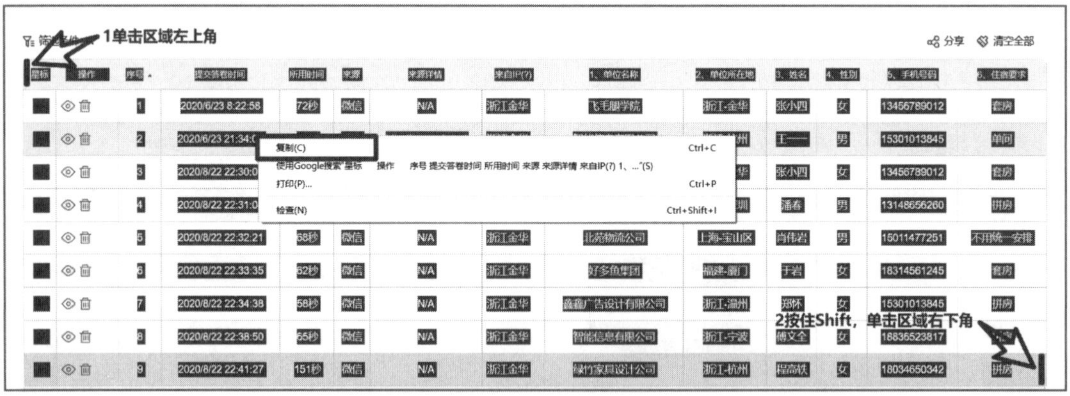

图 3-39　选择表格中的数据并复制

网页中的内容一般带有格式，如“星标”“序号”“来自 IP（?）”，在网页中均有链接效果，直接粘贴时，对应数据带有网页格式，可能影响数据的正常处理。一般可通过两次复制粘贴过滤格式：第一次直接粘贴，一般会带有格式，如图 3-40 所示。在第一次粘贴到 Excel 表后，在 Excel 表中选择数据复制，在另一个表（或同表的另外区域）以粘贴（值）的方式可去除原有格式。

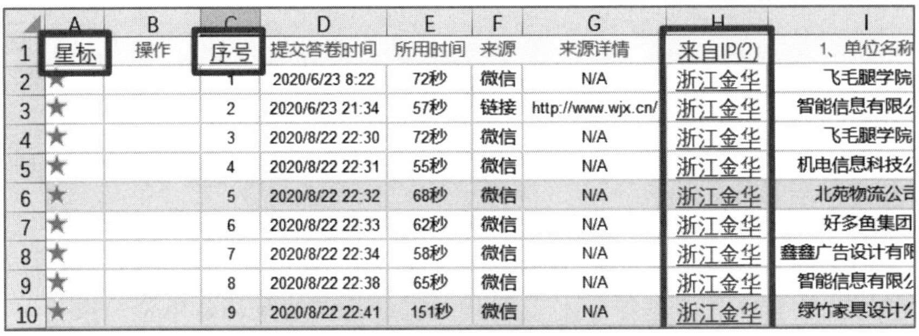

	A	B	C	D	E	F	G	H	I
1	星标	操作	序号	提交答卷时间	所用时间	来源	来源详情	来自IP(?)	1、单位名称
2	★		1	2020/6/23 8:22	72秒	微信	N/A	浙江金华	飞毛腿学院
3	★		2	2020/6/23 21:34	57秒	链接	http://www.wjx.cn/	浙江金华	智能信息有限公
4	★		3	2020/8/22 22:30	72秒	微信	N/A	浙江金华	飞毛腿学院
5	★		4	2020/8/22 22:31	55秒	微信	N/A	浙江金华	机电信息科技公
6	★		5	2020/8/22 22:32	68秒	微信	N/A	浙江金华	北苑物流公司
7	★		6	2020/8/22 22:33	62秒	微信	N/A	浙江金华	好多鱼集团
8	★		7	2020/8/22 22:34	58秒	微信	N/A	浙江金华	鑫鑫广告设计有限
9	★		8	2020/8/22 22:38	65秒	微信	N/A	浙江金华	智能信息有限公
10	★		9	2020/8/22 22:41	151秒	微信	N/A	浙江金华	绿竹家具设计公

图 3-40　直接粘贴后数据带有网页中的格式

第二次粘贴（值）后，部分数据显示格式可能出现异常。如“提交答卷时间”字段为“日期”型，粘贴（值）后会变成“常规”类型，此时需将该列选中，打开“单元格格式设置”对话框，将“分类”设为需要的“日期”格式即可。粘贴（值）后部分数据异常如图 3-41 所示。

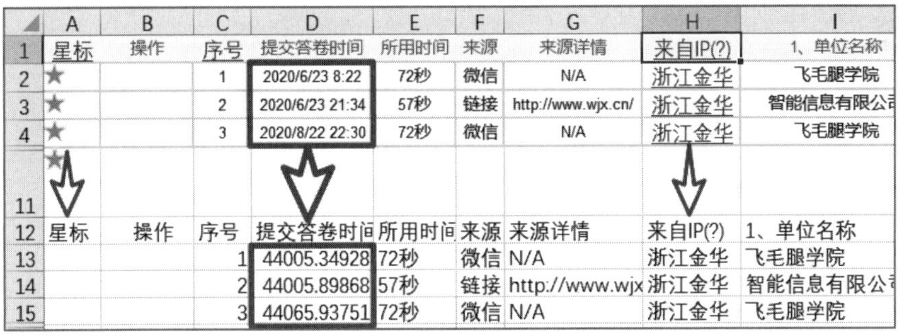

	A	B	C	D	E	F	G	H	I
1	星标	操作	序号	提交答卷时间	所用时间	来源	来源详情	来自IP(?)	1、单位名称
2	★		1	2020/6/23 8:22	72秒	微信	N/A	浙江金华	飞毛腿学院
3	★		2	2020/6/23 21:34	57秒	链接	http://www.wjx.cn/	浙江金华	智能信息有限公司
4	★		3	2020/8/22 22:30	72秒	微信	N/A	浙江金华	飞毛腿学院
11									
12	星标	操作	序号	提交答卷时间	所用时间	来源	来源详情	来自IP(?)	1、单位名称
13			1	44005.34928	72秒	微信	N/A	浙江金华	飞毛腿学院
14			2	44005.89868	57秒	链接	http://www.wjx	浙江金华	智能信息有限公司
15			3	44065.93751	72秒	微信	N/A	浙江金华	飞毛腿学院

图 3-41　带格式与不带格式数据对比

复制网页中的表格数据并粘贴到 Excel 表格后若出现数据错位，可将复制的数据粘贴到记事本或 Word 文档中，再将数据从记事本或 Word 文档中复制粘贴到 Excel 中。

2. 表格设置

在“会议回执数据”表的右侧插入一张新表，并命名为“格式设置”，将“会议回执数据”表中的数据复制到“格式设置”表中。在“格式设置”表中完成下列操作：

表格设置

为数据区域设置边框，每列设置最佳列宽，删除 C 列“所用时间”、E 列“来源详情”、F 列“来自 IP”3 列，“序号”“性别”“住宿要求”3 列内容设为居中显示；将“提交答卷时间”列内容改为“yyyy/m/d”格式；为标题行 A1:I1 设置填充颜色：蓝色，个性色 5，淡色 80%；文字格式为黑体，12 号，加粗，居中；在第一行的上方插入一行，输入文字“第五届产品设计研讨会议回执数据”，文字格式为黑体，16 号，加粗；A1:I1 合并后居中；第 1 行行高为 30，其他行高为 20。

页面设置，上、下、左、右页边距分别为 1.5、1、1、1 厘米；页眉为 0，页脚为 0.5 厘米；水平居中；页脚格式设为“第 1 页，共？页”；将第 1、2 行设为顶端标题行；页面缩放为“将所有列调整为一页”。

3. 数据处理与统计

数据筛选：在“会议回执数据”表中筛选出“单位所在地”为“浙江省”的所有报名数据，存入一个新表中，并将该表的标签名称命名为“浙江省客户”。

数据处理

删除重复值：复制“会议回执数据”表中的“单位名称”列数据存入一个新表的A列中，将该表的标签名称命名为“客户单位”，通过删除重复数值，使该列无重复值。

利用数据查找函数（VLOOKUP），在“会议回执数据”表单元格M1中，输入“住宿费”，根据“住宿要求”到“住宿费标准”表中查询对应的住宿费金额。

利用数据统计函数（COUNTIF、SUMIF），在“客户单位表”的单元格B1中输入“报名人数”，单元格C1中输入“住宿费合计”，利用数据统计函数统计各单位的报名人数及住宿费合计。

自定义数据类型：将“性别”列中的“1”换成“男”，“2”换成“女”。选中“性别”列，按Ctrl+1组合键，在打开的“设置单元格格式”对话框中，在“数字→自定义→类型”文本框中（默认是：G/通用格式）输入：[=1] "男"; [=2] "女"，单击“确定”按钮，注意输入的标点符号均为英文半角符号。自定义数据类型如图3-42所示。

函数应用

图3-42 自定义数据类型

4. 条件格式化

在“格式设置”表中，从第3行开始，为数据区域每隔一行（偶数行号）设置填充颜色#FFF2CC。需要使用取行号函数ROW()、求余函数MOD()。

ROW函数的语法格式：=ROW(reference)，如ROW(A4)，返回单元格A4所在行号，返回 4。如果省略 reference，则默认返回 ROW 函数所在单元格的行数。取列标函数为 COLUMN()，其功能与 ROW 函数类似。

条件格式化

MOD() 函数：返回两数相除的余数，结果的符号与除数相同。

语法格式：MOD(number，divisor)，number 为被除数，divisor 为除数。

注意：如果除数为 0，则返回“#DIV/0！”。MOD 函数可以借用 INT 函数来表示：MOD(n,d)= n-d * INT(n/d)，如 MOD(10,3)=10-3*INT(10/3)，结果为 1。

使用公式设置条件格式化的操作如图 3-43 所示。

图 3-43 使用公式设置条件格式化

注意：要避免对同一条件格式化的重复设置，若第一次设置有误，应通过“条件格式规则管理器”对话框的“编辑规则”进行修改（修改条件格式时，当前活动单元格应在条件格式应用的范围内），或删除规则后重新添加新规则。如图 3-44 所示，对同一条件设置了多个规则造成了错误。图中第 1 个规则，使用公式：=MOD(ROW()，2)有误（该公式对奇数行进行设置），应用范围有误（只需对 A～I 列有数据的区域即可）。

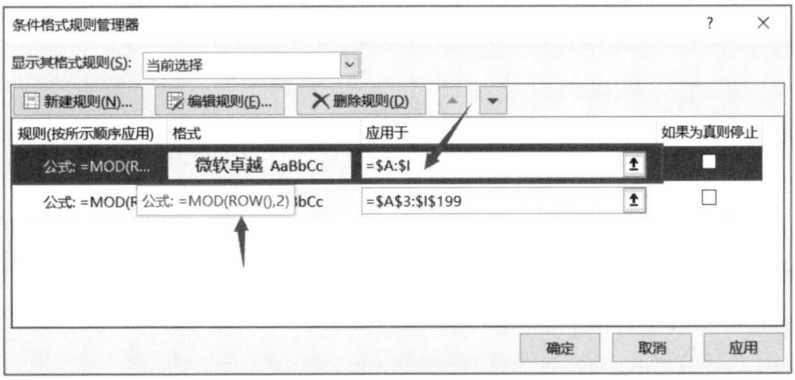

图 3-44 条件格式规则“重复”

5. 插入图表

插入图表

在“会议回执数据”表中，将“来源”“来源详情”两列数据复制到“分类汇总”表，按“来源”排序，利用分类汇总统计不同来源的记录数，生成一个饼图，图表样式为“样式 8”，图表标题为“按来源统计”。将 A:G 列宽设为 12，将饼图移动到 C204:G216 区域。选中分类汇总后的数据，插入饼图前，需要定位“可见单元格”（开始—查找和选择—定位条件）。定位可见单元格及图表设置如图 3-45 所示。

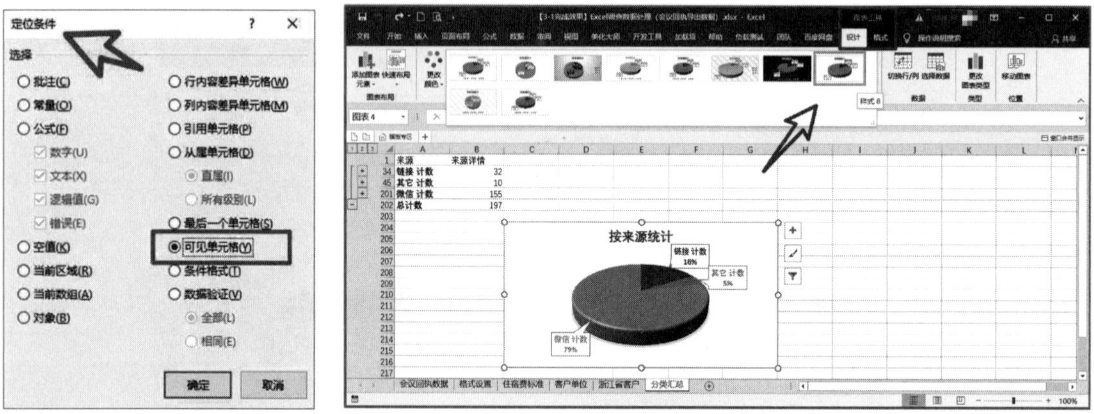

图 3-45　定位可见单元格及图表设置界面

3.2.3　任务总结

（1）利用在线调查工具“问卷星”收集会议回执信息。

（2）使用 Shift 键在表中选择连续区域，先单击需选择区域的左上角，拖动滚动条到需选择区域的右下角，按住 Shift 键，在区域右下角位置单击，即可选定该区域。

（3）网页内容粘贴到 Excel 时，数据一般会带有网页中的格式，可通过“两次复制粘贴”去除格式（第 1 次直接粘贴，第 2 次选择性粘贴）。

（4）筛选操作时，多个数据项之间的筛选条件只能是“与”关系的，如果不同数据项之间的条件关系为“或”关系，则需要用“高级筛选”。

（5）分类汇总操作前，数据必须对分类项进行排序。图表移动到指定区域时，需要按住 Alt 键，先对齐区域的左上角单元格，再对齐区域的右下角单元格。

（6）通过自定义数据类型，可对单元格内容判断后设置格式，如“[=1] "男"; [=2] "女";”，可实现对性别的快速输入。条件格式只限使用三个，其中两个是明确的条件，另一个是“其他情况”的隐含条件，如将考试成绩分为三段：“[>85] "优秀"; [>60] "及格"; "不及格";”。

3.2.4　任务巩固

下载本案例素材文件，按要求完成有关操作。

案例素材下载地址：https://icourse.ywicc.edu.cn/Res/ResList.aspx?CourseId=830。

测试一下

每次测试 30 分钟，最多可进行 2 次测试，取最高分作为测试成绩。

扫码进入测试 ››

项目 8 在线调查数据处理

3.3 项目 9 在线文档数据处理

3.3.1 任务描述

小吴为某高校教研室主任，现需要组织教师为下一学期开设的课程征订教材，为方便收集教师填写的教材信息，他先制作一个教材征订信息表，通过“腾讯文档”在线编辑功能，授权给指定人员编辑，最后直接下载在线文档进行后续数据处理。

具体操作要求请扫码查看 ››

操作要求

本项目完成效果如图 3-46 所示。

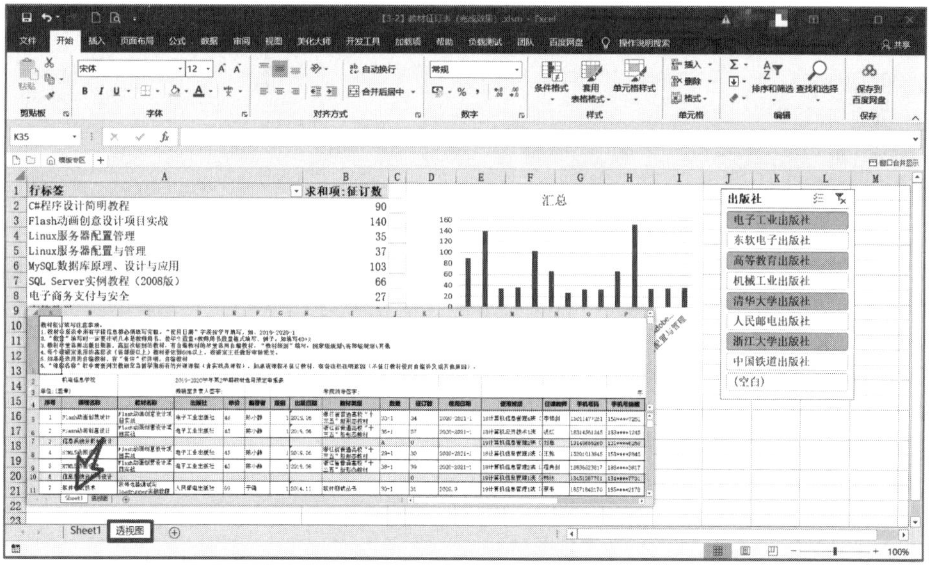

图 3-46 本项目完成效果

3.3.2 任务实现

将素材文件重命名为“XXX 的在线文档数据处理.xlsx”，其中 XXX 为你的学号加姓名，在素材文件中完成下列操作。

1. 在线文档，协同办公

在线文档操作

将事先制作好的文档，通过团队 QQ 群（或钉钉群等）发布为在线文档，并设置用户的编辑权限，供用户在线编辑填写对应的数据，可自动保存汇总，提高信息收集的效率。以腾讯文档为例（网址：https://docs.qq.com/），在线编辑界面如图 3-47 所示。

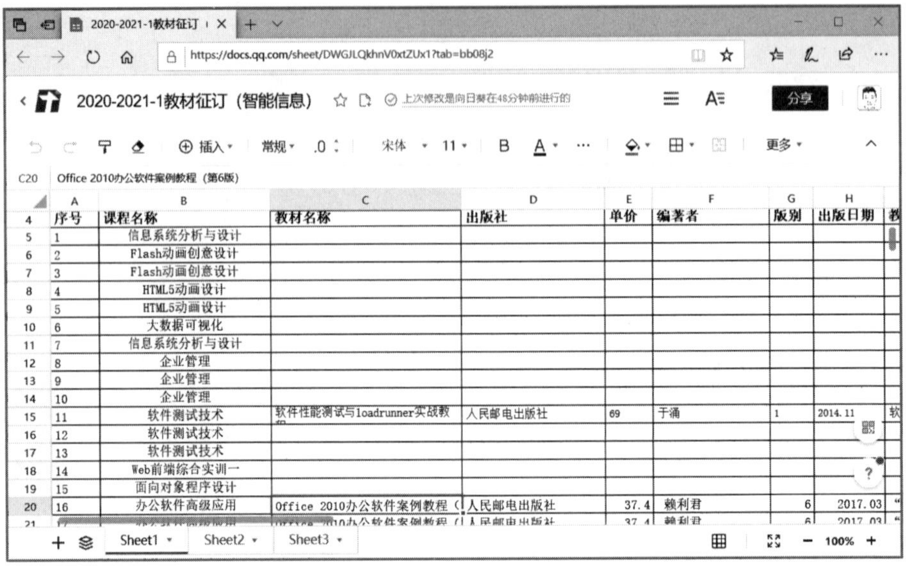

图 3-47　腾讯文档在线编辑界面

腾讯文档可通过 QQ、微信、复制链接、生成二维码等方式分享给指定人员。分享在线文档操作如图 3-48 所示。

图 3-48　腾讯文档分享给指定人员

2. 表格设置

小吴已通过在线文档收集了数据，但之前并未对表格做一些基本设置，请打开“教材征订表.xlsx”，在 Sheet1 中帮他完成以下设置。

页面设置：纸张方向为横向，页边距上、下 1cm，左、右 0.5cm，页眉和页脚 0.5cm，水平居中；页脚格式为“第 1 页，共？页”；打印缩放设置“将所有列调整为一页”；第 4 行设为顶端标题行，打印区域为 A:P。

单元格设置：第 4 行数据区域设置“填充颜色”为深蓝，文字 2，淡色 80%；字体微软雅黑，10 磅，加粗，居中，行高 22 磅；所有单元格垂直对齐方式居中。

数据验证

数据验证：设置“单价”列只允许输入 10～200 之间的数值，允许输入小数。输入信息设置如下，标题“单价输入要求”，输入信息“请输入 10-200 之间的数”；出错警告设置如下，样式“停止”，标题“输入数据不符合要求”，错误信息“单价只允许输入 10-200 之间的数”。数据验证设置，如图 3-49 所示。

条件格式化

条件格式化：利用条件格式化功能将“征订人”为空的数据行，设置填充颜色#FDE9D9。使用 ISBLANK($O5) 函数，判断 O5 单元格是否为空。O 前加$锁定，使条件格式对满足条件的数据行有效。条件格式化设置如图 3-50 所示。

图 3-49　数据验证设置

图 3-50　条件格式化设置

窗口拆分：选中第 5 行，单击“视图”选项卡下的“拆分”按钮，即可显示窗口拆分效果，窗口拆分位置线可以随意拖动。拆分后，视窗中有两个“窗口”。窗口拆分效果如图 3-51 所示。

注意：在执行“拆分”前，“选中行”“选中列”“选中单元格”三种状态执行的效果不同，具体差异请实操体验。

文本替换：在“手机号码”列前插入一列，标题为“手机号隐藏”，将手机号码中间 4 位设为*号，再将“手机号码”列设为隐藏。

方法 1：使用 REPLACE 函数，在单元格 O5 中输入“=REPLACE(N5,4,4,"****")”。

REPLACE 函数语法：REPLACE(old_text,start_num,num_chars,new_text)

图 3-51　窗口拆分效果

将 old_text 字符串中的部分字符替换为 new_text；start_num 表示替换开始位置；num_chars 表示替换字符的个数。

方法 2：使用 LEFT、RIGHT 函数，在单元格 O5 中输入“=LEFT(N5,3)& "****"& RIGHT(N5,4)”。LEFT(str,len)，表示从字符串 str 中取左侧 len 个字符，RIGHT(str,len)表示从字符串 str 中取右侧 len 个字符。

方法 3：使用 SUBSTITUTE 函数，在单元格 E2 中输入“=SUBSTITUTE(D2,MID(D2,4,4),"****")”。

SUBSTITUTE 函数：SUBSTITUTE(text,old_text,new_text,[instance_num])

参数说明：text 表示要替换的字符串；old_text 表示要替换的数据；new_text 表示替换为的新数据；instance_num，可选，当第 2 个参数出现多次时，用于指定替换第几个 old_text，如果省略，则替换所有 old_text。该函数不支持通配符，如星号（*）不是代表任意个字符，只代表星号本身。

MID 函数：MID(text,start_num,num_chars)

MID 函数用于取字符串中从指定位置开始的特定数目的字符。如 MID("abcd",2,3)，表示从字符串“abcd”的第 2 个字符开始，取 3 个字符，结果为“bcd”。

3. 数据处理与统计

计算教材征订数：教材征订表中的“数量”部分采用的是表达式形式，如“33+1”表示学生 33 人，教师 1 人。在统计教材征订数量时，需要按表达式的结果处理，如 34。在“数量”列右侧插入一列，在单元格 K4 中输入“征订数”，在名称管理器中使用函数来计算。

计算表达式的结果：用 EVALUATE 函数自动计算表达式结果，如单元格 J5 内容为“33+1”，EVALUATE(J5)的结果为 34。在 Office 的 Excel 中，EVALUATE 函数只有在定义名称后才能使用，WPS 中可直接使用。

名称管理器：Excel 中可以给选定区域或公式命名，后续对该区域或公式的引用可以直接通过命名的名称进行操作。单击“公式→名称管理器”按钮（或者组合键 Ctrl+F3），在打开的对话框中单击“新建”按钮，在打开的“编

名称管理器

辑名称”对话框中设置“名称”为“jisuan”，使用 EVALUATE 函数，计算 J5 单元格内表达式的结果，如“EVALUATE(Sheet1!J5)”。有关操作如图 3-52 所示。

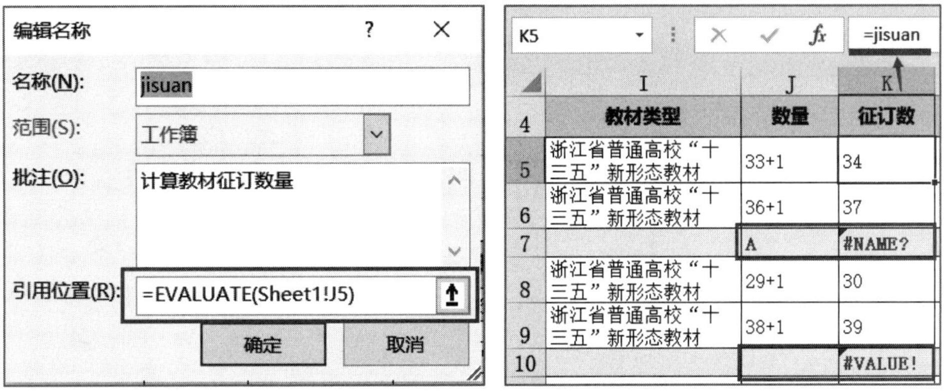

图 3-52　利用 EVALUATE 定义名称计算表达式

因用于计算的表达式“数量”列中，可能存在“空”或非法表达式，造成 EVALUATE 函数返回错误值，如#VALUE!，#NAME?。为提高计算结果的合理性，需先判断表达式计算结果是否有误，若有误，则显示 0。使用 IF、ISERROR 函数改进后的公式为：=IF(ISERROR(EVALUATE(Sheet1!J5))，0，EVALUATE(Sheet1!J5))。进入名称管理器，找到“jisuan”，单击“编辑”即可修改。

文件另存为启用宏的工作簿：EVALUATE 函数为宏表函数，若要正常保存，文件类型须为“Excel 启用宏的工作簿（*.xlsm)”。“.xlsx”格式文件可保存其计算结果，但名称管理器中不会保存对应的名称。注意本任务完成后的文件格式为“*.xlsm”格式。使用宏操作时，保存文档提示信息如图 3-53 所示。

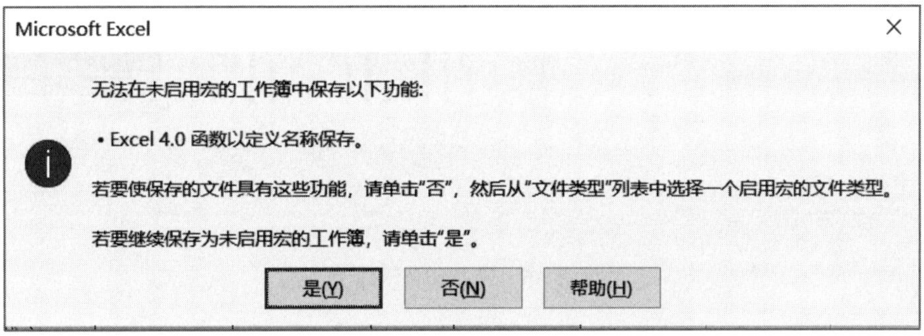

图 3-53　使用宏操作时需保存为启用宏格式的文档

4. 数据透视图

插入一个表，命名为“数据透视图”，利用数据透视图，统计每本教材的征订数，图表类型默认（柱形图），图例项设为“无”，将柱形图移动到 D1:I14 区域。插入“切片器”按“出版社”对透视图表数据进行过滤。完成后的效果如图 3-54 所示。

数据透视图
切片器

切片器：一个可视化的筛选工具。使用切片器，只需要单击相应的数据就能在数据透视表或透视图表中筛选信息。单击数据透视表或透视图，再单击“数据透视表

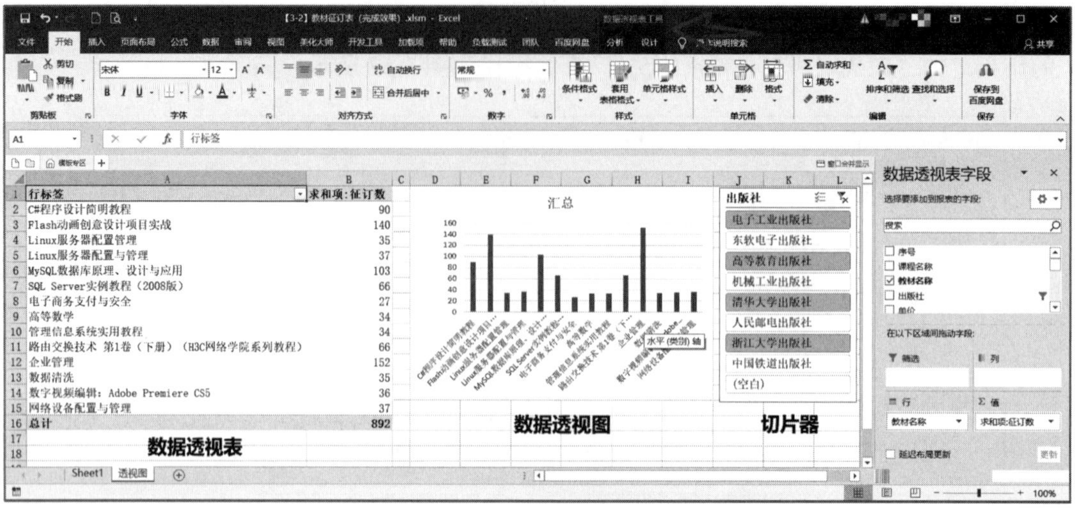

图 3-54　使用切片器对数据透视图表进行筛选

工具→分析→插入切片器”按钮，也可在“数据透视表字段”中相应的字段上右击，在弹出的快捷菜单中选择“添加为切片器”命令。选中切片器，单击“切片器工具”选项卡，可设置切片器的格式，操作如图 3-55 所示。

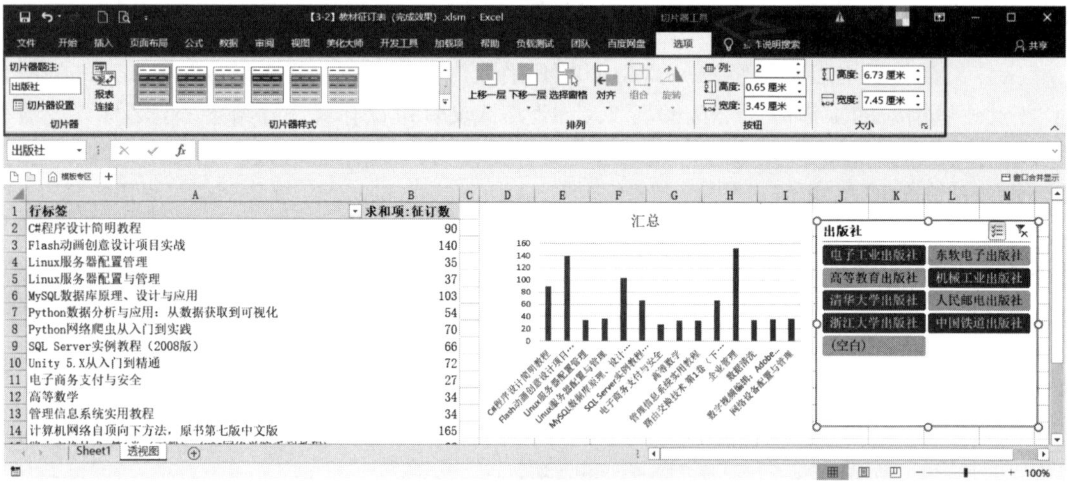

图 3-55　设置切片器格式

3.3.3　任务总结

（1）利用在线文档，可实现多人同时在线编辑同一个文档，适合团队协作办公。

（2）利用数据透视表（图），可实现对数据的分类汇总操作，且数据不需要按分类项排序。

（3）编辑在线文档的不足点是，无法控制用户的编辑范围，每个用户均可编辑整个文档，不能限制每个用户只能编辑本人录入的信息。

（4）若公式录入后，单元格显示公式内容，不显示计算结果，需要将单元格格式设置为“常规”。

（5）切片器可对数据透视图表中的数据进行筛选，一个切片器可连接多个透视图表。右键单击切片器，在弹出的快捷菜单中选择“报表连接”命令即可设置。单击切片器右上角的“多选”图标，可选择多个数据项，也可通过按住 Ctrl 键+单击来选择。按住 Shift 键+单击，可选择连续数据项。单击右上角的“清除筛选器”按钮可去掉已有筛选条件。

EVALUATE 函数为宏表函数，在 MS Office 2019 中不能直接在单元格中使用，需要先定义名称后才能使用。

在 WPS 中，EVALUATE 函数，不需要定义名称可直接使用。文档用 xlsx 格式也可直接保存 EVALUATE 函数及计算结果。WPS 2019 与 MS Office 2019 中使用 EVALUATE 函数对比如图 3-56 所示。

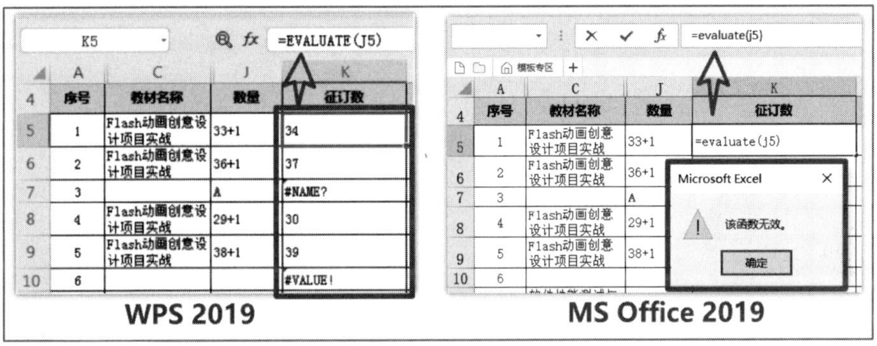

图 3-56　WPS 2019 与 MS Office 2019 中使用 EVALUATE 函数对比

3.3.4　任务巩固

（1）制作一个 Excel 文件，通过腾讯文档或钉钉等平台，通过实践掌握在线文档的有关操作。

（2）下载本案例素材文件，按要求完成有关操作。

案例素材下载地址：https://icourse.ywicc.edu.cn/Res/ResList.aspx?CourseId=830。

测试一下

每次测试 30 分钟，最多可进行 2 次测试，取最高分作为测试成绩。

扫码进入测试 >>

项目 9　在线文档数据处理

3.4　项目 10　微信接龙数据处理

3.4.1　任务描述

小研是某班班长，需要组织班级同学报名征订一批学习资料，因疫情的影响，大家都在家进行在线学习，她准备通过班级微信群接龙的方式让同学们报名，然后对接龙数据进行整理，统计各学科资料报名人数、哪些同学没接龙、哪些同学接龙信息有误等。

具体操作要求请扫码查看 >>

操作要求

本项目完成效果如图 3-57 所示。

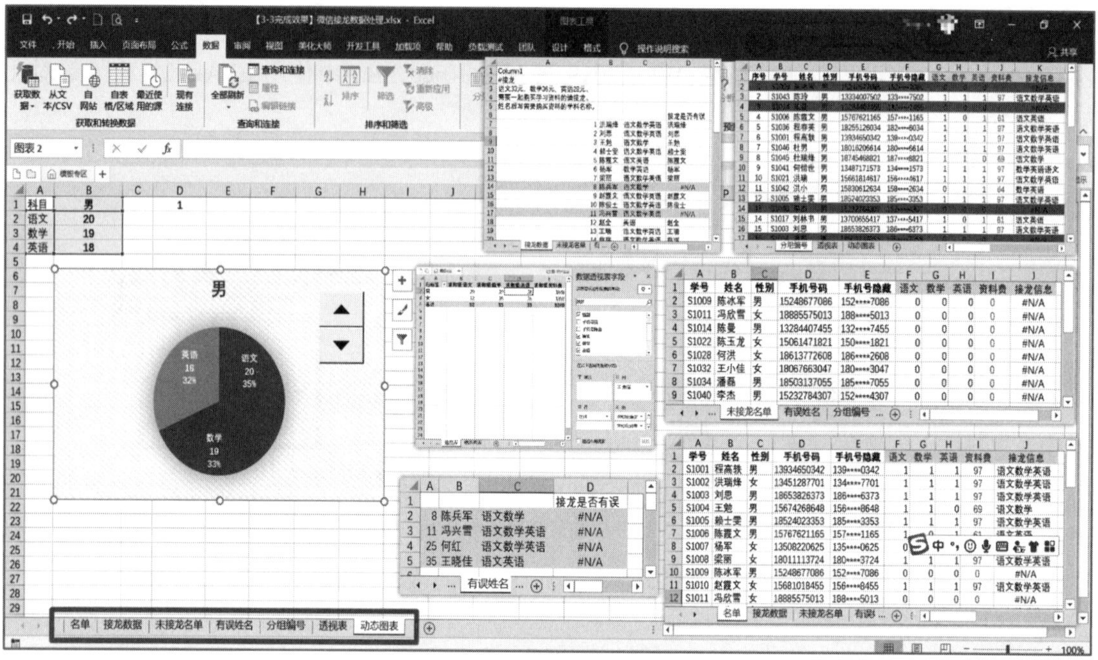

图 3-57　本项目完成效果

3.4.2　任务实现

将素材文件重命名为“XXX 的微信接龙数据处理.xlsx”，其中 XXX 为你的学号加姓名，在素材文件中完成下列操作。

1. 微信群接龙采集数据

微信群接龙，是日常办公过程中收集成员信息的主要方式之一。通过在微信群发起接龙活动，组织班级成员以接龙方式反馈学习资料的购买信息。完成的接龙数据，已复制保存在“微信接龙数据.txt”中。

2. 外部数据导入

外部数据导入

Excel 支持 XML、CSV、JSON、文本、网页、数据库等多种外部数据导入。通过外部数据导入的方式“数据→从文本/CSV”，将“微信接龙数据.txt”导入到 Excel 文件中。若数据内容显示乱码，可修改“文件原始格式”为“65001：Unicode（UTF-8）”，文本显示正常后，单击“加载”按钮即可将数据加载到 Excel 文件中，将对应的数据表标签重命名为“接龙数据”，并移动到“名单”表的右侧。外部数据导入（从文本）修改文件原始格式，如图 3-58 所示。

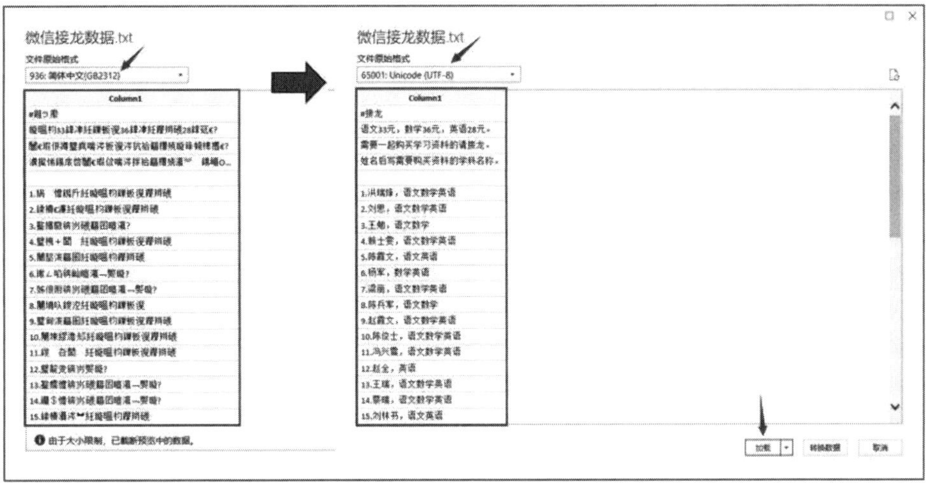

图 3-58　外部数据导入（从文本）修改文件原始格式

3. 接龙数据处理

数据分列：在“接龙数据”表中，通过对 A 列进行两次分列，第 1 次按英文句号“.”分列，第 2 次对 B 列按中文逗号“，”分列。让接龙姓名、购买资料信息单独占一列，接龙姓名在 B 列，购买资料信息在 C 列。数据分列操作后的结果如图 3-59 所示。

数据分列

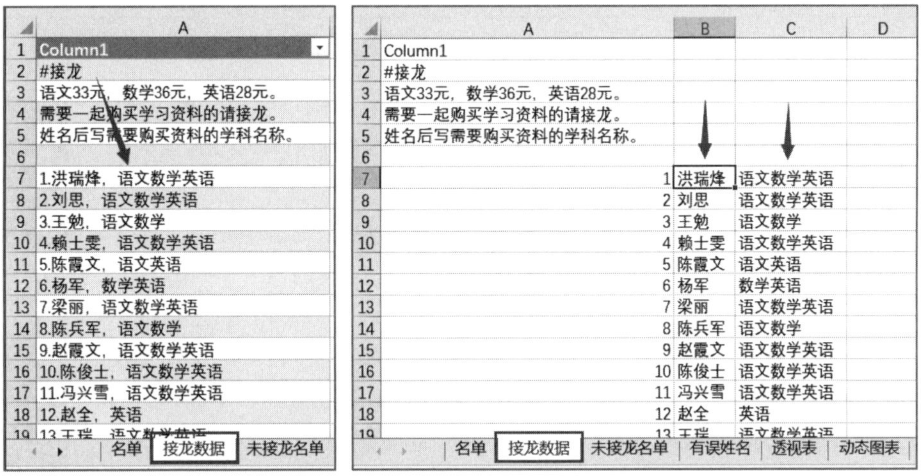

图 3-59　数据分列（将接龙姓名与购买资料信息分离）

查找接龙信息：在“名单”表中，根据姓名，到“接龙数据”表中查找对应的购买资料信息，即根据“名单”表中的姓名，到“接龙数据”表中的“姓名”列进行查询，如果对应姓名能找到，说明此人有接龙信息，则将对应的购买资料信息保存到“名单”表的 J 列中。这里要用到 VLOOKUP 函数。

语法规则：VLOOKUP(lookup_value,table_array,col_index_num,range_lookup)

函数功能：纵向查找函数，与 LOOKUP 函数和 HLOOKUP 函数属于同类函数，功能是按列查找，返回该列所需查询序列对应的值。VLOOKUP 函数常用来处理核对数据、多表之间快速导入数据等操作。VLOOKUP 函数参数说明如表 3-2 所示。

表 3-2 VLOOKUP 函数参数说明

参　数	说　明	输入数据类型
lookup_value	要查找的值	数值、引用或文本字符串
table_array	要查找的区域	数据表区域
col_index_num	返回数据在查找区域的第几列	正整数
range_lookup	模糊匹配/精确匹配	TRUE（或不填）/FALSE

根据“名单”表中的姓名，到“接龙数据”表中的 B:C 区域查询。函数为=VLOOKUP(B2,接龙数据!B:C,2,0)，根据 B2 单元格中的数据到“接龙数据”表的 B 列中查找，找到后返回查 C 列（查找范围的第 2 列）对应的数据。VLOOKUP 要求查找值必须位于查找区域的第 1 列，请对比理解，以便灵活运用。VLOOKUP 函数操作如图 3-60 所示。

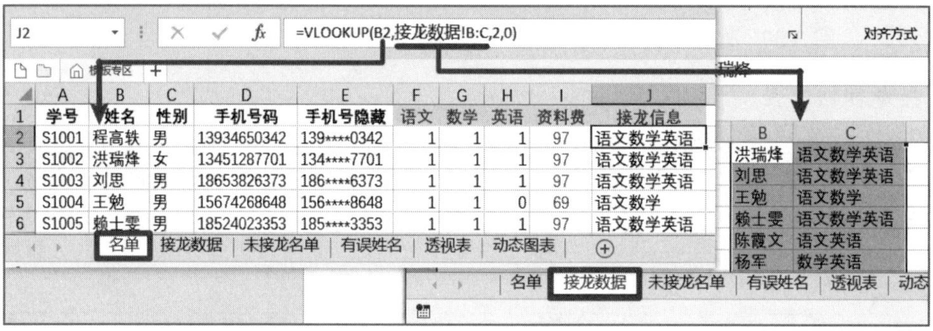

图 3-60 使用 VLOOKUP 查找指定姓名的接龙信息

统计各学科资料数：在“名单”表中，根据 J 列中的购买资料信息，利用 FIND 函数，计算每人各学科资料的购买情况。FIND(查找的文本，包含要查找的文本,指定开始查找的位置)，第 3 个参数省略表示从左边第 1 个字符开始查找。如 FIND(F$1,$J2)，表示查找“语文”在 J2 单元格中是否出现，若出现，表示该生需要购买“语文”资料。当查询失败时结果为错误值“#VALUE！”。可结合 ISERROR(expression)函数，判断一个数字或表达式是否错误。如果 expression 参数表示一个错误，则 ISERROR 返回 TRUE；否则返回 FALSE。改进后的函数为：=IF(ISERROR(FIND(F$1,$J2)),0,1)。

函数嵌套应用

数组公式：使用数组公式，在“名单”表中计算“资料费”，资料费按语文 33 元/本，数学 36 元/本，英语 28 元/本进行计算。注意数组公式输入完成后，需要按 Ctrl+Shift+Alt 组合键。

数组公式

查找接龙姓名有误的数据：在“接龙数据”表中，在单元格 D6 中输入“接龙是否有误”，根据接龙姓名，到“名单”表中进行查询，结果存入 D 列对应单元格中，如=VLOOKUP(B14,名单!B:B,1,0)，查询失败的结果为“#N/A”。使用 VLOOKUP 函数查找接龙姓名有误的数据操作如图 3-61 所示。

数据筛选：在“名单”表的 J 列、“接龙数据”表的 D 列进行筛选，选出数据为“#N/A”的单元格，将筛选结果分别复制到“未接龙名单”“有误姓名”表中，并将数据区域设置最佳列宽。

分组编号：新建一个工作表，命名为“分组编号”，将“名单”表中的数据复制到该表中，在“分组编号”表中，将“资料费”列中的数组公式改为非数组公式（因为数组公式计

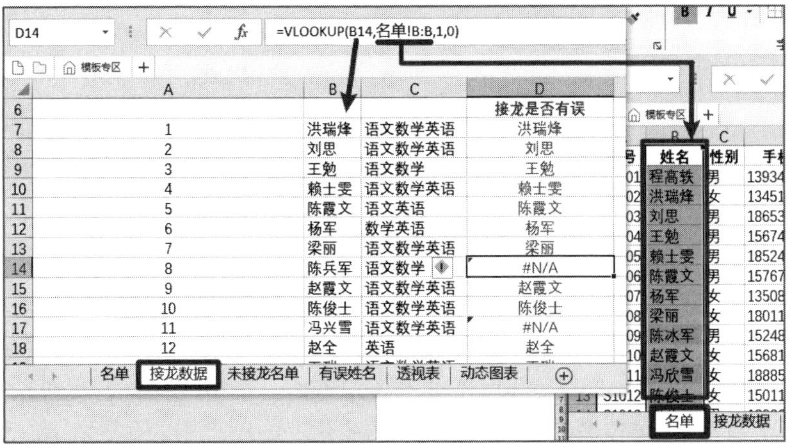

图 3-61 使用 VLOOKUP 函数查找接龙姓名有误的数据

算结果无法排序）。按主要关键字“性别”、次要关键字“姓名”进行排序。在最左侧插入一列，标题为“序号”，利用公式编排序号，要求分别按“性别”编序号，即男生从 1 开始编号，女生也从 1 开始编号。可使用 COUNTIF 函数处理，注意要使用绝对地址。操作如图 3-62 所示。

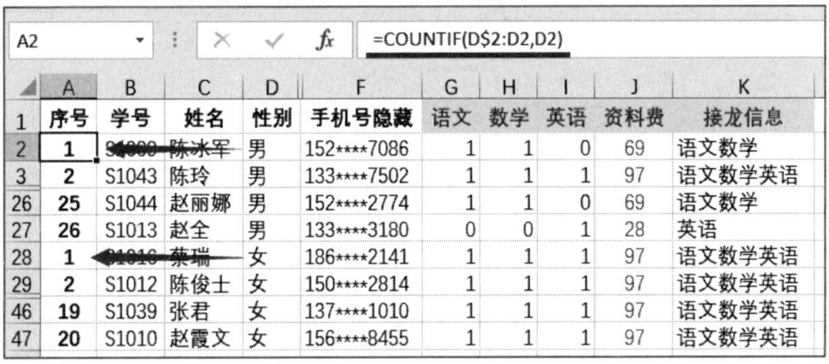

图 3-62 按分组编排序号

下面制作动态图表。

数据透视表：根据“名单”表中的数据，插入一个数据透视表，按“性别”统计各科资料数及总资料费，结果顶格保存到“透视表”中。

在“动态图表”表中，根据 A 列中的科目，及 D1 单元格的值，到“透视表”中取指定性别各学科的资料数。如 D1 单元格中的值为 1 时显示“男生”，为 2 时显示“女生”，为 3 时显示“总计”。可使用 OFFSET 函数处理。

动态图表

OFFSET 函数的功能：以指定的引用为参照系，通过给定的偏移量得到新的引用。返回的引用可以为一个单元格或者单元格区域，并可以指定返回的行数或列数。

语法格式：OFFSET(基准位置,向下或上偏移几行,向右或左偏移几列,引用区域的高度,引用区域的宽度)。如 OFFSET(透视表!B1,1,0)，函数返回透视表中 B1 单元格向下偏移 1 行的单元格，即 B2，为男生购买“语文”资料数。

使用 OFFSET 函数在“动态图表”中获取“透视表”中指定的数据，操作如图 3-63 所示。

插入图表：根据 A1:B4 区域中的数据，插入一个饼图，设置图表样式为“样式 11”，图例项为“无”，数据标签为“最佳匹配”，标签包括“类别名称、值、百分比”，分隔符为“（新文本行）”，将饼图移动到 B6:H21 区域。

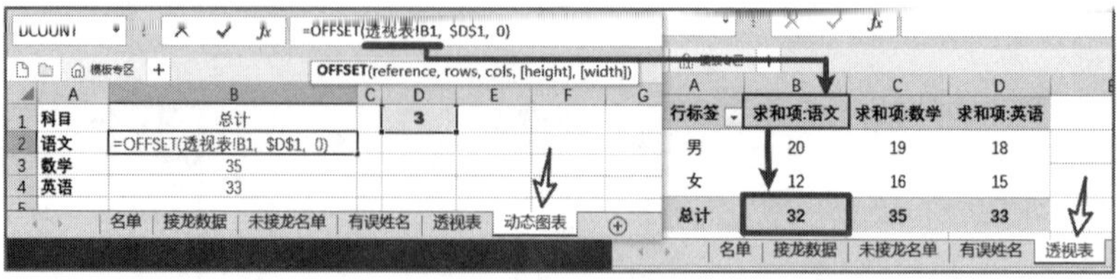

图 3-63　使用 OFFSET 函数获取指定数据

开发工具应用：若“开发工具”选项卡未显示，单击“文件→选项→自定义功能区”，在右侧勾选“开发工具”即可。在“开发工具”选项卡中，单击“插入”按钮，在下拉列表中选择“数值调节钮”，用于控制单元格 D1 数值的变化，右键单击控件，在弹出的快捷菜单中选择“设置控件格式”命令，在打开的“设置控件格式”对话框中设置“最小值”为 1，“最大值”为 3，“步长”为 1。完成后，单击调节钮，即可在“男”“女”“总计”三组数据之前切换。对应操作如图 3-64 所示。

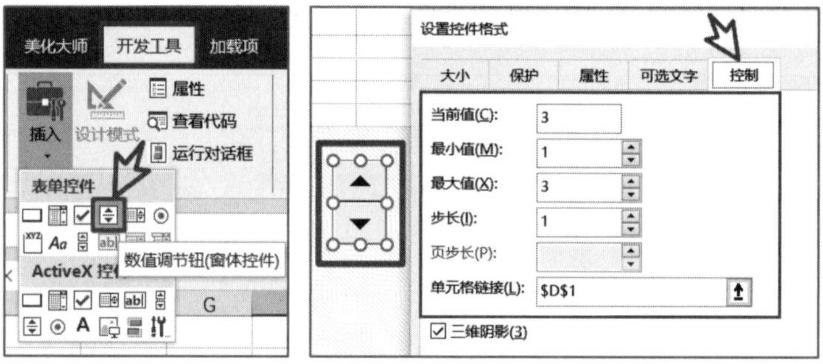

图 3-64　动态图表（单击上下箭头可切换性别并统计对应数据）

条件格式化：在“分组编号”表的 A1:K47 区域，将没有购买资料的数据行设置填充颜色#FF5050。在“接龙数据”表的 A7:D48 区域，根据 D 列数据，将接龙姓名有误的数据行设置填充颜色#FFFF00。判断接龙是否有误可以使用 VLOOKUP 函数处理，当接龙有误时，其结果为“#N/A”，在设置条件格式化时，需要使用 ISERROR 函数来实现。要注意的是，在设置条件格式化时，用于条件的单元格地址需用混合引用。有关操作如图 3-65 所示。

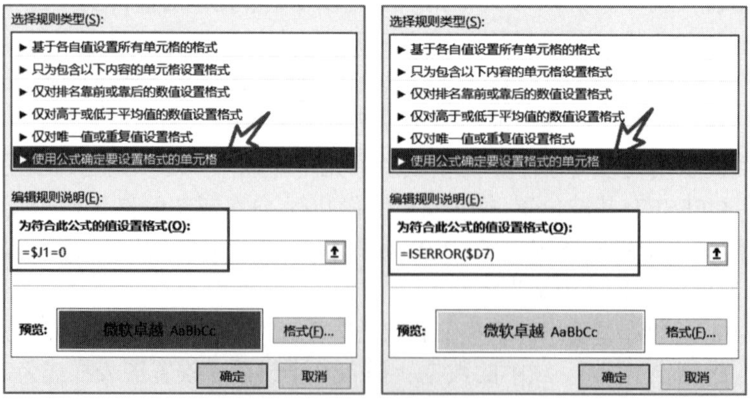

图 3-65　按条件设置格式

3.4.3　任务总结

（1）利用数组公式，可实现对选定区域的批量计算。数组公式的计算结果，不能对单个值进行修改，如要修改，需要用数组公式重新计算，或去除原数组公式。数组公式输入完成后，需要按组合键 Ctrl+Shift+Enter，不要求三个键同时按下，先按住 Ctrl（不松开），再按住 Shift（不松开），然后按一下 Enter 键，最后松开 3 个键即可。

（2）利用 ISERROR 函数可判断计算结果是否为错误值，再用 IF 函数加以判断，若为错误值，可用空或 0 表示。ISERROR 值可为任意错误值（#N/A、#VALUE!、#REF!、#DIV/0!、#NUM!、#NAME?或#NULL!）。

（3）在 VLOOKUP 函数中，第 3 个参数是返回数据在查找区域的第几列，不是返回数据自身的列号。

（4）OFFSET 函数，用于相对指定区域或单元格进行偏移，获取另一位置的数据。前三个参数必须有，不可省略，第四、第五个参数可以省略，省略后表示和参照系相同的行数或列数。如 OFFSET(C1,2,0,1,1)与 OFFSET(C1,2,0)结果相同，都为 C3。

（5）设置条件格式化时，如要让满足条件的数据所在行都设置格式，则用于条件的单元格需使用混合地址。如=ISERROR($D7)，列标 D 前需加$。

3.4.4　任务巩固

下载本案例素材文件，按要求完成有关操作。

案例素材下载地址：https://icourse.ywicc.edu.cn/Res/ResList.aspx?CourseId=830。

测试一下

每次测试 30 分钟，最多可进行 2 次测试，取最高分作为测试成绩。

扫码进入测试 >>

项目 10　微信接龙数据处理

3.5　项目 11　产品销售数据处理

3.5.1　任务描述

小义是某电商贸易公司的一名员工，日常负责对公司产品销售数据进行统计分析，主要包括统计各产品的总销售数量、总销售额，没有销售记录的产品，统计指定地区的销售信息等，并用数据透视图呈现有关数据等。

具体操作要求请扫码查看 >>

操作要求

本项目完成效果如图 3-66 所示。

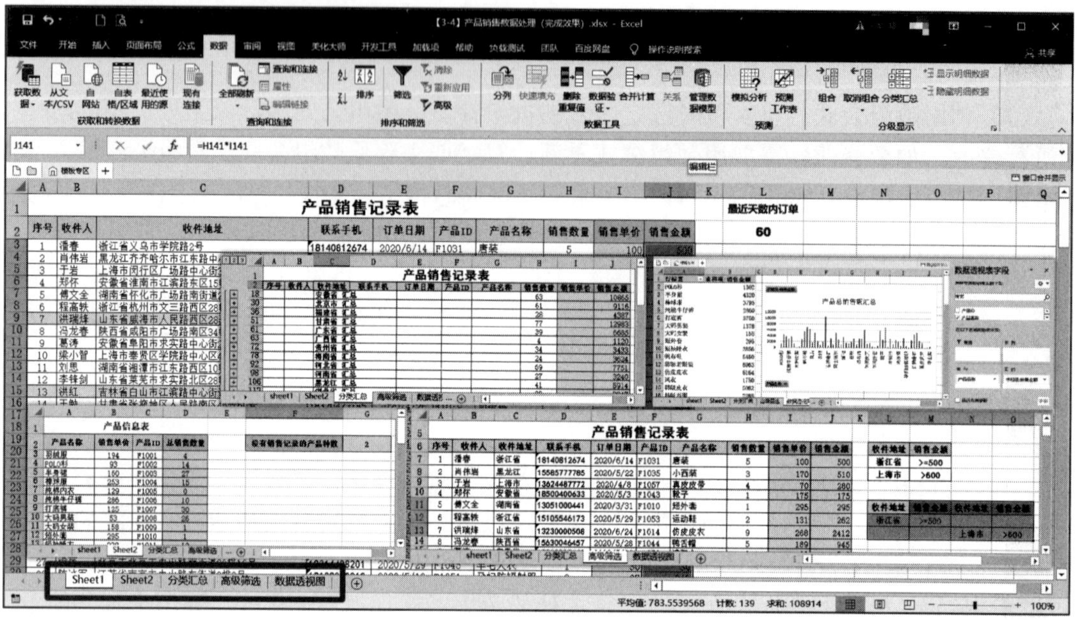

图 3-66　本项目完成效果

3.5.2　任务实现

将素材文件重命名为“XXX 的产品销售数据处理.xlsx”，其中 XXX 为你的学号加姓名，在素材文件中完成下列操作。

1. 表格设置

数据验证：对指定区域设置数据验证规则，使其只能输入指定的内容，可规范 Excel 中数据输入的有效性。当输入内容不满足条件时，可弹出指定的提示内容。

在 Sheet1 中，对“产品 ID”列设置数据验证，使其只允许输入长度为 5 的文本；输入信息设置为，标题“产品 ID”，输入信息“长度为 5 个字符”；出错警告设置为，样式“警告”，标题“产品 ID 长度有误”，错误信息“产品 ID 长度必须为 5”。

冻结窗格：在滚动表格过程中，为便于查看标题行信息，要使前 2 行固定，可使用冻结窗格。选中第 3 行，单击“视图→冻结窗格”按钮，在弹出的下拉列表中选择“冻结窗格”命令。另有“冻结首行”“冻结首列”命令，可自行操作查看效果。冻结窗格后，界面只有一个“窗口”。

“冻结窗格”与“拆分”不能同时被设置，设置“拆分”时已有“冻结窗格”的设置会被自动取消；设置“冻结窗格”时已有“拆分”设置的会保留设置状态，当“冻结窗格”取消时会自动恢复到“拆分”状态。在执行“冻结窗格”命令前，“选中行”“选中列”“选中单元格”三种状态执行的效果不同，具体差异请实操体验。

条件格式化：在 Sheet1 表中，使用公式计算单元格 L2，其值为“当前日期”减去 2020-7-1 的差值，即“=TODAY()-DATE(2020,7,1)”。根据“订单日期”及单元格 L2 中设置的天数，将“订单日期”距离“当前日期”的天数在单元格 L2 指定天数内的数据行设置填充颜色 #FDE9D9。当单元格 L2 的数据为 20，“当前日期”为 2020-7-21 时，条件格式化效果如图 3-67 所示。

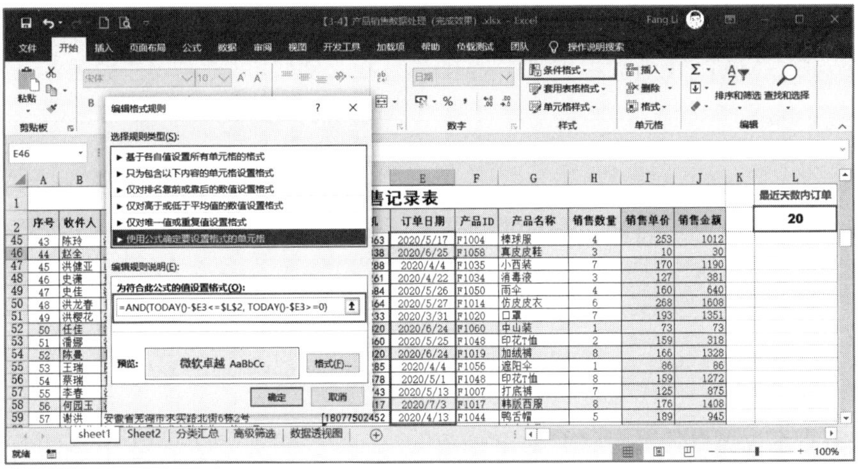

图 3-67　条件格式化

2. INDEX+MATCH 函数应用

INDEX 函数：返回指定的行与列交叉处的单元格引用。如果引用由不连续的选定区域组成，可以选择某一连续区域。如果引用不连续的区域，必须用括号括起来。如果引用中的每个区域只包含一行或一列，则相应的参数 row_num 或 column_num 分别为可选项。如对单列的引用，可以使用=INDEX(B:B,4)，结果为第 B 列，第 4 行对应单元格，即 B4。

函数嵌套应用

语法格式：INDEX(reference,row_num,column_num,area_num)

参数说明：reference 表示对一个或多个单元格区域的引用；row_num 表示引用中某行的行号，函数从该行返回一个引用；column_num 表示引用中某列的列标号，函数从该列返回一个引用；area_num 表示选择引用中的一个区域，并返回该区域中 row_num 和 column_num 的交叉区域。选中或输入的第一个区域序号为 1，第二个为 2，以此类推。如果省略 area_num，函数 INDEX 使用区域 1。如引用描述的单元格区域为（A1:B4，D1:E4，G1:H4），则 area_num=1 为区域 A1:B4，area_num=2 为区域 D1:E4。

MATCH 函数：返回指定数值在指定区域中的位置。

语法格式：MATCH(lookup_value,lookup_array,[match_type])

参数说明：lookup_value，用于查找的值，即查询条件，可以为值（数字、文本或逻辑值）或对数字、文本或逻辑值的单元格引用；lookup_array 表示要搜索的单元格区域，即查找范围；match_type 为可选参数，数字−1、0 或 1，默认值为 1。match_type 参数用于指定 Excel 如何在 lookup_array 中查找 lookup_value 的值。

- match_type：1 或省略，表示 MATCH 查找小于或等于 lookup_value 的最大值。lookup_array 中的值必须按升序排列，例如，…，−2，−1，0，1，2，…，a−z，false，true。
- match_type：0，表示 MATCH 函数会查找等于 lookup_value 的第一个值。lookup_array 参数中的值可以按任何顺序排列。
- match_type：−1，表示 MATCH 查找大于或等于 lookup_value 的最小值。lookup_array 中的值必须按降序排列，例如，true，false，z−a，…，2，1，0，−1，−2，…

根据 Sheet1 中的“产品 ID”到 Sheet2 中查询“销售单价”，使用嵌套函数为：=INDEX(Sheet2!$B$3:$B$62,MTACH(F3,Ssheet2!$C$3:$C$62,0))。首先通过 MATCH 函数查询“产品

ID”在 Sheet2 中所在的行号，再用 INDEX 函数返回该行号对应的“销售单价”中的数据。

使用 INDEX+MATCH 函数根据“产品 ID”查找“销售单价”，操作如图 3-68 所示。

I3 =INDEX(Sheet2!$B$3:$B$62, MATCH(F3, Sheet2!$C$3:$C$62, 0))

	A	B	C	D	E	F	G	H	I	J
1	产品销售记录表									
2	序号	收件人	收件地址	联系手机	订单日期	产品ID	产品名称	销售数量	销售单价	销售金额
3	1	潘春	浙江省义乌市学院路2号	18140812674	2020/6/14	F1031	唐装	5	48	240
4	2	肖伟岩	黑龙江齐齐哈尔市江东路中心街道22栋49号	15585777785	2020/5/22	F1035	小西装	3	170	510
5	3	于岩	上海市闵行区广场路中心街32排46号	13624487772	2020/4/8	F1057	真皮皮带	4	70	280
6	4	郑怀	安徽省淮南市江滨路东区15幢1号	18500400633	2020/5/3	F1043	靴子	1	175	175
7	5	傅文全	湖南省怀化市广场路南街道24排82号	13051000441	2020/3/31	F1010	短外套	1	295	295
8	6	程高轶	浙江省杭州市文三路西区28幢5号	15105546173	2020/5/29	F1053	运动鞋	2	131	262

图 3-68　INDEX+MATCH 函数应用

提示：该查询也可以使用 VLOOKUP 函数的反向查找实现，如：=VLOOKUP(F3,IF({1,0},Sheet2!C3:Sheet2!C62,Sheet2!B3:Sheet2!B62),2,0)，VLOOKUP 要求查找值必须位于查找区域的第 1 列，此处使用 IF({1,0},Sheet2!C3:Sheet2!C62,Sheet2!B3:Sheet2!B62)重构查询区域的第 1 列为 C 列，第 2 列为 B 列。请对比理解，以便灵活运用。

3. SUMIF 函数应用

语法规则：SUMIF(range,criteria,sum_range)

函数功能：对满足条件的单元格求和。SUMIF 函数只能用一个条件，另有 SUMIFS 函数，可对一组给定条件指定的单元格求和。

参数说明：range 为条件区域，criteria 为条件，sum_range 为求和区域。

4. COUNTIF 函数应用

语法规则：COUNTIF(range,criteria)

函数功能：计算某个区域中满足给定条件的单元格数目。COUNTIF 函数中只能有一个条件。另有 COUNTIFS 函数，可统计一组给定条件所指定的单元格数。

参数说明：range 为条件区域，criteria 为条件。

5. 跨表格引用

在 Excel 中使用公式计算时，在一个单元格中不可引用本单元格。如在 A1 单元格中输入公式“=A1+2”，会造成单元格的循环引用而产生错误。

跨表格引用

将 Sheet1“产品销售记录表”中的数据复制到 Sheet3 中，让“收件地址”只显示前三个汉字（省份名），可使用 LEFT 函数进行计算。因计算结果需要保存在原“收件地址”的位置，在计算时需要从 Sheet1 表中获取原收件地址，即跨表格引用，跨表格引用运算符为“!”，公式内容如“=LEFT(Sheet1!C3,3)”。操作完成后，将 Sheet3 中的数据复制到 Sheet4。

6. 分类汇总

在 Sheet3 中，使用分类汇总功能按“收件地址”对“销售数量”和“销售金额”进行汇总。完成后将 Sheet3 重命名为“分类汇总”。

注意：执行分类汇总操作之前，需将数据按分类项（收件地址）排序。

7. 高级筛选

高级筛选

在 Sheet4 中，筛选出“收件地址”是“浙江省”，且“销售金额”大于等于 500 元；或者“收件地址”是“上海市”，且“销售金额”大于 600 元的所有销售记录，将 Sheet4 重命名为“高级筛选”。

设置高级筛选的条件时要注意以下 4 点：

1）筛选条件的标题（字段名称）要与数据表中的标题一致。

2）筛选条件中的值在同一行表示逻辑“与”关系。

3）筛选条件中的值在不同行表示逻辑“或”关系。

4）高级筛选的条件区域与数据区域最好不要连续，左右放置时至少空一列，上下放置时至少空一行。

图 3-69 所示设置的高级筛选条件含义如下。

条件①：条件值在同一行，表示逻辑“与”关系。

对应条件为“收件地址=浙江省”并且“销售金额>=500”。

条件②：条件值在同一行，表示逻辑“与”关系。

对应条件为“收件地址=上海市”并且“销售金额>600”。

条件③：是条件①与条件②的组合，其条件值在不同行，表示逻辑“或”关系。

对应条件为“收件地址=浙江省 且 销售金额>=500”或“收件地址=上海市 且 销售金额>600”。

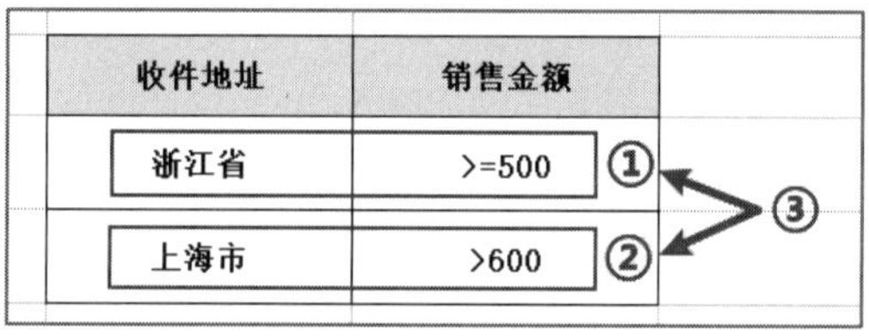

图 3-69　高级筛选条件设置（1）

高级筛选条件组合顺序：先将同一行的条件用“与”关系连接，再将不同行的条件用“或”关系连接。

上述条件也可按图 3-70 所示设置。

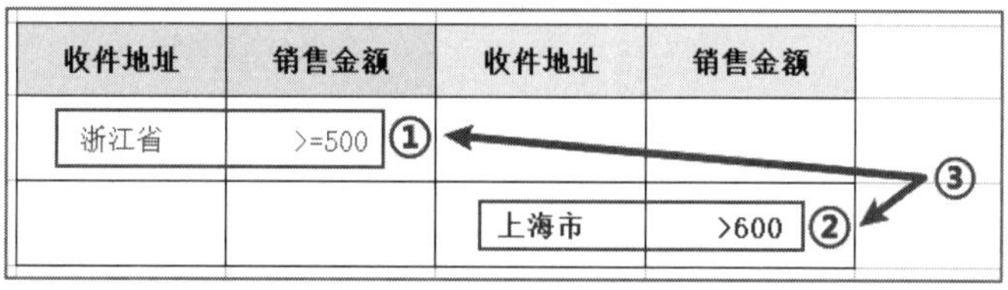

图 3-70　高级筛选条件设置（2）

高级筛选的条件区域设置好后，鼠标单击数据区域的任意单元格，再单击“数据”选项卡下“排序和筛选”功能区中的“高级”按钮，系统会自动选中与当前光标所在位置连续的区域。为避免系统自动选择区域出现错误，建议将条件区域与数据区域不要连续，若左右放置则至少空一列，若上下放置则至少空一行，如图 3-71 所示。

8. 数据透视图（表）

数据透视表是一种交互式的表，可以进行某些计算，如求和与计数等，所进行的计算与数据跟数据透视表中的排列有关，可改变版面布置，以便按照不同方式分析数据。每一次改

图 3-71　高级筛选数据区域与条件区域放置位置

变版面布置时，数据透视表会立即按照新的布置重新计算数据。另外，如果原始数据发生更改，则可以更新数据透视表。

可使用数据透视表汇总、分析、浏览和呈现汇总的数据。数据透视图通过对数据透视表中的汇总数据添加可视化效果，以便用户直观地查看。数据透视表可实现数据分类汇总的功能，且数据无须对分类项排序。完成后的产品总销售额汇总数据透视图如图 3-72 所示。

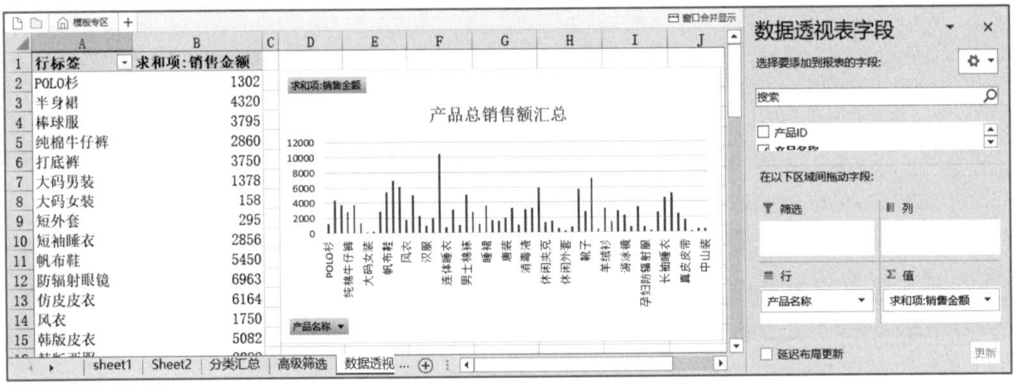

图 3-72　产品总销售额汇总数据透视图

3.5.3　任务总结

（1）数据验证，可对输入内容进行有效性验证，提高数据输入的规范性。

（2）INDEX+MATCH 可根据指定条件，到指定范围查找满足条件的值，功能与 VLOOUP 函数类似，但更灵活，VLOOUP 函数要求查找值必须位于查找区域的第一列。

（3）利用 MATCH 函数进行查找时，默认查找条件为一个数值，若查询条件包含多个数值，如根据单元格 A2、B2 两项数据，到 K、L 两列中查询，则需要使用数组公式“=MATCH (A2&B2,K:K&L:L,0)”，公式输入后，需要按 Ctrl+Shift+Enter 组合键。

（4）使用 SUMIF、COUNTIF 函数，可执行相关统计操作。

（5）利用公式进行计算时，不能引用本单元格的内容，避免单元格的循环引用。

（6）进行分类汇总操作时，需要先对分类项排序。

（7）用填充柄拖动公式计算时，对不需要自动改变的内容，要使用绝对地址。

3.5.4 任务巩固

下载本案例素材文件，按要求完成有关操作。

案例素材下载地址：https://icourse.ywicc.edu.cn/Res/ResList.aspx?CourseId=830。

测试一下

每次测试 30 分钟，最多可进行 2 次测试，取最高分作为测试成绩。

扫码进入测试 >>

项目 11 产品销售数据处理

3.6 项目 12 制作财务报销单

3.6.1 任务描述

小希是某企业财务工作人员，为规范员工差旅费用的报销单据，现准备制作一个财务差旅费用报销单模板，通过设置文档保护功能，只允许填表人在允许的区域内填写信息，要求报销总金额、金额大写、填表日期等自动生成。

本项目完成效果如图 3-73 所示。

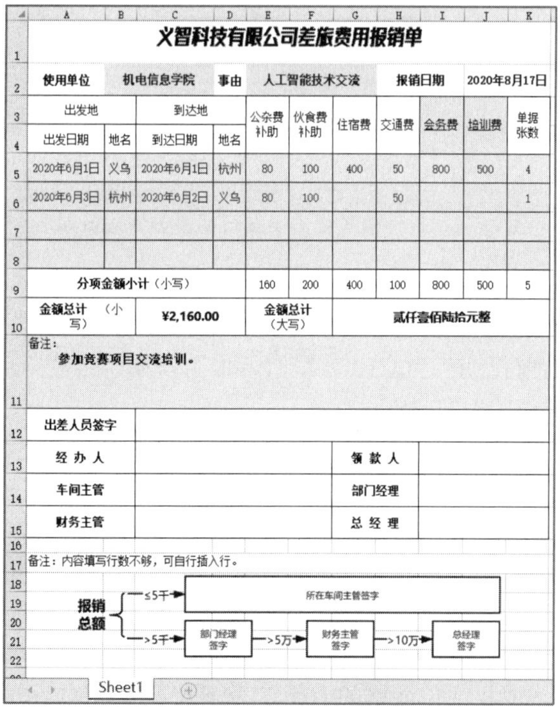

图 3-73 本项目完成效果

3.6.2 任务实现

将素材文件重命名为“XXX 制作的报销单.xlsx”，其中 XXX 为你的学号加姓名，在素材文件中完成下列操作。

1. 数据验证

在“日期”表的单元格 A1 中，输入当期日期，格式为“YYYY 年 M 月 D 日”，在区域 A2:A90 中，根据单元格 A1 中的日期，以每次递减 1 天的方式输入最近的 89 天。

数据验证

在 Sheet1 表中，对“出发日期”“到达日期”两列设置数据验证，使其只允许选择“日期”表 A1:A90 区域中的值；输入信息设置为：标题“输入要求”，输入信息“只允许输入最近 90 天的日期”；出错警告设置为：样式“停止”，标题“输入日期不符合要求”，错误信息“只允许输入最近 90 天的日期”。

2. 条件格式化

条件格式化

在 Sheet1 表中，根据“出发日期”“到达日期”两列数据，对数据区域 A5:K8 中的数据，将“出发日期”晚于“到达日期”的数据行设置填充颜色#FCE4D6。条件格式化设置操作如图 3-74 所示。

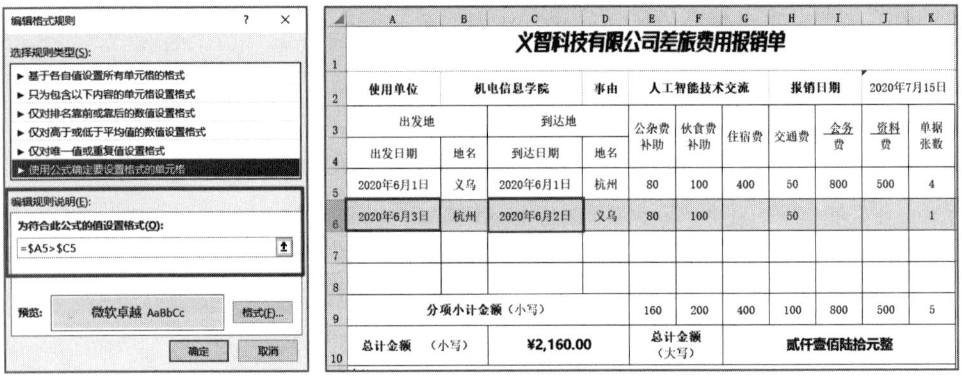

图 3-74 条件格式化（出发日期晚于到达日期）

3. 公式函数应用

“报销日期”：根据“总计金额（小写）”C10 中的内容来设置，当 C10 内容不为空时，让“报销日期”自动显示当前日期；当 C10 为空时，报销日期也为空。可使用 IF 函数+TODAY 函数来实现，如=IF(C10<>"",TODAY(),"")。

“分项小计金额（小写）”栏，为 E 列到 K 列中各项的小计，可使用 SUM 函数+OFFSET 函数处理。

OFFSET 函数语法规则：OFFSET(Reference,Rows,Cols,[Height],[Width])

函数功能：以指定的引用为参照系，通过给定偏移量得到新的引用。返回的引用可以为一个单元格或单元格区域，并可以指定返回的行数或列数。

金额小计

参数说明：

Reference：对单元格或相邻单元格的引用，否则会返回#VALUE 错误；

Rows：相对于偏移量参照系的左上角单元格，上（下）偏移的行数，Rows>0 时向下偏移，Rows<0 时向上偏移；若 Rows 超出表格范围，返回#REF!错误；

Cols：相对于偏移量参照系的左上角单元格，左（右）偏移的列数，Cols>0 时向右偏移，Cols<0 时向左偏移；若 Cols 超出表格范围，返回#REF!错误；

参数 Height 和 Width 为可选项：Height 表示返回引用的高度；Width 表示返回引用的宽度；当引用一个单元格时，Height 和 Width 都为 1；当引用多个单元格时，Height 和 Width 可以都指定与引用单元格同样的高度和宽度，也可指定为大于引用单元格的高度和宽度。如果省略 Height 和 Width，将返回与引用单元格同等大小的区域。Height 可以为负，-x 表示当前行向上的 x 行；Width 可以为负，-x 表示当前行向左的 x 列。

OFFSET(E4,1,0)，表示以单元格 E4 为参照位置，向下移 1 行，即为 E5 单元格。

OFFSET(E9,-1,0)，表示以单元格 E9 为参照位置，向上移 1 行，即为 E8 单元格。

OFFSET(A1,3,2,3,2)，表示以单元格 A1 为参照位置，向下移 3 行，向右移 2 列，得到 C4，再以 C4 为起点，向下取 3 行，向右取 2 列，得到新的引用区域 C4:D6。

OFFSET 函数位置偏移如图 3-75 所示。

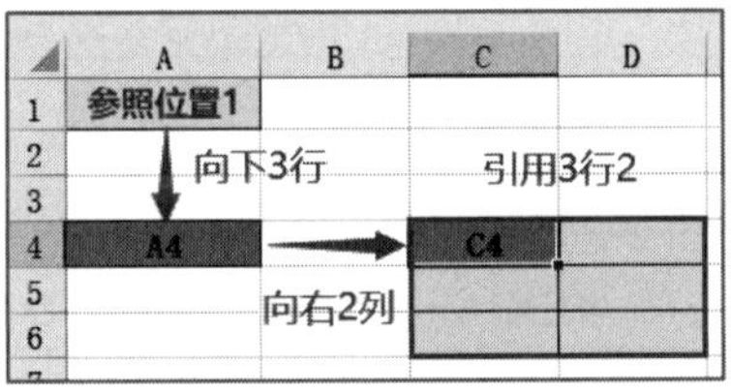

图 3-75　OFFSET 函数位置偏移示意图

注意：以计算“公杂费补助”小计为例，说明单元格 E9 使用“=SUM(OFFSET(E4,1,0):OFFSET(E9,-1,0))”，与“=SUM(E5:E8)”的区别。若使用 SUM(E5:E8)，当在单元格 E5 的上方，或单元格 E9 的上方插入行时，该公式内容不会自动变化，单击单元格 E9，将光标移到右侧的叹号处，会提示“公式省略了相邻单元格”。此时需单击叹号右侧的下拉三角形，选择“更新公式以包括单元格”命令，公式才会更新。

公式 SUM(OFFSET(E4,1,0):OFFSET(E9,-1,0))中的计算范围分别以单元格 E4、E9 作为参照位置，当单元格 E5 或 E9 的上方插入行时，该公式的参照位置能保持正确。

新插入行后 SUM 函数与 SUM+OFFSET 函数结果对比如图 3-76 所示。

图 3-76　新插入行后 SUM 函数与 SUM+OFFSET 函数结果对比

“总计金额（大写）”栏，可使用下列公式：

```
=IF(ISNUMBER(C10),IF(INT(C10),TEXT(INT(C10),"[dbnum2]")&"元",)
&IF(INT(C10*10)-INT(C10)*10,TEXT(INT(C10*10)-INT(C10)*10,"[dbnum2]")&
"角",
IF(INT(C10)=C10,,IF(C10<0.1,,"零")))&IF(ROUND((C10)*100-INT(C10*10)*10,),
TEXT(ROUND(C10*100-INT(C10*10)*10,),"[dbnum2]")&"分","整"),"")
```

金额大写

ISNUMBER 函数：判断单元格内容是否为数值，正确返回 TRUE，否则返回 FALSE。计算“总计金额（大写）”时，可以先判断“总计金额（小写）”是否为数值。

TEXT 函数：根据指定的数值格式将数字转换成文本格式。TEXT 函数的格式参数 dbnum 如表 3-3 所示，格式控制代码 d 如表 3-4 所示。

表 3-3　TEXT 函数 dbnum 参数举例

格式参数	含　义	举　例	对应公式
[dbnum1]	阿拉伯数字转大写	一十二	=TEXT(12,"[dbnum1]")
[dbnum2]	阿拉伯数字转大写汉字	壹佰贰拾叁	=TEXT(123,"[dbnum2]")
[dbnum3]	阿拉伯数字转换为全角数字	１百２十３	=TEXT(123,"[dbnum3]")
[dbnum4]	无特殊功能	123	=TEXT(123,"[dbnum4]")

表 3-4　TEXT 函数格式控制代码 d 举例

代　码	含　义	举　例	对应公式
d	将日显示为不带前导零的数字	7	=TEXT("2019-6-7","d")
dd	将日显示为带前导零的数字	07	=TEXT("2019-6-7","dd")
ddd	将日显示为英文缩写（Sun-Sat）	Sun	=TEXT("2019-6-7","ddd")
dddd	将日显示为英文全称（Sunday-Saturday）	Sunday	=TEXT("2019-6-7","dddd")

TEXT 函数还有其他参数：m 用于设置日期中的“月”，y 用于设置日期中的“年”；h 用于设置小时，m 用于设置分钟（m 需与 h 或 s 连用，如“h：m”“m：s”，否则 m 表示月份），s 用于设置秒。设置月份的 m/mm/mmm/mmmm 功能与表 3-4 中的“代码 d”类似。

若上述金额转大写的公式中需要应用到其他单元格位置时，只需修改公式中的 C10 即可。将代码复制到记事本中，利用查找替换功能批量修改，如将 C10 改为 G4，即将 G4 单元格对应数值转为大写金额形式。操作如图 3-77 所示。

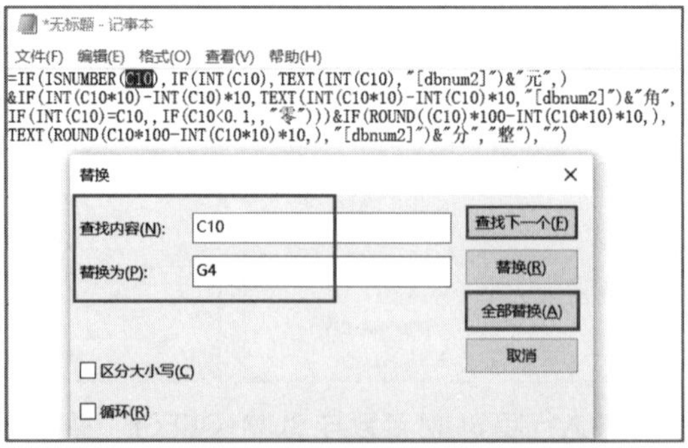

图 3-77　在记事本中通过查找替换修改公式内容

4. 设置数值为 0 的单元格不显示

当报销单未填写时，SUM 等函数的计算结果默认为 0。在 Sheet1 表中，需要设置“数值为 0 的单元格不显示”，可以单击“文件→选项→高级”，找到“此工作表的显示选项”中的“在具有零值的单元格中显示零”选项，去掉前面的钩，单击“确定”按钮，如图 3-78 所示。

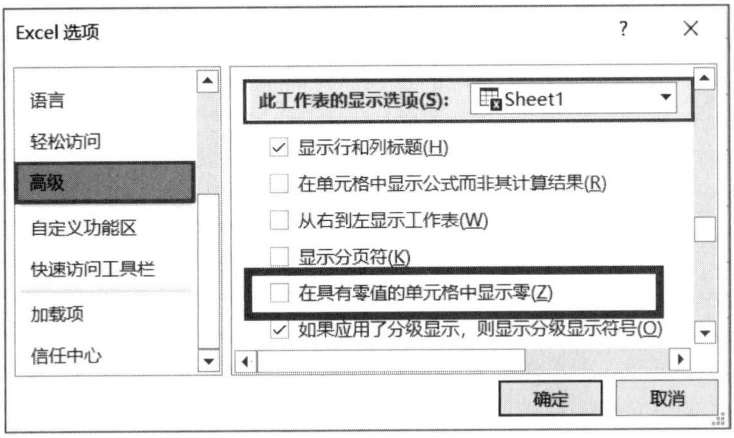

图 3-78　设置数值为 0 的单元格不显示

5. 制作流程图

根据单位报销签字流程：“报销总额”小于等于 5000 元时，只需要“所在车间主管签字”；大于 5000 元且小于等于 50000 元时，由“部门经理签字”；大于 50000 元且小于等于 100000 元时，须增加“财务主管签字”；大于 100000 元时，须增加“总经理签字”。请画出简易流程图，可用 ProcessOn 在线制作流程图（网址为：https://www.processon.com/），如图 3-79 所示。将制作好的流程图导出后插入到 Excel 中，适当对图片进行裁剪、压缩等。

制作流程图

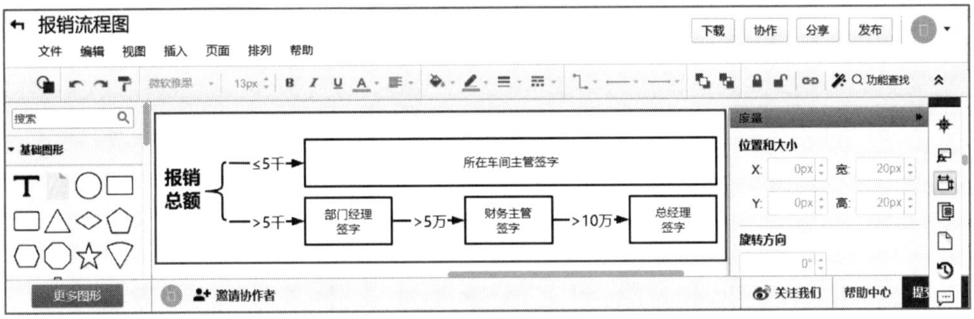

图 3-79　使用 ProcessOn 在线制作流程图

6. 保护工作表

将不需要锁定的区域（允许修改的区域）设置为不锁定，本项目允许修改的区域为：“使用单位”B2:C2，“事由”E2:G2，“XX 费”I3:J3，“出差信息”A5:K8，“备注”A11:K11，5 个区域。

选择不连续的区域：先选择第 1 个区域 B2:C2，然后按住 Ctrl 键，依次选择其他 4 个区域。在选中的区域上，单击鼠标右键，在弹出的快捷菜单中

保护工作表

选择“设置单元格格式”命令（快捷键 Ctrl+1），打开“设置单元格格式”对话框。在该对话框的“保护”选项卡中，不勾选“锁定”，单击“确定”按钮。

保护工作表：单击“审阅→保护工作表”按钮，在打开的对话框中，“允许此工作表的所有用户进行”栏下勾选“选定锁定单元格”“选定解除锁定的单元格”“插入行”，如图 3-80 所示。然后在“取消工作表保护时使用的密码”下输入密码，如设置密码 111（解除单元格锁定时需要输入此密码），确认密码后，保存文档即完成整个操作。

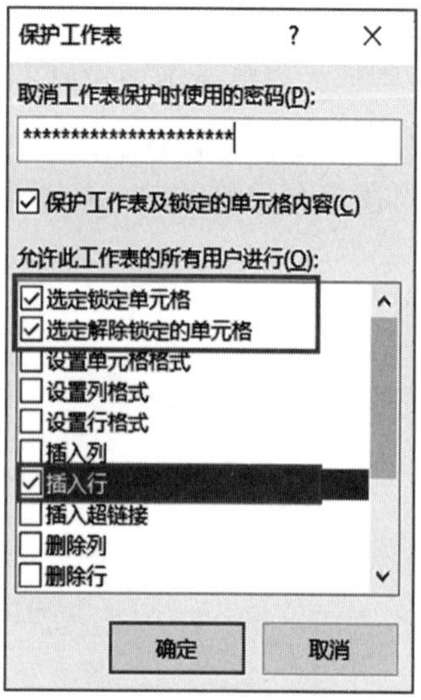

图 3-80　保护工作表

允许编辑区域：单击“审阅→允许用户编辑区域”按钮，可设置在工作表保护状态下，允许用户编辑的区域。可为每一个允许编辑的区域单独设置“区域密码”，在编辑对应区域时，需要输入密码才能编辑。注意：设置“允许编辑区域”后，需启用“保护工作表”才有效，但不受单元格是否被锁定的控制。设置为允许编辑区域的单元格即使被锁定，也可被编辑。设置允许编辑区域操作如图 3-81 所示。

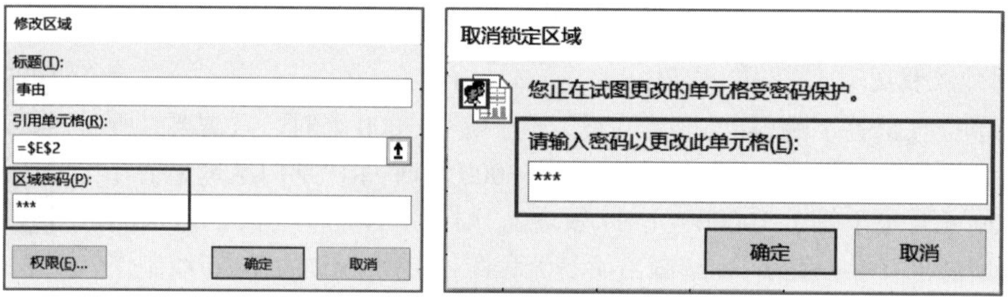

图 3-81　设置允许编辑区域

保护工作簿：将“日期”工作表设为隐藏。单击“审阅→保护工作簿”按钮，在打开的对话框中设置保护工作簿（密码 111），用户无法修改表结构，不能查看被隐藏的数据表等，如图 3-82 所示。

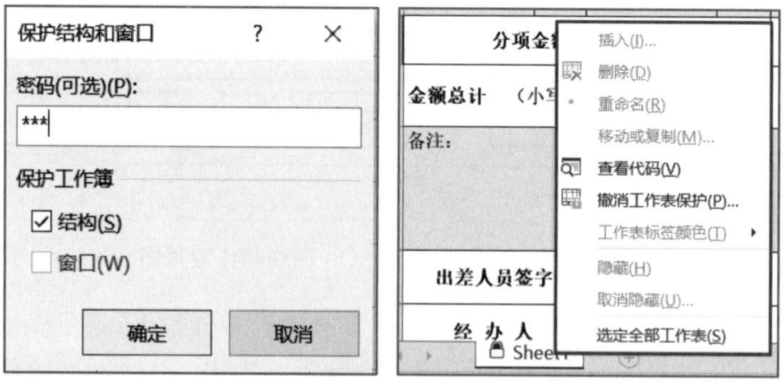

图 3-82　保护工作表、工作簿

设置工作簿打开密码：单击“文件→信息→保护工作簿”，在打开的下拉列表中选择“用密码进行加密”命令，在打开的对话框中设置工作簿打开密码（密码 111），保存退出，则后面需要输入密码才能打开该工作簿文件。操作如图 3-83 所示。

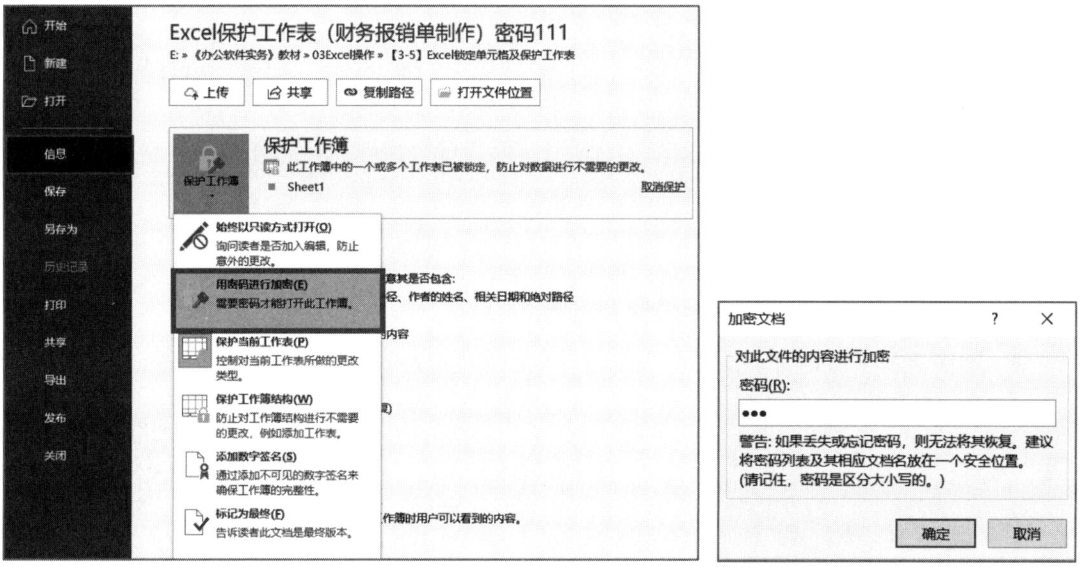

图 3-83　设置工作簿打开密码

7. 保存为模板

删除表中允许用于编辑区域的内容，将制作完成的报销单另存为模板。单击“文件→另存为”按钮，在打开的对话框中“保存类型”选为“Excel 模板（*.xltx）”，“文件名”文本框中输入“财务报销单”，确定后保存。

模板应用

在 Excel 中，通过单击“文件→新建”按钮，在右侧界面中单击“个人”，选择模板“财务报销单”即可创建一个新的工作簿，也可直接双击打开模板文件创建新的工作簿。

文件另存为 Excel 模板及通过模板新建工作簿如图 3-84 所示。

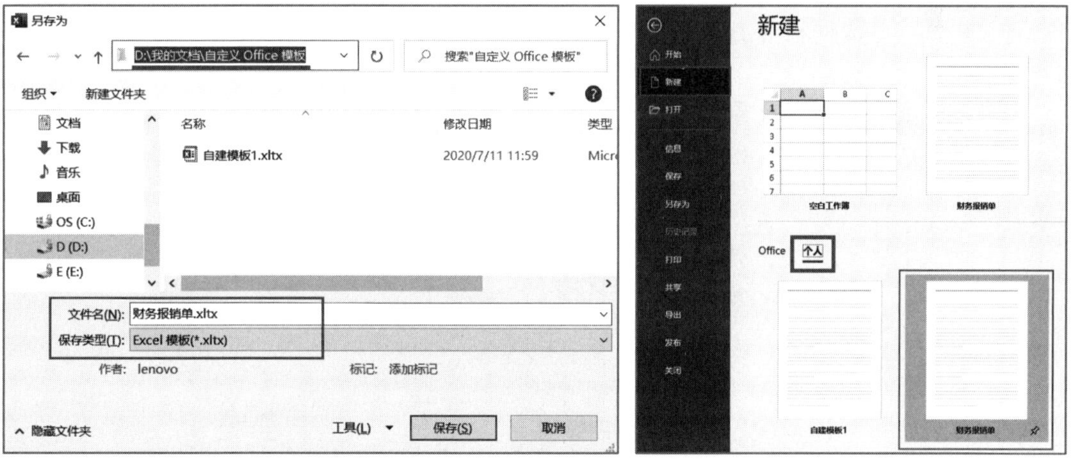

图 3-84　另存为 Excel 模板及通过模板新建工作簿

3.6.3　任务总结

（1）使用 SUM+OFFSET 函数，当工作表中插入数据行时，采用 SUM(OFFSET(E4,1,0):

OFFSET(E9,-1,0))比 SUM(E5:E8)的灵活性更好。

（2）通过设置“保护工作表”“保护工作簿”“允许编辑区域”“用密码进行加密”等，可对 Excel 文档进行一定的保护，避免数据被用户随意修改。

（3）可将常用表格保存为模板文件，通过模板文件可快速新建工作簿。

3.6.4 任务巩固

下载本案例素材文件，按要求完成有关操作。

案例素材下载地址：https://icourse.ywicc.edu.cn/Res/ResList.aspx?CourseId=830。

测试一下

每次测试 30 分钟，最多可进行 2 次测试，取最高分作为测试成绩。

扫码进入测试 >>

项目 12 制作财务报销单

3.7 项目 13 成绩数据处理

3.7.1 任务描述

王老师是高二（3）班 35 名学生（4 个小组）的班主任老师。班级每个月都要组织一次月考，对高考科目六门课程进行检测，每次考试结果需要进行统计分析，一些数据利用 Excel 统计函数和数据库函数就可以轻松获取。对每个学生几个月的总分进行简单分析，了解学生的学习状态和趋势。

具体操作要求请扫码查看 >>

操作要求

本项目完成效果如图 3-85 所示。

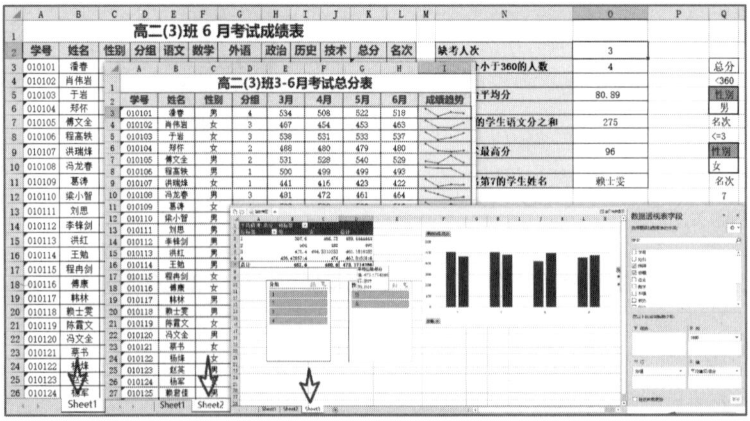

图 3-85 本项目完成效果

3.7.2 任务实现

将素材文件重命名为“XXX 的成绩数据处理.xlsx”，其中 XXX 为你的学号加姓名，在素材文件中完成下列操作。

1. 函数应用

（1）统计每个同学的总分及班级名次

SUM 函数：用求和函数计算学生的总分，双击或拖动填充柄实现批量计算。

RANK 函数：用于计算每位学生的名次。注意排名函数的第 2 个参数为“排序范围”，一般需要用绝对地址，因为排名时，所有人都应该针对同一个排序范围；最佳排名用 RANK.EQ 函数，其介绍如下。

语法规则：RANK.EQ(number,ref,order)

函数功能：返回一个数在指定范围内的排序，分升序与降序两种。

参数说明：number，用于排序的数值或数值单元格引用；ref，排序的数据范围，一般是一个区域，ref 中的非数字值会被忽略；order，可选参数，控制排序的方式，为 0 或省略，表示按降序排列，不为 0，按升序排列。

（2）统计全班缺考人次

统计全班缺考人次即统计成绩数据区域中空单元格的个数，可使用 COUNTBLANK 函数。

语法规则：COUNTBLANK(range)

参数说明：参数 range 是必需的，用于指定需要计算其中空白单元格个数的区域。

【拓展】数据库函数应用

数据库函数指用于对存储在数据清单或数据库中的数据进行分析的一些工作表函数，数据库函数名一般以字母 D 开头，使用这些函数能够提升数据处理效率。

数据库函数应用

（3）统计总分小于 360 分的人数

统计总分小于 360 分的人数可以使用 DCOUNT 函数来实现。

语法规则：DCOUNT(database,field,criteria)

函数功能：统计列表或数据库中满足指定条件的记录字段（列）中包含数字的单元格的个数。

参数说明：database，构成列表或数据库的单元格区域，区域范围最小必须包含第二个参数、第三个参数对应的数据；field，用于指定函数计算的数据，一般是一个单元格地址，或直接写字符串常量；criteria，用于指定条件的单元格区域。

【拓展】DCOUNTA 函数

语法规则：DCOUNTA(database,field,criteria)

函数功能：统计列表或数据库中满足指定条件的某字段非空单元格数目。

（4）统计男生政治平均分（显示两位小数）

统计男生政治平均分（显示两位小数）可使用 DAVERAGE 函数来实现（注：“政治”指政治课程成绩）。

语法规则：DAVERAGE(database,field,criteria)

函数功能：求列表或数据库中满足指定条件的记录字段（列）数值的平均值。

数据库函数 DAVERAGE 参数说明如图 3-86 所示。

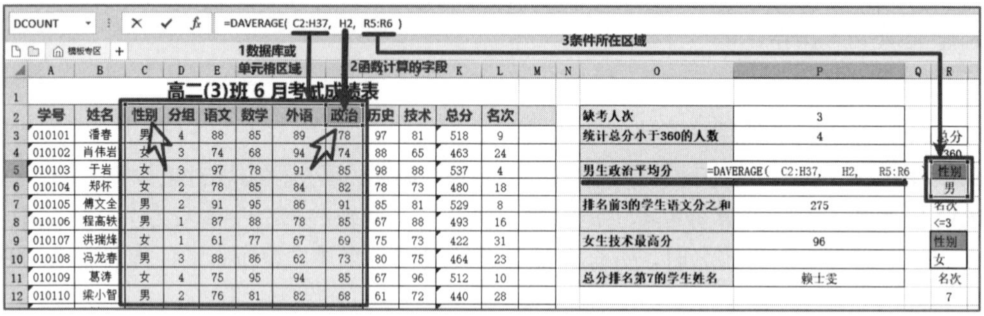

图 3-86 数据库函数 DAVERAGE 参数说明

（5）统计前 3 名的语文分之和

统计前 3 名的语文分之和可以使用 DSUM 函数来实现。

语法规则：DSUM(database,field,criteria)

函数功能：对列表或数据库中满足指定条件的记录字段（列）中的数值求和。

提示：也可以使用 SUMIF 函数，如“SUMIF(L3:L37,"<=3",E3:E37)”。

（6）统计女生技术成绩最高分

统计女生技术成绩最高分，可使用 DMAX 函数来实现（注：“技术”指技术课程成绩）。

语法规则：DMAX(database,field,criteria)

函数功能：列表或数据库中满足指定条件的记录字段（列）中的最大数字。

（7）求总分排名第 7 的学生姓名

求总分排名第 7 的学生姓名可使用 DGET 函数来实现。

语法规则：DGET(database,field,criteria)

函数功能：从列表或数据库的列中提取符合指定条件的且唯一存在的值。

2. 监视窗口应用

监视窗口可以对某些需要特别关注的单元格进行实时监控。即使这些单元格位于其他工作表也能实现“监视”，一旦所监控的单元格的数据有变动，在监视窗口中可立刻观察到。

实现方法：在“公式”选项卡中，单击“公式审核”组中的“监视窗口”按钮，在出现的“监视窗口”中，单击“添加监视”按钮把需要监视的单元格添加进去。将 Sheet1 表中的 P2、P3、P5、P7、P9、P11 六个单元格添加到监视窗口，如图 3-87 所示。

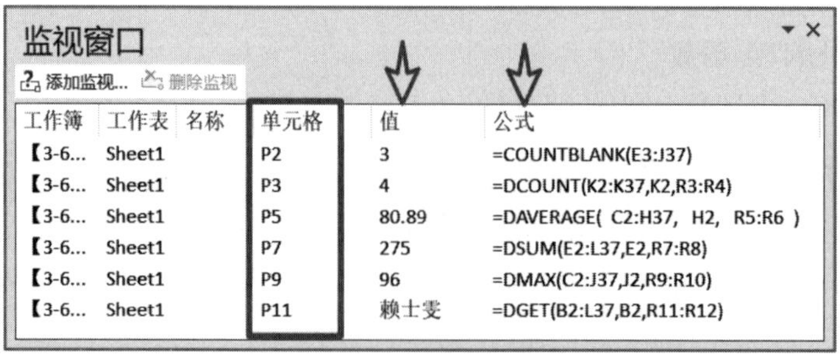

工作簿	工作表	名称	单元格	值	公式
【3-6...	Sheet1		P2	3	=COUNTBLANK(E3:J37)
【3-6...	Sheet1		P3	4	=DCOUNT(K2:K37,K2,R3:R4)
【3-6...	Sheet1		P5	80.89	=DAVERAGE(C2:H37, H2, R5:R6)
【3-6...	Sheet1		P7	275	=DSUM(E2:L37,E2,R7:R8)
【3-6...	Sheet1		P9	96	=DMAX(C2:J37,J2,R9:R10)
【3-6...	Sheet1		P11	赖士雯	=DGET(B2:L37,B2,R11:R12)

图 3-87 监视窗口

如果不喜欢这样的浮动窗口方式，可以将“监视窗口”拖到工具栏位置，“监视窗口”就会自动插入到工具栏与单元格表单的中间。如果不需要监视某个单元格，可在“监视窗口”中选中该监视点，然后单击“删除监视”按钮即可。

3. “迷你图”应用

迷你图应用

“迷你图”是在单个单元格中表示数据的微型图表。使用迷你图以一系列值显示趋势，或突出显示最大值和最小值。将迷你图放在其数据附近可提供非常好的视觉冲击，有三种迷你图可供选择：折线、柱形、盈亏。

在“成绩表”的 Sheet2 中，保存了全班所有学生 3～5 月的月考总分，将 Sheet1 表中 6 月考试的总分复制到 Sheet2 的对应区域。在 Sheet2 的单元格 I2 中输入“成绩趋势”，在 I3:I37 区域创建每个学生 4 个月考试总分的“折线迷你图”，以便直观地呈现每个学生近 4 个月来考试成绩的总体趋势。

单击需要放置迷你图的单元格，选择“插入”选项卡的“迷你图”组中的一种，如“折线”，然后选中所需要的数据区域，确定后就生成了一个迷你图，如图 3-88 所示。

	A	B	C	D	E	F	G	H	I
1	高二(3)班3-6月考试总分表								
2	学号	姓名	性别	分组	3月	4月	5月	6月	成绩趋势
3	010101	潘春	男	4	534	508	522	518	
4	010102	肖伟岩	女	3	467	454	453	463	
5	010103	于岩	女	3	538	531	533	537	
6	010104	郑怀	女	2	488	480	479	480	
7	010105	傅文全	男	2	531	528	540	529	
8	010106	程高轶	男	1	500	499	499	493	
9	010107	洪瑞烽	女	1	441	416	423	422	
10	010108	冯龙春	男	3	481	472	461	464	

图 3-88　成绩趋势迷你图效果

4. 数据透视图应用

数据透视图是 Excel 中很强大的功能，通过对明细数据的聚合分类，可以方便快速地得出想要的结果。

根据 Sheet1 表中的考试成绩数据，请用数据透视图统计各小组男女生的平均总分。选中数据源，单击“插入”选项卡中的“数据透视图”按钮，打开“创建数据透视图”对话框，选择放置数据透视图的位置，如选择“现有工作表”，在“位置”参数中选 Sheet3 的单元格 A1，操作如图 3-89 所示。

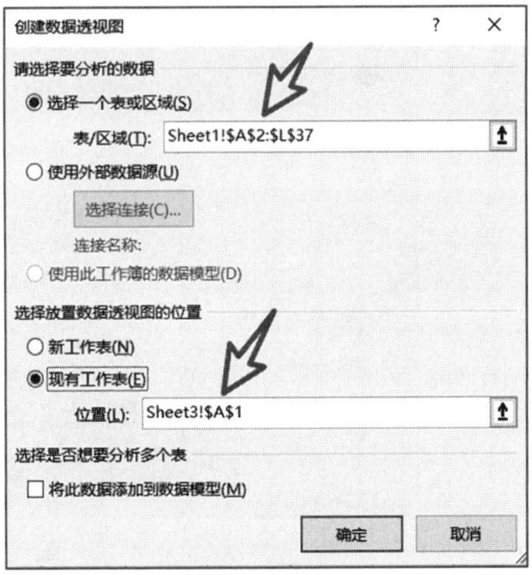

图 3-89　创建数据透视图数据区域及存放位置设置

创建数据透视图时会附带产生一个关联的数据透视表。在放置数据透视图的工作表中，会显示左右两个区块。左侧为报表展示区块，其中有数据透视表、数据透视图两个区域，在数据透视表或数据透视图中设置数据后，两个区域均会呈现对应的数据。右侧是“数据透视图字段”区块，右下角有“筛选、图例（系列）、轴（类别）、值”4 个区域；单击数据透视表时，右侧显示“数据透视表字段”，右下角显示“筛选、列、行、值”4 个区域。通过拖动不同的字段到右下角的指定区域，可以展示不同结果。数据透视图界面如图 3-90 所示。

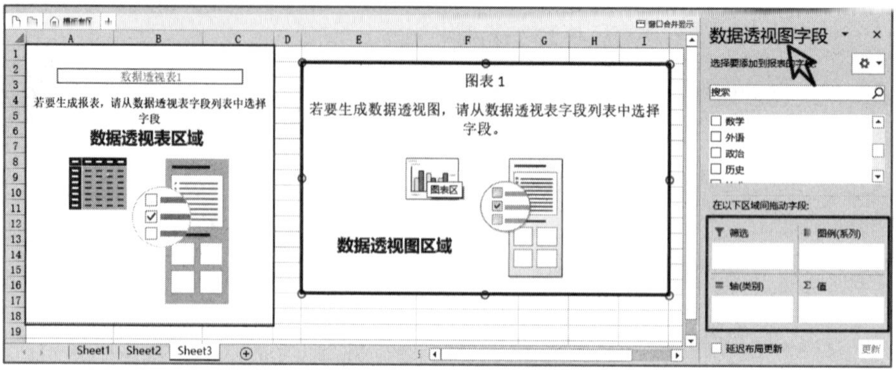

图 3-90　数据透视图界面

筛选：将字段拖动到此区域，可按对应字段设置筛选条件，数据透视图中只显示满足条件的数据。

图例（系列）（在数据透视表中为“列”）：将字段拖动到此区域，数据将以列的形式展示。将“性别”拖到该区域，男女性别分布在各列中。

轴（类别）（在数据透视表中为“行”）：将字段拖动到此区域，数据将以行的形式展示。将“分组”拖到该区域，分组的值分布在各行中。

值：主要用来统计，数字字段可进行数学运算（求和、计数、平均值等），数值型字段拖到此区域时，默认为“求和”方式。将“总分”拖到该区域，单击其右侧三角下拉按钮，选择“值字段设置”命令，弹出“值字段设置”对话框，在“计算类型”中选择“平均值”。有关操作如图 3-91 所示。

图 3-91　值字段设置对话框

完成后的数据透视图及附带的数据透视表，如图 3-92 所示。

【拓展】数据透视表的刷新和自动更新

数据透视图创建后，若与之对应的数据表中的数据发生了变化，默认情况下，已完成的数据透视图、数据透视表中的内容不会自动变化。

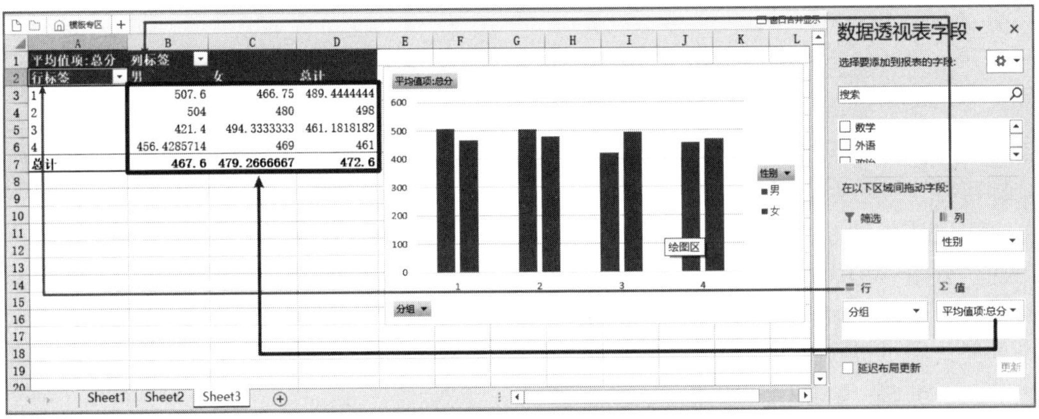

图 3-92　数据透视图及附带的数据透视表

将光标移到数据透视图区域，单击鼠标右键，在弹出的快捷菜单中选择“刷新数据”命令，或鼠标移到数据透视表区域，单击鼠标右键，在弹出的快捷菜单中选择“刷新”命令，均可使数据透视图和数据透视表中的内容临时更新。若要使数据透视图和数据透视表中的内容在打开 Excel 工作簿后自动更新，操作步骤如下：

将光标移到数据透视图区域，单击鼠标右键，在弹出的快捷菜单中选择“数据透视图选项”命令；或将光标移到数据透视表区域，单击鼠标右键，在弹出的快捷菜单中选择“数据透视表选项”命令，均弹出“数据透视表选项”对话框。在该对话框中选择“数据”选项卡，勾选“打开文件时刷新数据”复选框。将数据修改保存后，关闭文件再重新打开，数据就会自动更新。有关操作如图 3-93 所示。

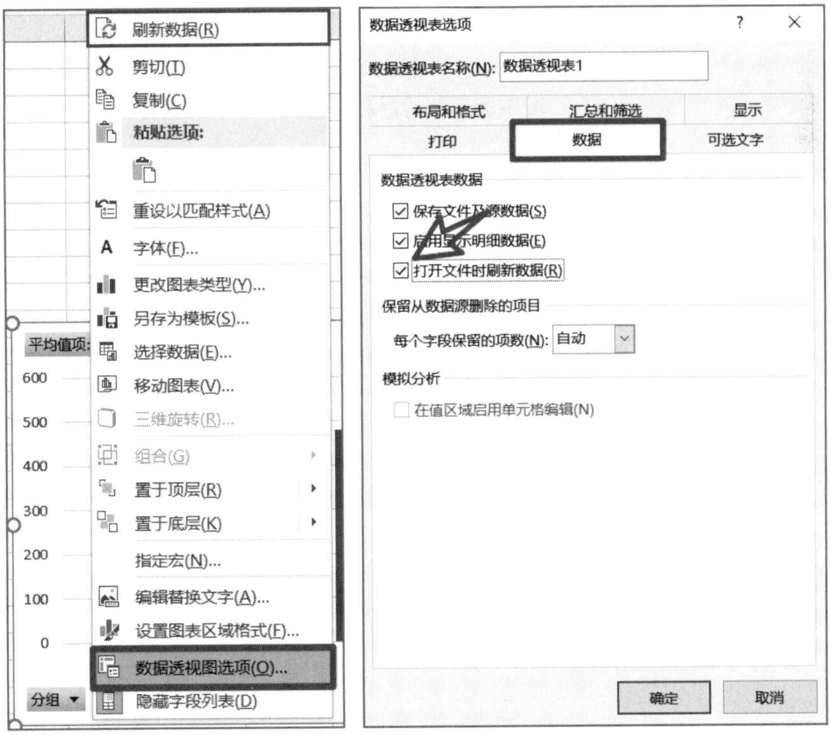

图 3-93　“数据透视表选项”对话框

5. 切片器应用

切片器应用

切片器在普通表格中无法使用，在智能表或者数据透视表才有这个功能。将光标定位到数据透视表的内容区域，在“数据透视表工具”选项卡下依次单击“分析→插入切片器”按钮；或在“插入”选项卡下单击“切片器”按钮，即可打开“插入切片器”对话框。勾选“分组”选项，单击“确定”按钮就会出现一个名为“分组”的切片器。

在“分组”切片器上用鼠标单击要筛选的内容，即可在数据透视表中实现筛选。当点亮切片器右上角的“多选”按钮时，单击可以实现多选。在“插入切片器”对话框中，若勾选多个字段，则可以对多个字段分别建立切片器，实现多条件筛选，不同切片器的条件之间为逻辑“与”关系。选择切片器后按 Delete 键，可以关闭切片器对象。单击右上角的“清除筛选”按钮可以取消该字段的筛选。

切片器有关操作如图 3-94 所示。

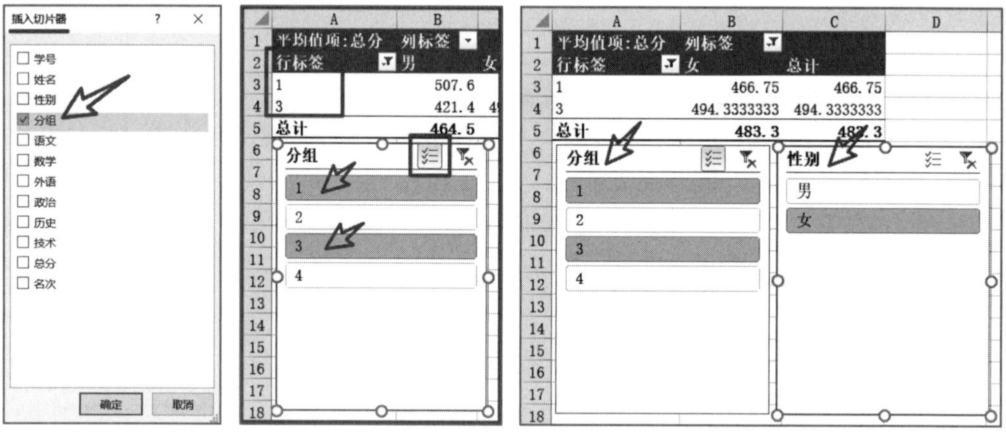

图 3-94　切片器有关操作

6. 样式应用

样式应用

新建样式：在 Sheet1 中，单击“开始”选项卡中的“单元格样式”下拉按钮，选择“新建单元格样式”命令，打开“样式”对话框。设置“样式名”为“字段名样式”，单击“格式”按钮，打开“设置单元格格式”对话框。设置如下样式：“对齐”方式水平垂直均居中；字体黑体，加粗，黑色，10 磅；填充颜色#4F81BD。将该样式应用到 A2:L2 区域。

合并样式：打开“合并样式素材.xlsx”文件，在“成绩数据处理”文件中执行“合并样式”操作。将“合并样式素材.xlsx”工作簿中的样式合并到“成绩数据处理”文件中，选择“合并具有相同名称的样式”。有关效果如图 3-95 所示。

合并样式的过程中，若存在同名样式，则会询问“是否合并具有相同名称的样式”，选择“是”则将目标工作簿中的同名样式进行替换。无论选择“是”或“否”，源工作簿中的不同名样式都将合并到目标工作簿的“单元格样式”的“自定义”区中。

使用样式：选中需要应用样式的单元格区域，点选需要的样式名称，就能快速完成格式设置。在 Sheet1 的 A1:L37 区域、Sheet2 的 A1:I37 区域，对第 1 行标题、第 2 行字段名及第 3 行开始的数据区域，分别使用样式“标题样式”“字段名样式”“数据清单样式”。

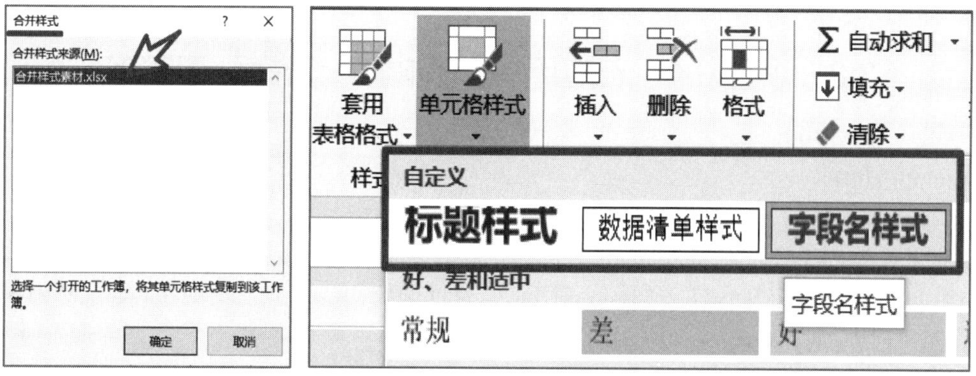

图 3-95　合并样式

3.7.3　任务总结

（1）数据库函数是“插入函数”对话框中类别为“数据库”的一类函数，函数名称都以字母“D”开头。

（2）数据库函数的参数一般有三个：第一个参数 database 用于指定构成列表或数据库的单元格区域，第二个参数 field 用于指定需要统计的字段名称，第三个参数用于指定与统计相关的条件区域，条件包含字段名称及字段的取值条件。

（3）DCOUNT 函数用于统计数据库中满足指定条件的某字段中数字单元格的个数，DCOUNTA 函数用于统计某字段中非空单元格的个数，注意比较这两个函数的异同点。

（4）有些数据库函数实现的功能也可通过非数据库函数来解决。例如，要统计符合条件的单元格数目，也可以利用统计函数 COUNTIF 或 COUNTIFS 实现。统计平均成绩也可以利用统计函数 AVERAGEIF 实现。符合条件的数据累加也可以利用统计函数 SUMIF 或 SUMIFS 实现。

（5）合并样式时需要先打开样式来源的工作簿文件，可将源工作簿中的单元格样式复制到目标工作簿中，若对应样式未使用，用户是观察不到具体内容发生格式的变化的。

3.7.4　任务巩固

下载本案例素材文件，按要求完成有关操作。

案例素材下载地址：https://icourse.ywicc.edu.cn/Res/ResList.aspx?CourseId=830。

测试一下

每次测试 30 分钟，最多可进行 2 次测试，取最高分作为测试成绩。

扫码进入测试 >>

项目 13　成绩数据处理

3.8 项目 14 宏应用——间隔 5 行分页+工资条

3.8.1 任务描述

小张准备学习 Excel 中 VBA 的有关操作，通过录制宏、应用宏的方式，对“宏应用（每隔 5 行分页).xlsx”中的 Sheet1 表每隔 5 行分页。通过操作初步掌握宏的应用，熟悉 Visual Basic 编辑器。

本项目完成效果如图 3-96 所示。

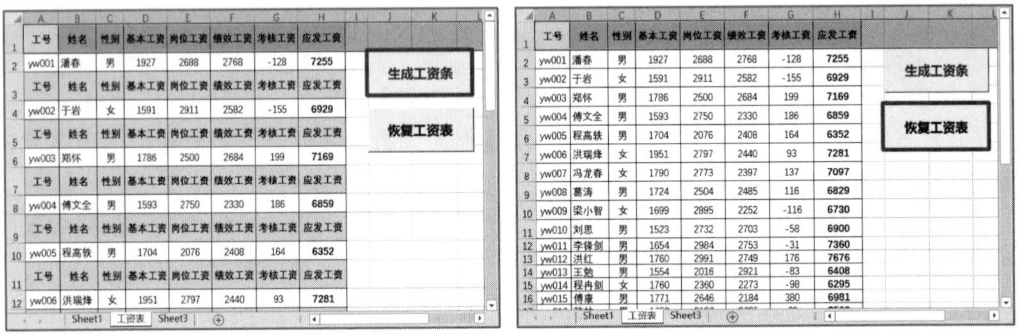

图 3-96 本项目完成效果

3.8.2 任务实现

将素材文件重命名为“XXX 的宏应用.xlsx”，其中 XXX 为你的学号加姓名，在素材文件中完成下列操作。

1. 模板与宏有关知识

模板：模板是包含指定内容和格式的工作簿，可以作为模型使用，以创建其他类似的工作簿。模板中可以包含格式、样式、标准的文本（如页眉和行列标志）、公式等。使用内置或自定义的模板，可以简化工作，提高工作效率。

创建模板：要作为模板的工作簿制作完成后，需要另存为“Excel 模板（*.xltx)”即可。

应用模板：单击“文件→新建”，在右侧选择“个人”，然后选择指定模板即可。

创建 Excel 模板文件及使用模板新建文件操作如图 3-97 所示。

宏：指一系列 Excel 能够执行的 VBA 语句，是一段程序代码。可以通过 Excel 操作直接录制，也可以按其规则自行编写（在 VBA 编辑器中完成）。对 Excel 中一些常用的操作，可以录制为宏，方便用户多次调用。

2. 宏应用

（1）启用宏

Excel 中的宏默认处于禁用状态。单击“文件→选项→信任中心→信任中心设置→宏设置”，右侧的“宏设置”栏下选中“启用所有宏（不推荐；可能会运行有潜在危险的代码)”选项。启用宏设置操作如图 3-98 所示。

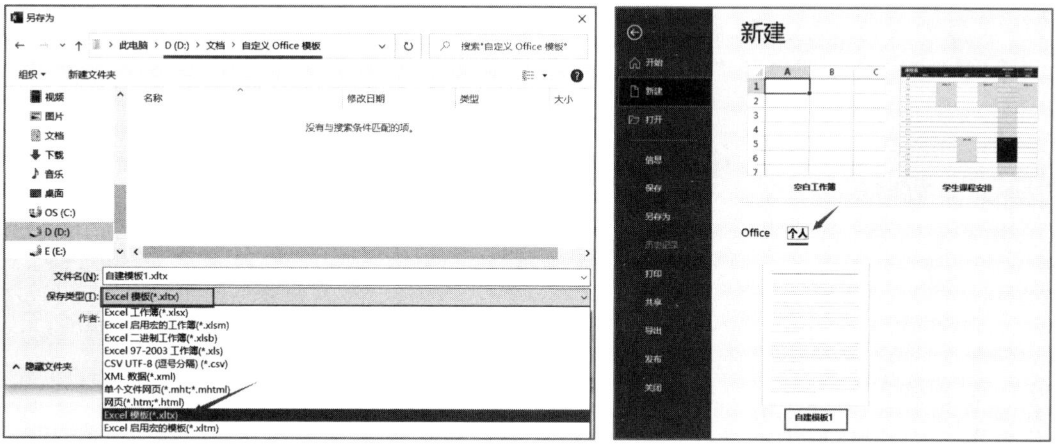

图 3-97　创建 Excel 模板文件及使用模板新建文件

图 3-98　启用宏设置宏

开发工具：若 Excel 功能选项卡中没显示“开发工具”，可通过单击“文件→选项→自定义功能区”，在右侧找到并勾选“开发工具”，单击“确定”按钮即可显示。“开发工具”选项卡中的功能组如图 3-99 所示。

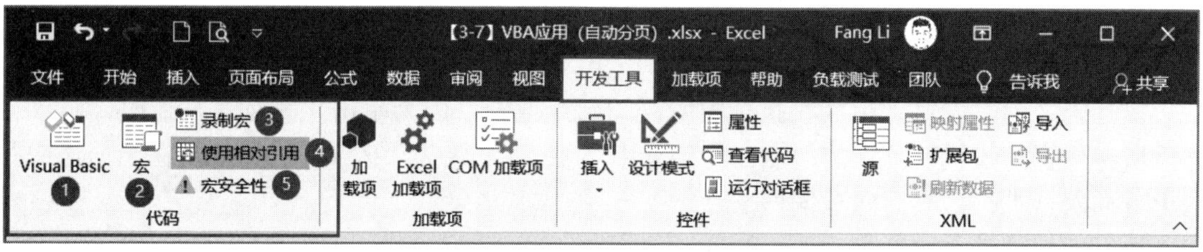

图 3-99　“开发工具”选项卡中的功能组

① Visual Basic：单击进入“Visual Basic 编辑器”。

② 宏：单击可以打开“宏”管理窗口，可选择指定的宏，进行编辑、删除、执行等操作，

也可输入新的宏名，创建宏。快捷键为 Alt+F8。

③ 录制宏：单击可打开“录制宏”对话框，输入宏名，确定后开始录制宏。

④ 使用相对引用：单击后使宏记录的操作只相对于初始选定的单元格。执行宏时，会根据当前光标所在位置，取相对位置执行。如果禁用此选项，则执行宏时，按录制宏操作的位置按绝对位置执行。

⑤ 宏安全性：单击进入“信任中心→宏设置”界面。

（2）录制宏

启用录制宏

录制宏：在 Sheet1 表中，实现除标题行（第 1 行）外，每隔 5 行插入一个分页符，即第 7/12/17…行上方插入分页符。录制宏之前，先将光标放在录制宏的起点位置，因为单击“录制宏”按钮时，自动以光标所在位置为宏代码位置的起点。此处选中第 7 行，因第 7 行上方，是第一个分页符的位置，即起点。另外，要记住的是，单元格地址要使用相对引用。

单击“开发工具→录制宏”按钮，在打开的对话框中，输入宏名，默认为“宏 1”，设置快捷键 Ctrl+q，单击“确定”按钮即可开始录制，此时对 Excel 的操作会自动生成对应的 VBA 代码。

录制操作：单击“页面布局→分隔符→插入分页符”按钮，即在第 7 行的上方插入一个分页符。再选中第 12 行，即下一个插入分页符的位置为第 12 行的上方。

停止录制：录制完成，单击“开发工具→停止录制”按钮。

录制宏时，设置宏名、快捷键等参数如图 3-100 所示。

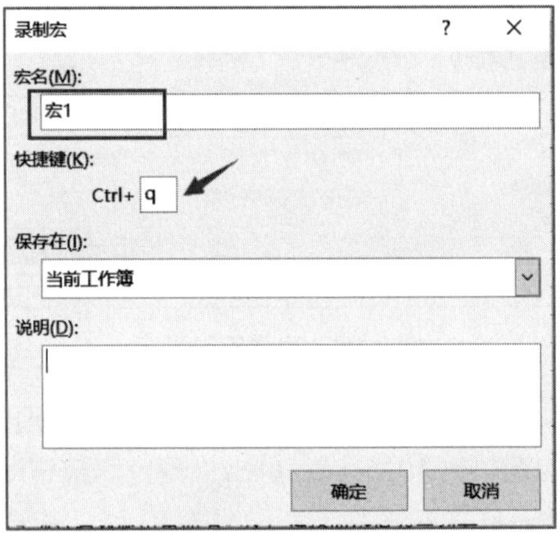

图 3-100　录制宏（输入宏名、设置快捷键）

（3）执行宏

执行宏之前，先将光标放在执行宏所需的起点位置，因为单击“执行”按钮时，自动以光标所在位置为宏代码位置的起点。此处选中第 12 行。因为“宏 1”的功能是在当前选中行的上方插入分页符，然后向下偏移 5 行。

执行宏有三种方式：

① 单击“开发工具→宏”按钮，在打开的“宏”对话框中，选择宏，单击“执行”按钮。

② 利用宏对应的快捷键执行宏，如宏 1 的快捷键为 Ctrl+Q。

③ 在 Visual Basic 编辑器窗口中，单击“运行”按钮。

执行一次“宏 1”后，在第 12 行的上方会插入一个分页符。

（4）查看录制的宏代码

单击“开发工具→宏”按钮，在打开的“宏”对话框中，选择“宏 1”，单击“编辑”；或单击“开发工具→Visual Basic”按钮，进入“Visual Basic 编辑器”（简称 VBE：Visual Basic Editor 即 VBA 编辑环境），如图 3-101 所示。

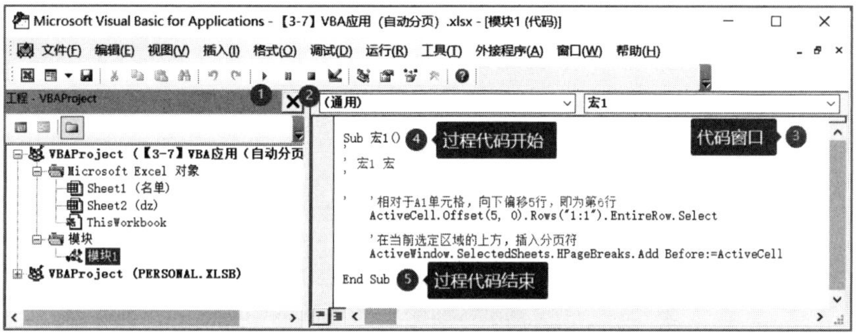

图 3-101　Visual Basic 编辑器窗口

①“运行”按钮，运行光标所在子过程（宏）的代码。

② 单击该按钮，停止代码运行。

③ 代码窗口，用于编写代码。

④ 子过程（宏）代码的开始标记。

⑤ 子过程（宏）代码的结束标记。

（5）编辑录制的宏代码

进入“Visual Basic 编辑器”窗口，选定要编辑的宏，在窗口中编辑代码即可。

编辑执行宏

改进：“宏 1”当前代码，运行一次，间隔 5 行插入一个分页符，如果要一次插入多个分页符，如 1～201 行之间，每隔 5 行插入一个分页符。

录制宏练习：为第 6、第 11、第 16、…行数据区域设置填充颜色#FFF2CC。

3. 宏文件保存

在.xlsx 格式的 Excel 文件中，使用宏，或 VBA 代码后，保存文件时会提示“无法在未启用宏的工作簿中保存以下功能”，如图 3-102 所示。

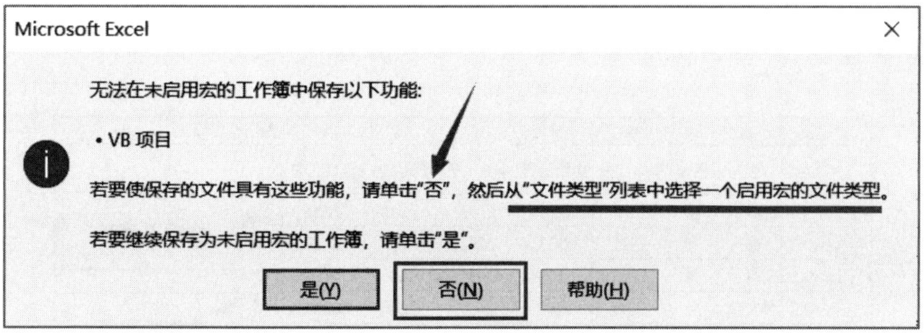

图 3-102　.xlsx 格式无法保存带宏或 VBA 代码的文件

从 Office 2007 开始，为防止宏病毒，文件格式做了改进。xlsx 文件为普通的 Excel 工作簿文件，不能存储宏。单击“文件→另存为”，在打开的对话框中选择“保存类型”为“Excel 启用宏的工作簿（*.xlsm）”，则文件扩展名为.xlsm，可以保存宏，如图 3-103 所示。

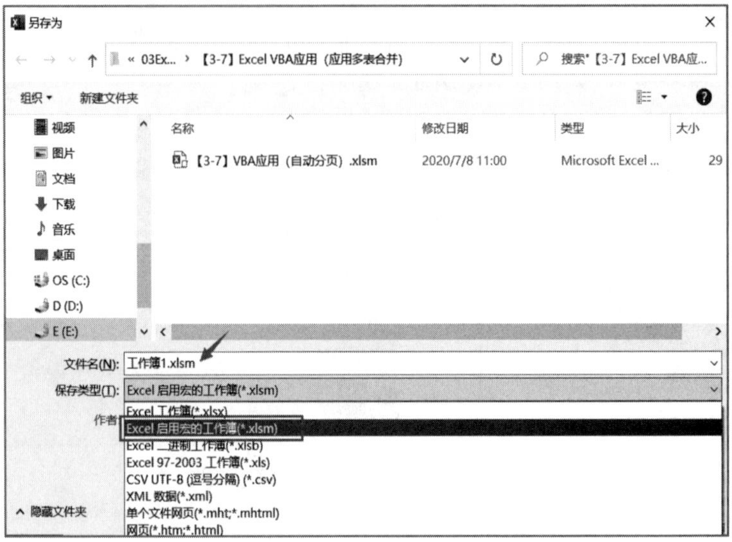

图 3-103　Excel 文件另存为启用宏的工作簿

4. 宏应用提升

在素材文件的“工资表”中，插入两个按钮“生成工资条”“恢复工资表”。单击“生成工资条”按钮，实现将第 1 行标题行复制插入到每行工资数据的上方。生成工资条操作效果如图 3-104 所示。

工号	姓名	性别	基本工资	岗位工资	绩效工资	考核工资	应发工资
yw001	潘春	男	1927	2688	2768	-128	7255
工号	姓名	性别	基本工资	岗位工资	绩效工资	考核工资	应发工资
yw002	于岩	女	1591	2911	2582	-155	6929
工号	姓名	性别	基本工资	岗位工资	绩效工资	考核工资	应发工资
yw003	郑怀	男	1786	2500	2684	199	7169

图 3-104　生成工资条效果

单击“恢复工资表”按钮，将数据恢复到原状态，仅第 1 行为标题行。恢复工资表操作效果如图 3-105 所示。

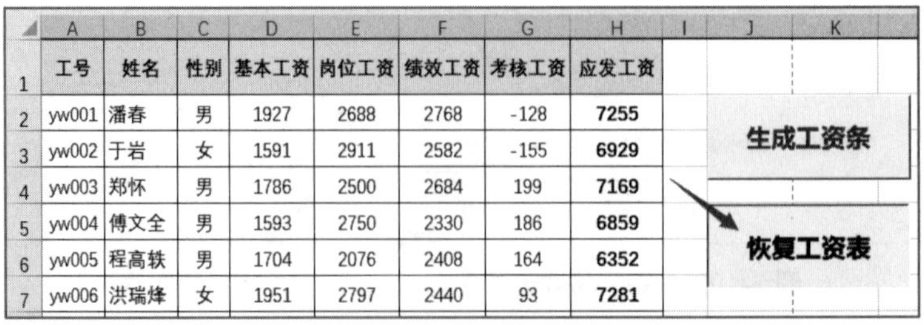

工号	姓名	性别	基本工资	岗位工资	绩效工资	考核工资	应发工资
yw001	潘春	男	1927	2688	2768	-128	7255
yw002	于岩	女	1591	2911	2582	-155	6929
yw003	郑怀	男	1786	2500	2684	199	7169
yw004	傅文全	男	1593	2750	2330	186	6859
yw005	程高轶	男	1704	2076	2408	164	6352
yw006	洪瑞烽	女	1951	2797	2440	93	7281

图 3-105　恢复工资表效果

提示：先为这两种操作分别录制宏，再修改宏代码，使用 for 语句让某些操作重复执行指定次数。

For 语句格式如下：

```
For 计数的变量= 开始数 To 结束数 [step 步长值]
重复语句
Next 计数变量
```

For 语句举例，让代码重复 5 次，k 的值分别为 1，3，5，7，9。

```
For k=1 To 10 step 2
   range("A1")=k
Next k
```

获取活动表中已有记录行数，代码为：ActiveSheet.UsedRange.Rows.Count。

复制粘贴标题行的次数为“总行数-2”，如表中有 3 行记录时，只需要复制粘贴一次标题行，因为第 1 行、第 2 行无须处理。

```
Sub 生成工资条()
Range("1:1").Select
For k = 1 To ActiveSheet.UsedRange.Rows.Count - 2
   Selection.Copy
   ActiveCell.Offset(2,0).Rows("1:1").EntireRow.Select
   Selection.Insert Shift:=xlDown
Next
Application.CutCopyMode = False  '取消复制的虚线框
End Sub
```

生成工资条

恢复工资表时，需删除多余的标题行。因为生成后的“工资条”，总行数一定是偶数，且第 1 行的标题行需要保留，所以需删除的标题行数为“总行数/2-1”。

```
Sub 恢复工资表()
Range("3:3").Select   '从第 3 行开始删除
nRows = ActiveSheet.UsedRange.Rows.Count
For k = 1 To nRows / 2 - 1
   Selection.Delete Shift:=xlUp
   ActiveCell.Offset(1,0).Rows("1:1").EntireRow.Select
Next
End Sub
```

恢复工资表

添加按钮：单击“开发工具→插入→按钮”，在窗口中画出按钮控件，然后单击鼠标右键，在弹出的快捷菜单中选择“指定宏”命令，在打开的对话框中为按钮控件指定宏，指定后则单击按钮控件可以执行宏代码。在按钮控件上单击鼠标右键，在弹出的快捷菜单中选择“设置控件格式”命令，在打开的对话框中，单击“属性”选项卡，设置“对象位置”为“大小、位置均固定”，还可修改按钮大小、字体等属性。

为按钮指定宏操作如图 3-106 所示。

3.8.3 任务总结

（1）在 Excel 中使用宏时，需设置“宏安全性”为“启用所有宏”。

（2）使用宏后的 Excel 文件，需保存为“xlsm”格式。

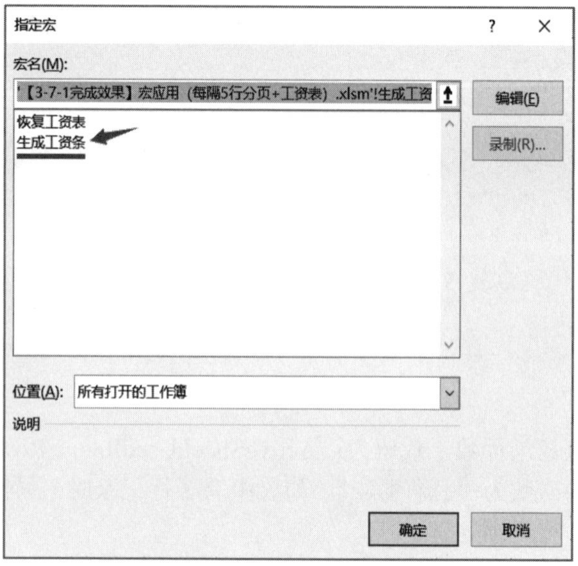

图 3-106　为按钮指定宏操作

（3）录制宏后，可在“Visual Basic 编辑器”中查看、编辑宏代码。

（4）宏执行的操作，不能用 Ctrl+Z 组合键撤销。

WPS 中，宏、VBA 功能默认不可用，需要具有会员资格，或安装插件才能使用。

3.8.4　任务巩固

下载本案例素材文件，按要求完成有关操作。

案例素材下载地址：https://icourse.ywicc.edu.cn/Res/ResList.aspx?CourseId=830。

测试一下

每次测试 30 分钟，最多可进行 2 次测试，取最高分作为测试成绩。

扫码进入测试 >>

项目 14　宏应用

3.9　项目 15　VBA 应用——多表数据合并

3.9.1　任务描述

小张是某电商贸易公司订单处理员，公司除系统订单外，还有部分客户需要走线下订单。她在收到 Excel 订单后，需要将多份订单数据合并到一个 Excel 表格中，为后续订单数据批量处理做准备。

本项目完成效果如图 3-107 所示。

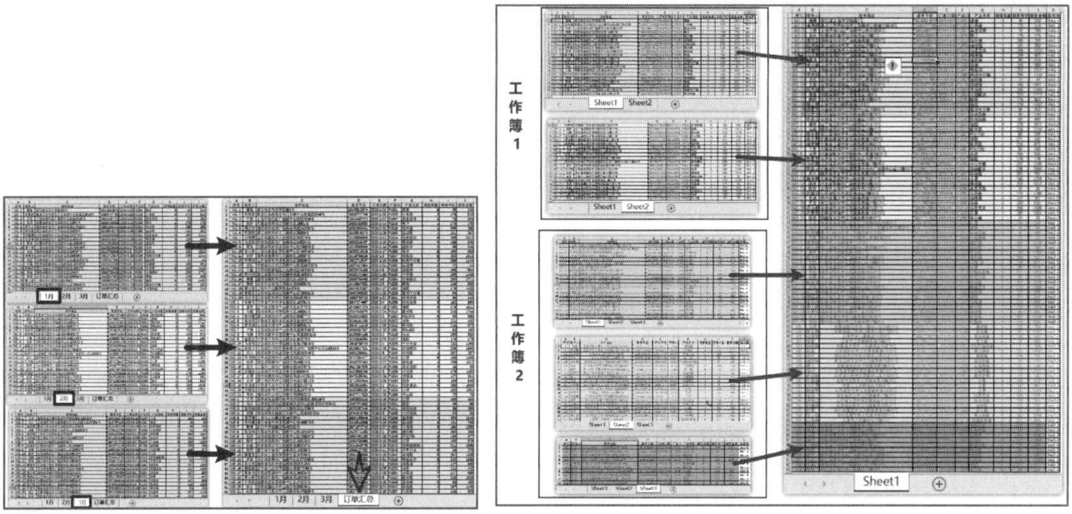

图 3-107　单文件多表合并，及多文件多表合并

3.9.2　有关知识

1. VBA 简介

宏和 VBA 的关系：VBA（Visual Basic for Applications）是编程语言，宏是用 VBA 代码保存下来的程序。录制的宏是 VBA 中最简单的程序。

录制宏存在的不足有：无法进行判断和循环，不能显示用户窗体，不能进行人机交互等。

为什么学 VBA？如果平时用 Excel 只需要处理一些常规的工作，可以不用 VBA。若日常工作过程中，存在大量重复或类似的操作，则可以使用 VBA 对 Excel 进行二次开发，通过编写 VBA 代码扩展 Excel 的功能，减少工作量，提高工作实效。通过编写 VBA 代码，可解决录制宏存在的不能判断、不能循环等问题。

初学建议：通过对录制宏代码进行编辑改进的方式熟悉 VBA 代码。

2. VBA 中常用的对象

用 VBA 代码操作 Excel 文档时，需要通过相应的对象进行操作。

对象：相当于某个实体，如“工作簿”“工作表”“单元格”“图表”“透视表”等。

集合：是一种特殊的对象，具有相同属性的对象组成一个集合。

VBA 中常用对象如表 3-5 所示。

常用对象及操作

表 3-5　VBA 中常用对象

对　象	对象说明
Application	代表 Excel 应用程序，为 Excel 顶层对象
Workbook	代表 Excel 中的工作簿，一个 Workbook 对象代表一个工作簿文件
Worksheet	代表 Excel 中的工作表，一个 Worksheet 对象代表工作簿里面的一张工作表
Range	代表 Excel 工作表中的单元格，可以是一个单元格，也可以是单元格区域
ActiveWorkbook	当前活动工作簿
ActiveSheet	当前活动工作簿中的活动工作表

续表

对　象	对象说明
ActiveCell	当前活动单元格
Workbooks	当前所有打开的工作簿
Worksheets	当前活动工作簿中所有 Worksheet 对象（普通工作表） Worksheet 对象是 Sheets 集合的成员
Sheets	当前活动工作簿中所有 Sheet 对象，包括普通工作表、图表工作表等
Selection	当前活动工作簿中所有选中的对象
ThisWorkbook	代码所在工作簿

在 Excel 中，通过 VBA 对象访问工作簿、工作表、单元格的过程中，主要使用的对象及属性如图 3-108 所示。

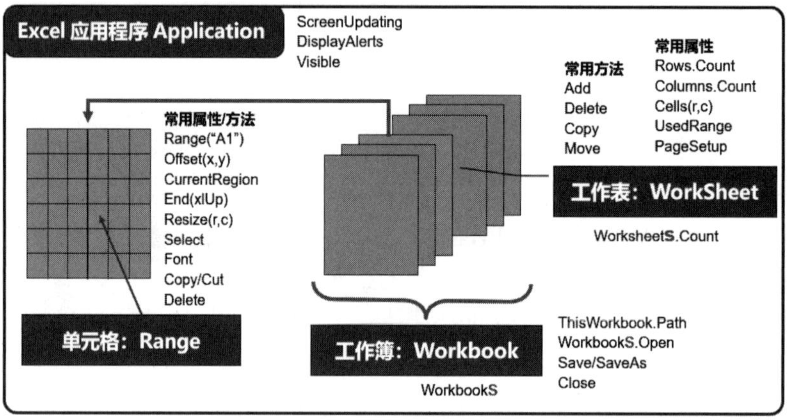

图 3-108　Excel VBA 中主要对象示意图

在 Excel VBA 中使用 Application 对象，需要添加引用“Microsoft Excel 16.0 Object Library”，如图 3-109 所示。在 VBE 窗口中，单击“工具→引用”，在打开的“引用-VBAProject”对话框选中该引用即可。

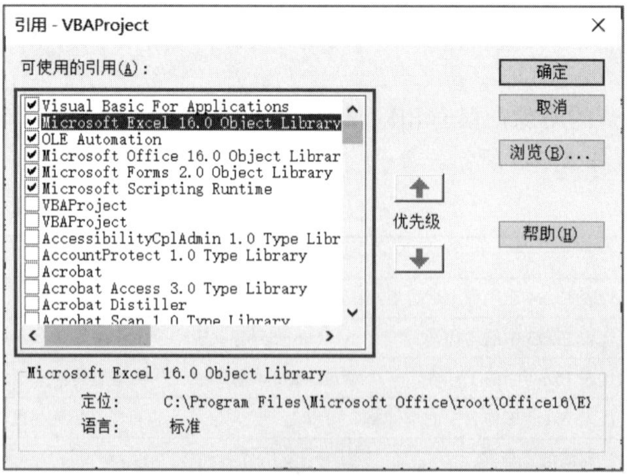

图 3-109　Excel 2019 中 VBA 引用 Microsoft Excel 16.0 Object Library

3. VBA 操作 Excel 的基本过程

平时操作 Excel 文档的过程为：打开指定的工作簿文件，找到指定的某张工作表，在指定的单元格（或区域）中进行读写操作。VBA 应用则是用相应代码来实现这些过程的。

（1）打开 Excel 文件

```
strFilePath= ThisWorkbook.Path &"\Book1.xlsx"    '当前 Excel 文件所在路径
Set xlBook = Application.Workbooks.Open(strFilePath)
```

（2）向指定单元格或区域中读写内容

格式为“工作簿.工作表.单元格（区域）”，如：application.Workbooks("test.xlsm").Sheets("Sheet1"). Range("A1").Value = 123

表示修改“test.xlsm”文件中“Sheet1”表的“A1”单元格的值。其中 application 可以省略；当前缀省略时，表示引用当前活动对象，如 Range（“A1”），表示当前工作簿、当前工作表中的单元格 A1。访问工作簿、工作表、单元格各有多种方式，可以组合使用；使用“Active”方式时，不用加前缀，如“ActiveCell”前面不用指定“工作簿.工作表.”。

VBA 引用单元格的方式如图 3-110 所示。

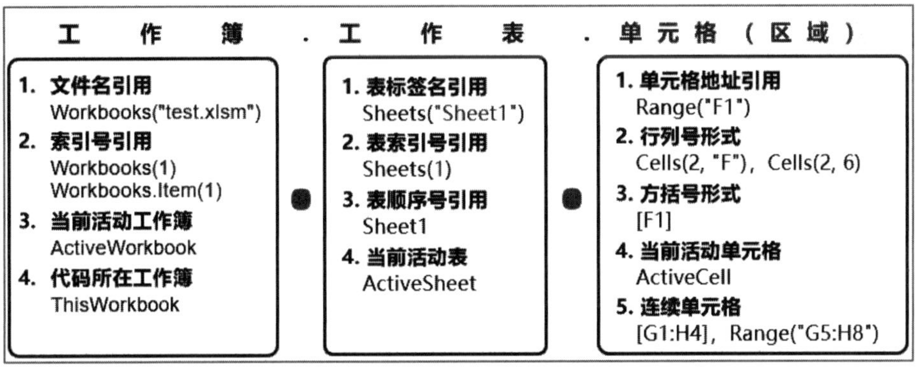

图 3-110　VBA 引用单元格方式

注意：使用工作表的索引号 Sheets(1)，与表顺序号 Sheet1 有区别。索引号的顺序，是 Excel 工作簿文件下方 Sheet 导航栏展示的顺序；表顺序号一般是工作表的创建顺序。Sheets(1)不一定是 Sheet1。Sheets(N)与 SheetN 的对应关系如图 3-111 所示。

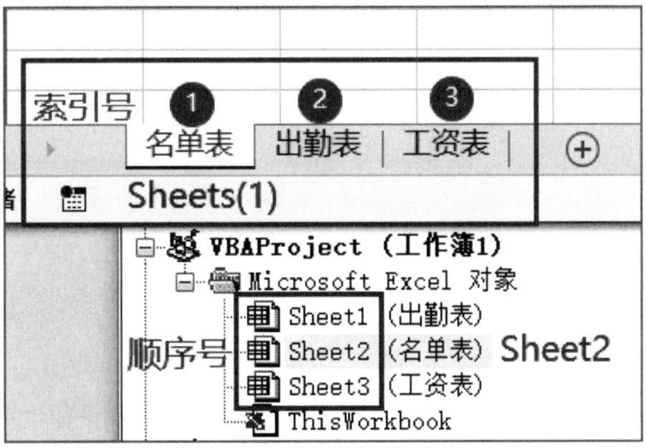

图 3-111　Sheets（N）、SheetN 对应关系

调用 Excel 自带函数进行计算：

```
Range("B1")=Application.WorksheetFunction.Sum(Range("H1:H8"))'单元格内容为计算结果
Range("B2")="=Sum(H1:H8)" '单元格内容为计算公式
Range("B3")=VBA.DateTime.Date 'VBA 方式调用表函数
```

（3）保存 Excel 文件

```
'保存到本工作簿所在的文件夹中
xlBook.Save  ThisWorkbook.Path & "\test.xlsx"
'另存为方式保存到本工作簿所在的文件夹中
xlBook.SaveAs  ThisWorkbook.Path & "\test.xlsx"
```

（4）关闭 Excel 文件

```
ActiveWorkbook.Close  '关闭当前工作簿
```

4. VBA 操作 Excel 常用对象、属性及方法

利用 VBA 操作 Excel 文件的过程中，需要通过一些对象的方法或属性实现。对象的属性用于描述对象的特征。如工作簿对象有名称属性；区域对象有行、列、值等属性。对象的属性可以是另一个对象，如“工作簿”对象的“工作表”属性，“工作表”也是一个对象。方法是对对象的一种操作，如向工作簿中添加一个新表的方法是 Add。

VBA 对象和方法的引用方式：在 VBA 中对象属性或方法的引用格式为“对象名.属性名/方法名”，如：Sheets(1).Range("A1").Value，表示第一张工作表中的 A1 单元格的值。在 VBE 窗口中，在对象名称后输入英文点号“.”会自动列表显示其方法和属性供选择。

VBA 中引用对象的方法或属性如图 3-112 所示。

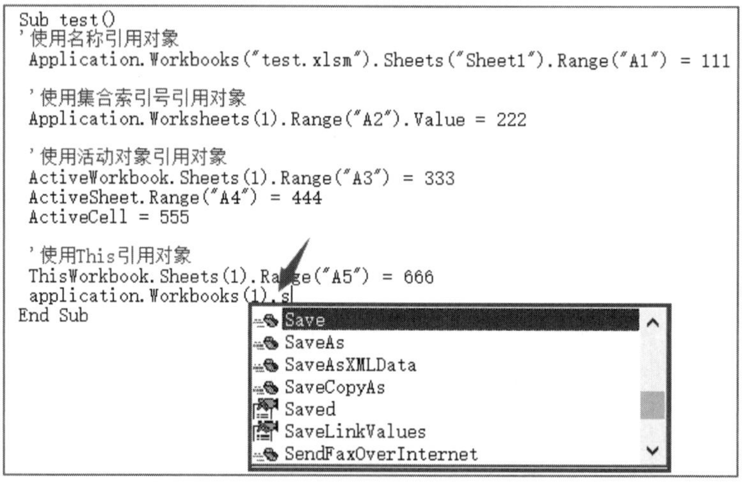

图 3-112　VBA 中引用对象的方法或属性

一般操作过程涉及的对象、方法、属性及代码如下。

（1）定义有关变量

变量声明，都是以 Dim 开头的，格式为：Dim 变量名 as 类型名，例如

```
Dim xlApp As New Excel.Application    '定义 Excel 顶层对象 Application
Dim xlBook As Excel.Workbook    '用于关联指定工作簿，“Excel.”可省略
Dim xlSheet As Worksheet    '用于关联指定工作表
```

```
Dim Rngs As Range      '用于关联指定单元格或区域
Dim nRow,nCol As Integer  '定义两个整型变量
```

说明：代码中英文单引号（'）为注释符，用于注释一行内容。注释是对代码的解释，可提高代码的可读性，不影响代码的运行，要养成写注释的习惯。

（2）访问指定工作表 Worksheet

```
'访问当前工作簿的第 1 张工作表,一般为 Sheet1
Set xlSheet = xlBook.Worksheets(1)
'访问当前工作簿中的所有表
For k = 1 To ActiveWorkbook.Worksheets.Count
  MsgBox "当前表名为:" & ActiveWorkbook.Worksheets(k).Name
Next  '遍历下一个表
```

说明：MsgBox 函数的作用是，在消息框中显示信息，并等待用户单击按钮，可返回单击的按钮值（比如“确定”或者“取消”），通常用来显示提示信息。

（3）访问指定单元格 Range

```
xlSheet.Range("A1").Select
xlSheet.Range("A1").value=123
ActiveSheet.Cells(3,"D").Value = 30 '在第 3 行,第 D 列相交的单元格中输入 30
```

Range("B3:F9").Cells(2,3)= 40 '在区域“B3:F9”区域中的第 2 行，第 3 列相交的单元格，即 D4。

（4）访问表格常用属性及语句

Worksheet 对象的 UsedRange 属性：工作表中已使用单元格围成的矩形区域，不管区域间是否有空行、空列或空单元格，即所有使用单元格的最左上角到最右下角区域。如图 3-113 所示的 UsedRange 区域为 A1:F7。

```
ActiveSheet.UsedRange.Select     '选择使用区域
ActiveSheet.UsedRange.Rows.Count      '取使用区域的行数,此处为 7
ActiveSheet.UsedRange.Columns.Count   '取使用区域的列数,此处为 6
```

Range 对象的 CurrentRegion 属性：对指定（或活动）单元格，以空行和空列的组合为边界的区域。如图 3-114 所示的 CurrentRegion 区域为 A1:D3。

```
Range("A1").CurrentRegion.Select      '选择与 A1 连接的区域
Range("A1").CurrentRegion.Rows.Count   '取与 A1 连接区域的行数,此处为 3
Range("A1").CurrentRegion.Columns.Count  '取与 A1 连接区域的列数,此处为 4
```

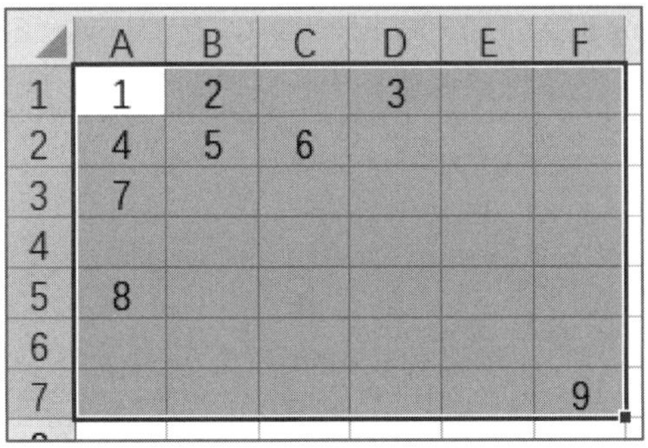

图 3-113　UsedRange 属性

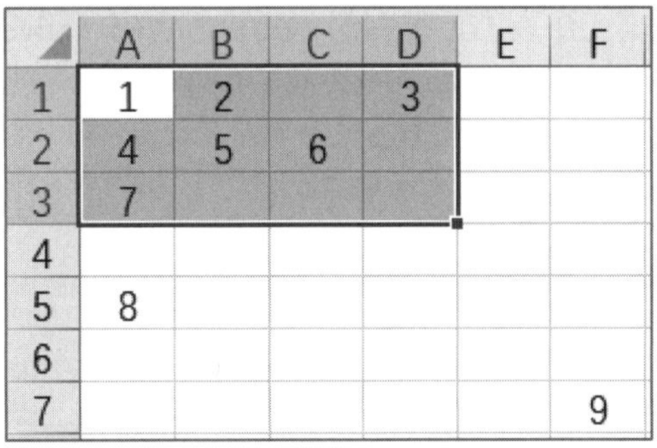

图 3-114　CurrentRegion 属性

Range 对象的 offset 属性：用来基于基本单元格的位置移动。offset(x,y)的两个参数中，x 表示行移动，x>0 表示向下移动，x<0 表示向上移动；y 表示列移动，y>0 表示向右移动，y<0 表示向左移动。参数移动方向如图 3-115 所示。

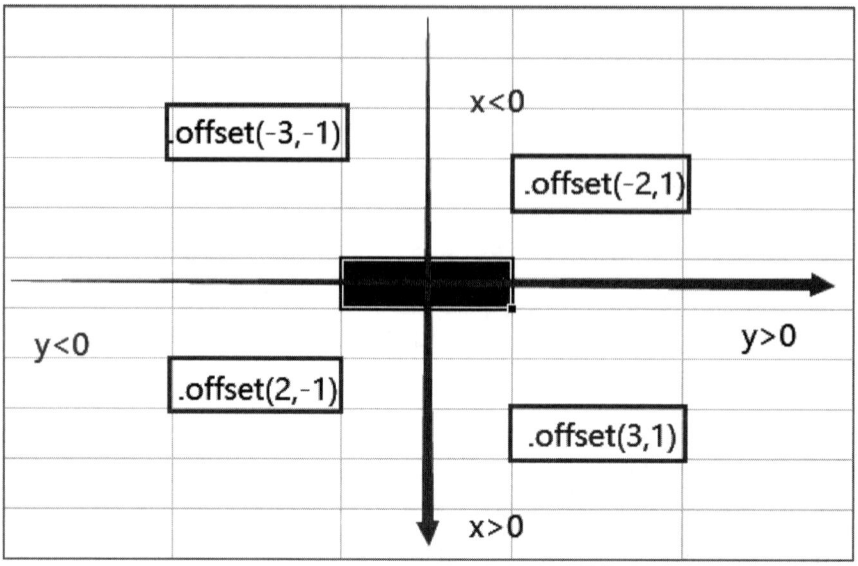

图 3-115　offset 位置移动示意图

如：Range("A1").offset(2,3).Value=500 '基于 A1 单元格，向下移动 2 行，向右移动 3 列，即 D3=500

Range("C5:D6").offset(-3,0).Select '在“C5:D6”区域的基础上，向上移动 3 行，列方向参数为 0，不移动，即 C2：D3 区域被选中

Range 对象的 Resize 属性：以指定位置为左上角，重新确定一个新的单元格区域。Resize (x,y)，第一个参数用于确定新区域的行数，第二个参数用于确定新区域的列数，两个参数的值都是大于等于 1 的正整数。新区域把该对象最左上角的单元格当成自己左上角第一个单元格。

将单元格 B2 扩大为 B2：E6，代码为：Range("B2").Resize(5,4).Select。

将 B2:E6 单元格缩小为 B2：B3，新区域以单元格 B2 为最左上角单元格，代码为 Range("B2:E6").Resize(2,1).Select。该语句等同于：Range("B2:E6").Cells(1).Resize(2,1).Select。

Range 对象的 End 属性：返回当前区域结尾处的单元格，等同于在原单元格按 Ctrl+方向键（上下左右）得到的单元格。代码 ActiveSheet.Range("A65536").End(xlUp)，表示从 A65535 单元格向上，最后一个非空的单元格。该属性共有 4 个参数，说明如下。

xlUp：向上移动；

xlDown：向下移动；

xlToLeft：向左移动；

xlToRight：向右移动。

清除单元格（区域）内容 Clear：该属性用于清除单元格或区域中的内容。示例如下：

```
Range("A1").Clear  '清除 A1 单元格所有内容(包括批注、内容、注释、格式等)
Range("A1:B2").ClearContents  '清除 A1:B2 单元格内容
```

```
Range("A1:B2").ClearComments   '清除 A1:B2 单元格批注
Range("A1:B2").ClearFormats   '清除 A1:B2 单元格格式
ActiveSheet.Cells.ClearContents   '清除活动表中的所有内容
```

删除单元格 Delete：该属性用于删除单元格，Delete 有 4 个选项，分别对应如下参数：

```
Range("A1").Delete Shift:=xlToLeft   '删除 A1 单元格,右侧单元格左移
Range("A1").Delete Shift:=xlUp   '删除 A1 单元格,删除后下方单元格上移
Range("A1").EntireRow.Delete   '删除 A1 单元格所在的行
Range("A1").EntireColumn.Delete   '删除 A1 单元格所在的列
```

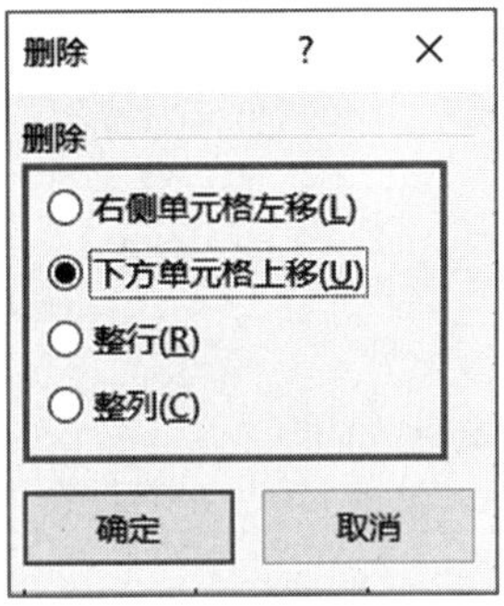

图 3-116　删除单元格的 4 种方式

4 个选项分别与“删除”单元格的 4 种方式对应，如图 3-116 所示。

5. VBA 程序结构

VBA 程序结构

大部分编程语言都有三种程序运行结构，分别是顺序、分支、循环。各种简单或复杂的代码，都由这三种基本结构组合而成。

顺序结构：就是从上到下、从左到右的顺序执行每条语句。

分支结构：有条件地执行某些操作，常使用 If-else 语句实现。

循环结构：重复执行某些操作，常使用 For、While 等语句实现。

过程：是 VBA 中程序实际运行的最小结构，单独的一行或多行代码无法运行，必须放在一个过程里才能运行。VBA 过程分 Sub 过程和 Function 过程。前者是通常意义上的过程，后者经常称为函数过程。

Sub 过程：以“Sub 过程名()”开头，以“End Sub”结尾，一个过程就是执行某项动作的一套指令，Sub 过程不返回运行的结果。格式如下：

```
Sub 过程名()
代码   '需要在过程中执行的代码
End Sub
```

Function 过程：以“Function 程序名()”开头，以“End Function”结尾，和 Sub 过程的区别是 Function 过程有返回的值，可以是一个值或一个数组，Function 过程也称自定义函数。格式如下：

```
Function 函数名(参数 1,参数 2,...)As 数据类型
'需要在函数中执行的代码
函数名 = 函数执行后的结果
End Function
```

VBA 涉及的内容较多，由于篇幅限制，仅介绍部分内容，不做深入讲解。其他有关概念及具体应用，请有兴趣的同学自行搜索资料学习，学习过程中若遇到问题，欢迎在教学平台留言讨论。

6. 任务实现

进入“Visual Basic 编辑器”的常用方式：单击“开发工具→Visual Basic”按钮；或者在表标签上右击，在弹出的快捷菜单中选择“查看代码”命令；或者按快捷键 Alt+F11。

（1）单文件多表合并

操作要求：将工作簿内多张表中的数据，合并到同一张表中。

打开素材文件“【素材文件】VBA 应用（单文件多表合并）.xlsx”，首先将它另存为启用宏的“启用宏的工作簿（*.xlsm）”。进入 VBA 代码编辑窗口，新建一个过程 HeBing()，编写代码将 1～3 月的订单，合并到“订单汇总”表中。在“订单汇总”表中新建宏，或直接编辑 VBA 代码。

单文件多表合并的主要步骤如下所示。

单文件多表合并

第 1 步：将“订单汇总”表设为激活状态（这样执行代码时，当前激活表可任意），清除“订单汇总”表中的所有内容，即下一次合并替换上一次合并的结果。

第 2 步：循环读取工作簿中的每一张表。

第 3 步：判断当前读取的工作表是不是用于保存结果的“订单汇总”表，若是则回到第 2 步，否则进入第 4 步。

第 4 步：根据“订单汇总”表中已有数据信息，获取 A 列最后一行数据的下一个单元格，即新的数据接在已有数据的下方。

第 5 步：获取当前工作表中与单元格 A1 连续区域记录的行数 xrow。

第 6 步：将当前工作表中单元格 A2 开始向下的 xrow-1 行数据区域复制到“订单汇总”表中。从单元格 A2 开始，表示从每张表复制数据时，都跳过标题行（第一行）。

第 7 步：判断“订单汇总”表的单元格 A1 是否为空（即判断是否有标题行），若为空，则将当前工作表的第一行复制粘贴到“订单汇总”表的第一行；否则不做处理。

第 8 步：回到第 2 步。

单文件多表合并的参考代码：

```
Sub HeBing()
'将“订单汇总”表设为激活状态
  Worksheets("订单汇总").Activate
  '清除活动表中的所有内容(包括批注、内容、注释、格式等)
  ActiveSheet.Cells.Clear
  Dim sht As Worksheet,xrow As Integer,rng As Range
  For k = 1 To ActiveWorkbook.Worksheets.Count '遍历工作簿中的每张表
    Set sht = Sheets(k)'读取每张表
    If sht.Name <> ActiveSheet.Name Then
      '获得 A 列第一个空单元格
      Set rng = Range("A65536").End(xlUp).Offset(1,0)
      xrow = sht.Range("A1").CurrentRegion.Rows.Count   '当前连续区域记录的行数
      '粘贴记录到订单汇总表
      sht.Range("A2").Resize(xrow-1,10).Copy rng
      '标题行只复制粘贴一次
      If Range("A1")= "" Then
        sht.Range("A1").Resize(1,10).Copy Range("A1")
      End If
    End If
  Next
  MsgBox "原合并数据已清除,新合并操作已完成!"
End Sub
```

（2）多文件多表合并

此为拓展内容，用于对 VBA 操作的提升，供对 VBA 应用有兴趣的同学进行拓展学习。

操作要求：首先指定一个文件夹，并在该文件夹内创建一个名称为“合并”的新文件夹。将指定文件夹下多个工作簿中每张表的数据，合并到新工作簿的一张表中，将合并后的工作簿保存在“合并”文件夹中。多文件多表合并效果，如图 3-117 所示。

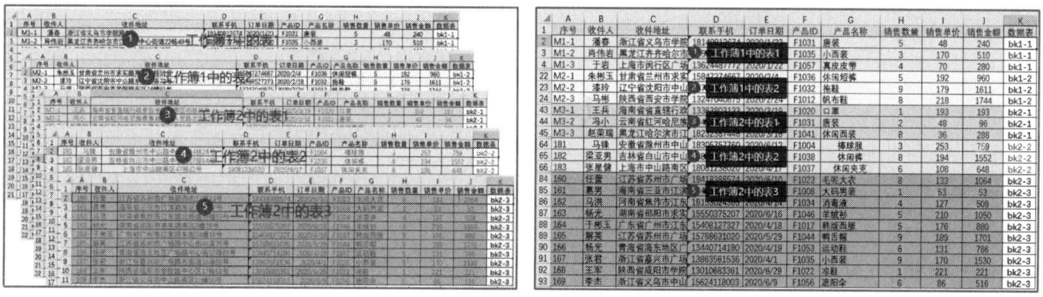

图 3-117　多文件多表合并前后对比

窗体应用：在“VBA 编辑器”窗口中，单击“插入→用户窗体”按钮可新建窗体文件。在窗体中可以插入“命令按钮、文本框、标签”等控件。通过窗体、控件控制代码的运行，可提高用户操作的便捷性。多文件多表合并窗体设计，如图 3-118 所示。

窗体制作

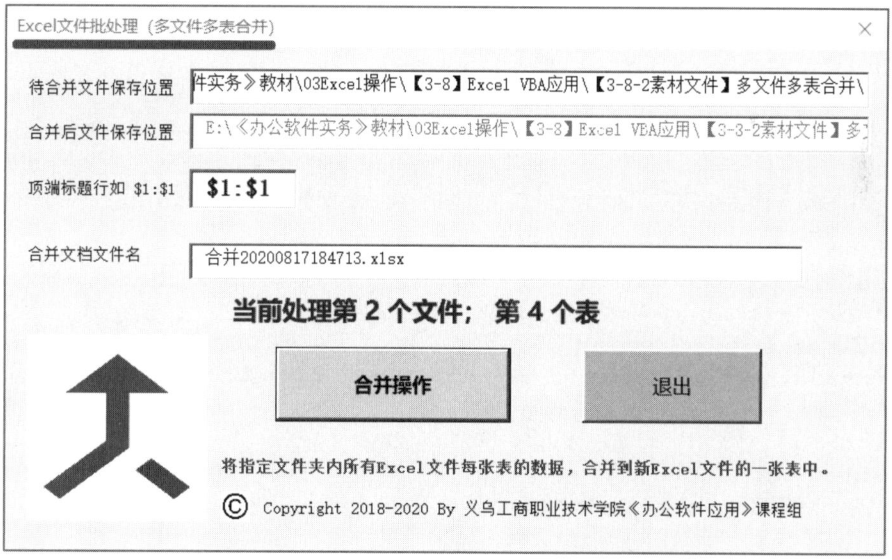

图 3-118　VBA 多文件多表合并窗体界面效果

多文件多表合并的主要步骤如下。

第 1 步：通过打开选择文件的方式，获取指定文件夹位置。

运行程序时，在“待合并文件保存位置”后的文本框中双击，打开“选择文件”对话框，找到需要合并的文件位置，选中任一个待合并文件，单击“打开”按钮即可确定待合并文件所在的文件夹。选择待处理文件所在文件夹操作，如图 3-119 所示。

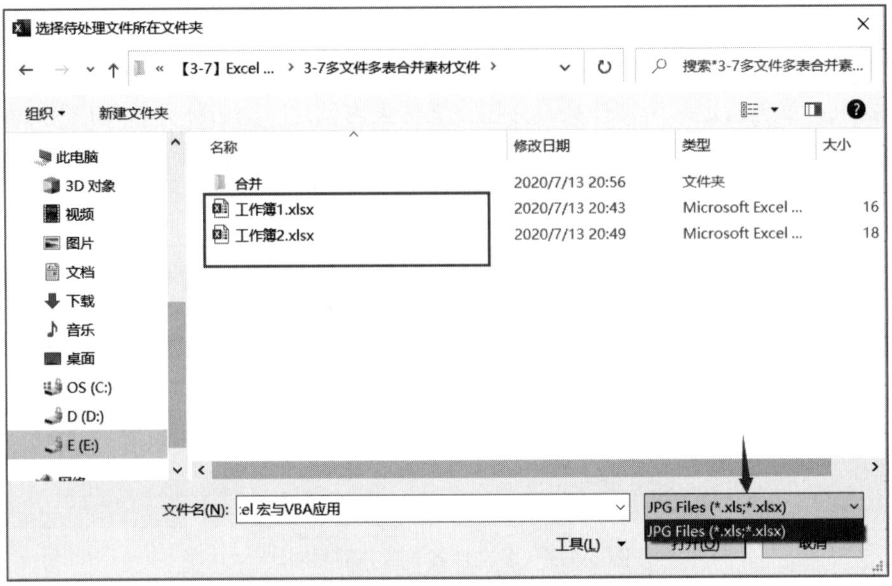

图 3-119　通过选定文件方式确定待处理文件所在文件夹

双击选择文件夹功能的 VBA 代码如下：

```
Private Sub txtYwjwz_DblClick(ByVal Cancel As MSForms.ReturnBoolean)
FileFormat = "*.xls,*.xlsx"
Dim fd As FileDialog  '对话框对象
Dim str As String
Set fd = Application.FileDialog(msoFileDialogFilePicker)
fd.InitialFileName = ThisWorkbook.Path
fd.Filters.Clear   '清除文件过滤器
fd.Filters.Add "JPG Files",FileFormat   '设置文件过滤器
fd.Title = "选择待处理文件所在文件夹"
Dim vrtSelectedItem As Variant
With fd
    If .Show = -1 Then  '单击"确定"按钮
        '遍历所选文件夹中的每个项目(文件)
        For Each vrtSelectedItem In .SelectedItems
          str = vrtSelectedItem
          txtYwjwz.Text = Left(str,InStrRev(str,"\")) '取路径,去掉最后的文件名
          txtBcwz.Text = txtYwjwz.Text & "合并\"
          Exit For  '获取文件夹位置后,退出 for 循环
        Next vrtSelectedItem
    Else  '单击取消按钮
    End If
End With
Set fd = Nothing
End Sub
```

第 2 步：通过 Dir 遍历文件夹中的每个工作簿文件，并对每个工作簿文件，使用循环读取每张表中的数据。最后保存关闭汇总后的文件。

```
'顶端标题行 $1:$1,根据顶端标题行参数,获取标题行开始、结束行号
Dim arrBth
```

```
arrBth = Split(txtDybth.Text,":")
nBth1 = Int(Right(arrBth(0),Len(arrBth(0))- 1))'标题行开始行号
nBth2 = Int(Right(arrBth(1),Len(arrBth(1))- 1))'标题行结束行号
fld = txtYwjwz.Text    '指定文件夹的位置
myFile = Dir(fld & "*.xlsx")'通过 Dir 遍历文件夹内的每个文件
Set xlBooknew = Application.Workbooks.Open(savePath) '保存汇总结果的文件
Application.Visible = False
Set xlSheetnew = xlBooknew.Worksheets(1) '将汇总结果保存在第 1 张表中
Do While myFile <> "" '循环遍历每个 xlsx 文件
  Set xlBookold = Application.Workbooks.Open(strYwjPath & myFile)
  Application.Visible = False
  Application.ScreenUpdating = False '禁止屏幕刷新,提高运行速度
  Application.DisplayAlerts = False  '禁止提示
  If fgAdd = 1 Then  '第 1 张表保存标题行
    fgAdd = 0
    startSheet = 2  '第 1 个工作簿的第 1 张表单独处理,循环时从第 2 张表开始
    xlBookold.Sheets(1).UsedRange.Offset(0).Copy  xlSheetnew.Cells(1,1)
    xlBooknew.Save
  Else
    startSheet = 1  '除第 1 个工作簿之外,其他工作簿都从第 1 张表开始循环
  End If
  For i = startSheet To xlBookold.Worksheets.Count   '遍历每张工作表------------------
    row1 = xlBookold.Sheets(i).UsedRange.Rows.Count   '被复制表的行数
    col1 = xlBookold.Sheets(i).UsedRange.Columns.Count  '列数
    row2 = xlSheetnew.UsedRange.Rows.Count    '复制到表的行数
    '循环复制表时,均跳过标题行
    xlBookold.Sheets(i).UsedRange.Offset(nBth2,0).Resize(row1-nBth2,col1).Copy
xlSheetnew.Cells(row2+1,1)
    xlBooknew.Save
  Next  '遍历下一张工作表------------------
  xlBookold.Close(False)'关闭已处理的工作簿文件
  myFile = Dir      '读取下一个工作簿文件,第 2 次读入的时候不用写参数
Loop  '遍历下一个工作簿文件
```

本项目具体操作代码，可参考“【完成效果】VBA 应用（多文件多表合并）”。

3.9.3　任务总结

（1）VBA 中，对象变量的赋值需使用关键字 Set，如 Set sht = Sheets(1)。

（2）VBA 操作 Excel 的过程中，一般需要访问指定工作簿、指定工作表、指定单元格，在对象与属性或方法中直接用英文点号“.”连接，如：Workbooks("test.xlsm").Sheets("Sheet1").Range("A1").Value。

（3）ThisWorkbook 指当前 VBA 代码所在的工作簿，ActiveWorkbook 指当前活跃的工作簿。

（4）获取指定工作表行列数的方法，以某列为参照：.Range("A65536").End(xlUp)；表中使用区域：Sheets(1).UsedRange.Rows.Count；以某单元格为参照，连续区域：Range("A1").CurrentRegion.Rows.Count。

（5）Dir 不能嵌套使用，若需实现嵌套的效果，可将第一次 Dir 搜索到的信息存储到数组中，再循环数组，进行第二次 Dir 操作。

（6）使用按钮等控件，绑定指定的宏代码，可提高代码运行的便捷性。

WPS 中，VBA 功能默认不可用，需要具有会员资格，或安装插件才能使用。

3.9.4 任务巩固

下载本案例素材文件，按要求完成有关操作。

案例素材下载地址：https://icourse.ywicc.edu.cn/Res/ResList.aspx?CourseId=830。

测试一下

每次测试 30 分钟，最多可进行 2 次测试，取最高分作为测试成绩。

扫码进入测试 >>

项目 15 VBA 应用

第4部分 PowerPoint应用篇

4.1 PowerPoint 基本操作

本部分介绍 PowerPoint 2019 的基本操作，主要包括：PowerPoint 页面设置、设计与配色方案的使用、主题、母版、版式、动画、幻灯片切换、幻灯片放映设置、演示文稿输出和保存的方式等。

4.1.1 有关知识

PowerPoint 2019 是一款演示文稿软件，扩展名为.pptx。演示文稿中的每一页称为幻灯片，也俗称为 PPT。PPT 正成为人们工作生活的重要组成部分，广泛地应用于工作汇报、企业宣传、产品推介、婚礼庆典、教育培训等领域。

PowerPoint 2019 窗口界面，主要由标题栏①、快速访问工具栏②、选项卡③、功能区④、幻灯片窗格⑤、幻灯片编辑区⑥、状态栏⑦、备注窗格⑧、视图栏⑨等部分组成，布局如图 4-1 所示。

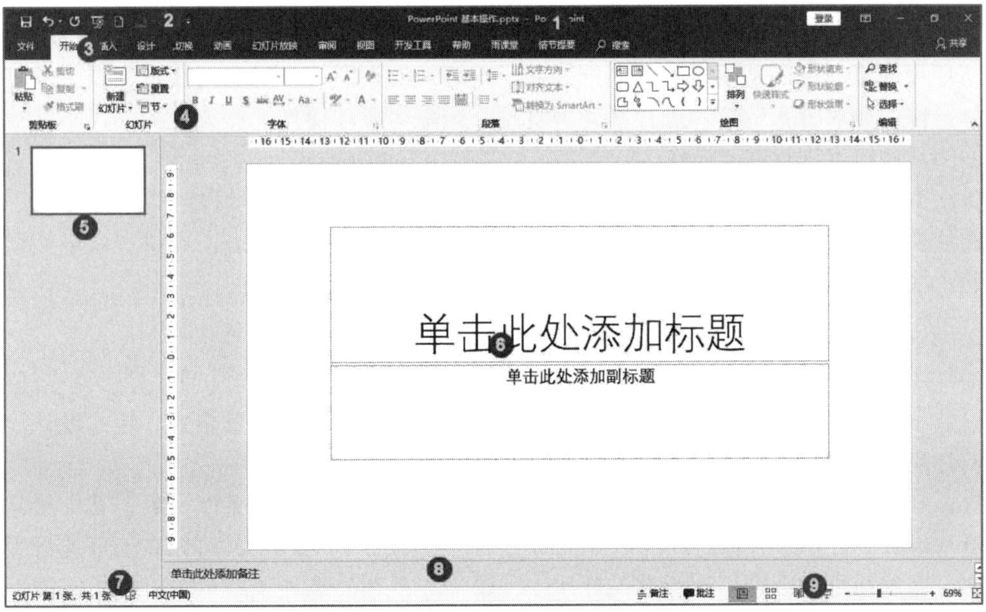

图 4-1　PowerPoint 2019 窗口界面

PowerPoint 2019 窗口有“文件”“开始”“插入”“设计”“切换”“动画”“幻灯片放映”“审阅”“视图”“开发工具”“帮助”“情节提要”12 个固定选项卡及功能区，单击选项卡会切换到与之对应的选项卡功能区。每个功能区根据功能不同，又分为若干个功能组，每个功能组有若干个命令按钮或下拉列表按钮，有的功能组右下角有“对话框启动器”/“窗格启动器”按钮。

1. 演示文稿视图

为了帮助用户根据工作时的不同需要，实现演示文稿的创建、编辑、浏览和放映，PowerPoint 2019 提供 5 种视图：普通视图、大纲视图、幻灯片浏览视图、备注页视图、阅读视图，每种视图都有自身的工作特点和功能。在“视图”选项卡的“演示文稿视图”功能区中，列出了这 5 种视图，如图 4-2 所示。

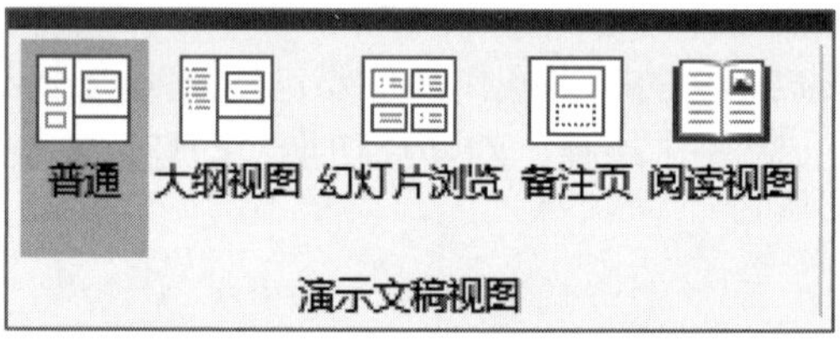

图 4-2 “演示文稿视图”功能区

演示文稿窗口右下角有幻灯片视图的图标按钮，可以单击在各视图间进行转换。

普通视图，是演示文稿的默认视图，也是主要的编辑视图，提供了编辑演示文稿的各项操作，常用于撰写或设计演示文稿。该视图包含三个工作区：左侧是幻灯片窗格，幻灯片以缩略图的方式显示，方便选择和切换幻灯片；右侧是主要的编辑区域；底部为备注窗格，可以备注当前幻灯片的关键内容。在演讲者模式下备注文字只会在计算机屏幕显示，而不会在投影屏幕显示。

大纲视图，方便用户组织、编排演示文稿的组织结构。该视图主要用来编辑演示文稿的大纲文本，也可编辑幻灯片的备注信息。

幻灯片浏览视图，是以缩略图的方式显示幻灯片的视图，常用于对演示文稿中幻灯片进行整体操作，如对各张幻灯片进行移动、复制、删除等各项操作。在该视图下，不能对幻灯片里面的具体内容进行修改操作。

备注页视图，由注释文本和内容、缩小的幻灯片组成，起到提示和辅助作用。

阅读视图，占据整个计算机屏幕，进入演示文稿的真正放映状态，可供观众以阅读方式浏览整个演示文稿的播放。

2. 母版视图

幻灯片母版是存储有关应用的设计模板信息的幻灯片，包括字形、占位符大小或位置、背景设计和配色方案。通过修改母版页面中的字体、字号、页面背景格式、版式设计，可以统一幻灯片内容格式。

PowerPoint 2019 母版视图包含 3 种：幻灯片母版、讲义母版、备注母版。其中最常用的是幻灯片母版。若要使所有幻灯片包含相同的字体或图像（如徽标），可以在幻灯片母版中进行修改，而这些更改会应用到所有幻灯片中。选择“视图”选项卡，单击“母版视图”功能区中的“幻灯片母版”按钮，进入幻灯片母版视图，如图 4-3 所示。母版幻灯片是窗口左侧缩略图窗格中最上方的幻灯片，与母版版式相关的幻灯片显示在此母版幻灯片的下方。

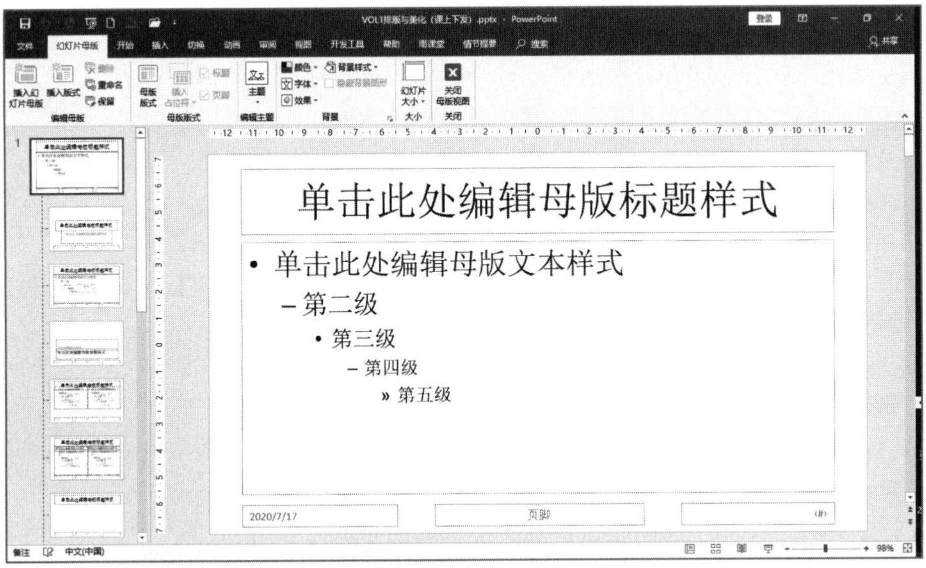

图 4-3　幻灯片母版

3. 版式

幻灯片版式是幻灯片内容在幻灯片上的排列方式，包含幻灯片上显示的所有内容的格式、位置和占位符。占位符是幻灯片版式上的虚线容器，其中包含标题、正文文本、表格、图表、SmartArt 图形、图片、剪贴画、视频和声音等内容。不同的版式中占位符的位置与排列的方式也不同。PowerPoint 包含内置幻灯片版式，新建的演示文稿默认第一张幻灯片版式为“标题幻灯片”。用户可以修改这些版式以满足特定需求，如图 4-4 所示。

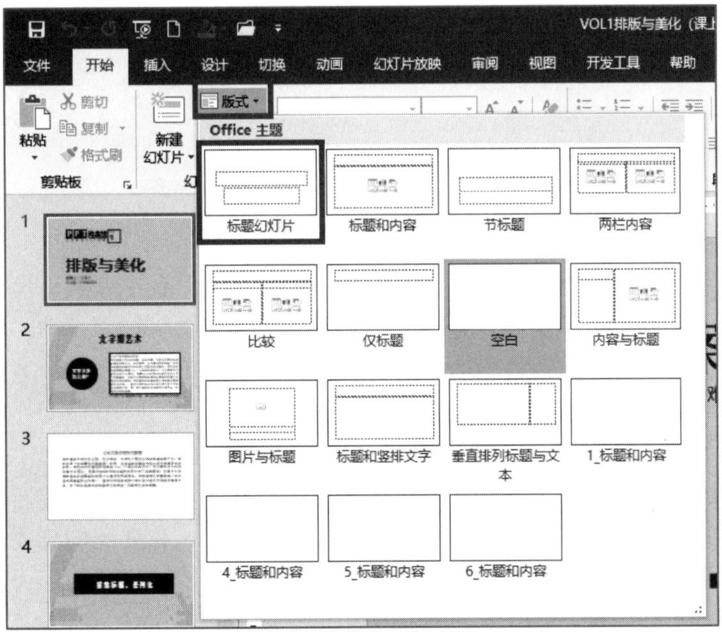

图 4-4　幻灯片版式

4.1.2 常用操作

常用操作

1. 新建演示文稿

演示文稿由一张或多张相互关联的幻灯片组成。创建演示文稿涉及的内容包括：添加新幻灯片和内容、选取版式、通过更改主题修改幻灯片设计、设置动态效果、幻灯片放映。选择“文件→新建”命令，这里提供了一系列创建演示文稿的方法，包括：

- 空白演示文稿，从具备最少的设计且未应用主题的幻灯片开始。
- 主题，在已经具备设计概念、字体和颜色方案的 PowerPoint 模板基础上创建演示文稿（模板还可使用自己创建的）。
- 联机模板和主题，在 Microsoft Office 联机模板库中选择。

（1）新建空白演示文稿

方法一：在需要创建 PowerPoint 文档的位置，单击鼠标右键，在弹出的快捷菜单中选择“新建→Microsoft PowerPoint 演示文稿”命令，即可创建一个新的 PowerPoint 文件，双击打开这个文件，即打开了一个新的空白演示文稿，如图 4-5 所示。

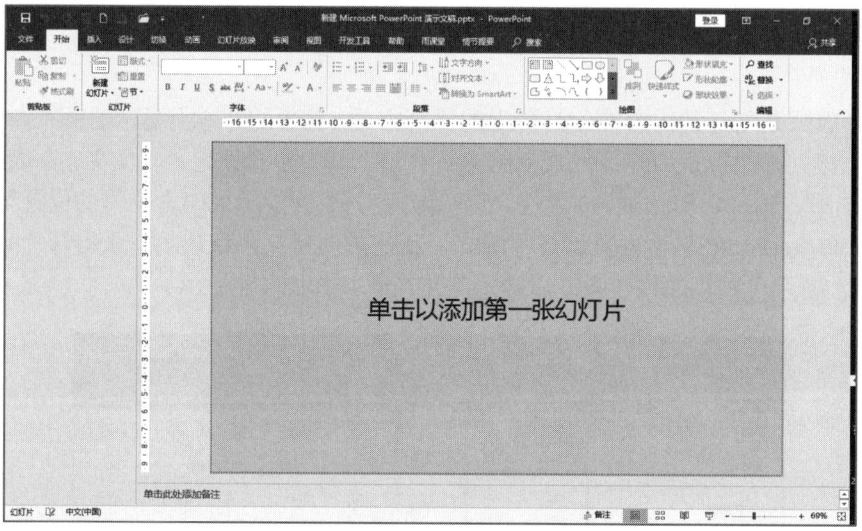

图 4-5 新建 PowerPoint 文档

方法二：如果已经启动 PowerPoint 2019 应用程序，在 PowerPoint 2019 文档中选择“文件”选项卡，在弹出的列表中选择“新建”选项，在“新建”区域单击“空白演示文稿”选项即可。或者单击快速访问工具栏中的“新建”按钮，还可以按快捷键 Ctrl+N，创建一个新的空白演示文稿。

（2）通过主题模板新建演示文稿

PowerPoint 2019 自带各种主题模板，用户可根据自己的需要选择创建新的演示文稿。在 PowerPoint 2019 文档中选择“文件”选项卡，在弹出的列表中选择“新建”选项，在打开的“新建”区域中，可根据需要选择模板，也可通过搜索选择合适的模板。比如，选择“引用”主题模板，会出现图 4-6 所示的界面，单击“创建”按钮，新建的演示文稿如图 4-7 所示，该演示文

模板应用

稿已经预先定义好了标题版式、字体和颜色方案等，用户只需要输入内容即可。

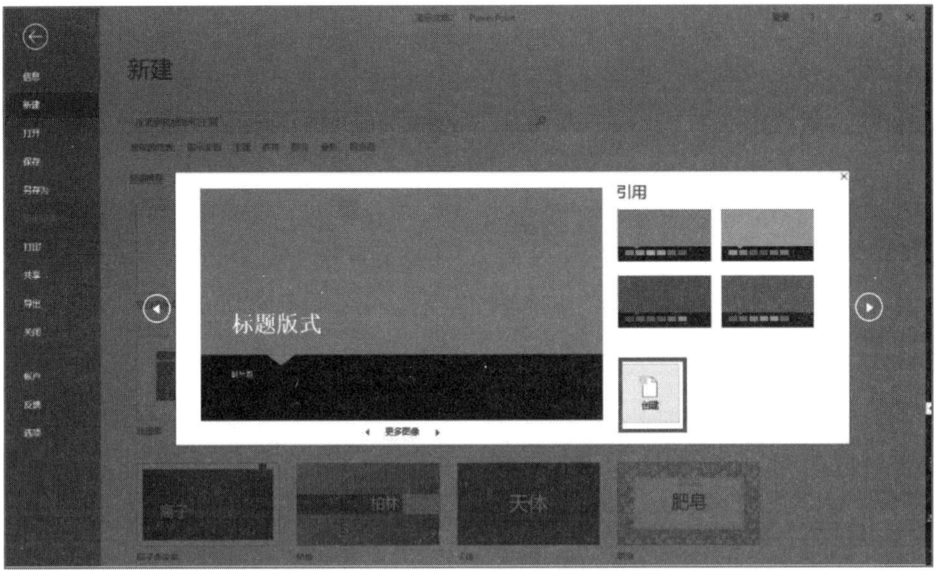

图 4-6　根据主题模板创建演示文稿

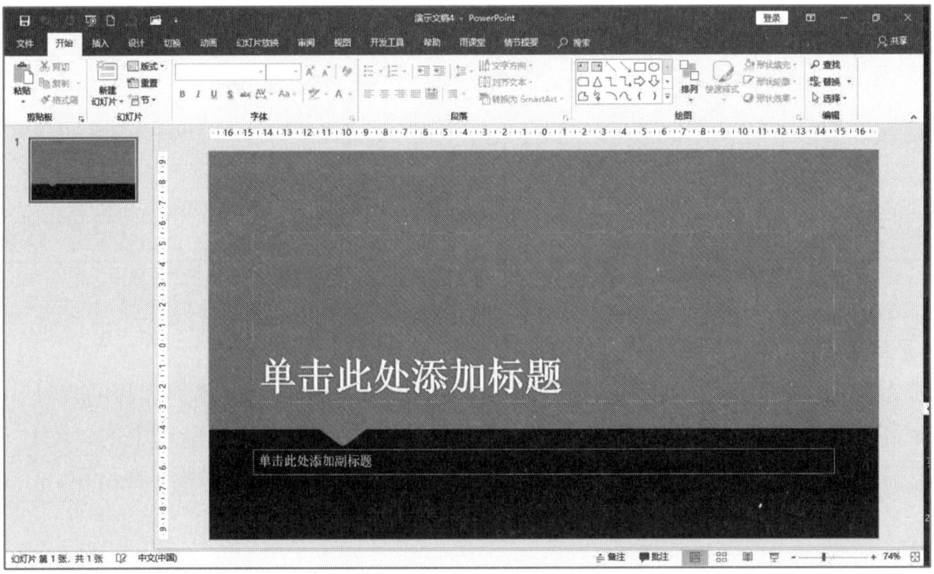

图 4-7　主题演示文稿

2. 保存演示文稿

在制作演示文稿的过程中，需要随时保存，这样可以避免因为意外情况而丢失正在制作的文稿。按 Ctrl+S 快捷键对文档进行保存，或者单击快速访问工具栏中的“保存”按钮进行保存。也可将演示文稿另存为其他位置或文件名，选择“文件”选项卡，在弹出的列表中选择“另存为”选项，或者按 F12 键，打开“另存为”对话框，进行保存。

3. 自动保存文档设置

为防止意外关闭而没有来得及手动保存文档，PowerPoint 提供了自动保存文档功能。选择“文件”选项卡，在弹出的列表中选择“选项”，在打开的“PowerPoint 选项”对话框中选择“保存”，打开“自定义文档保存方式”，如图 4-8 所示。在“保存演示文稿”中，可以进行文档的保存格式设置、自动保存时间间隔的设置，以及自动保存的文档的位置设置等，如果不知道自动保存的文件在哪里，也可以在这里进行查看。

图 4-8　自定义文档保存方式

4. 页面设置

在编辑演示文稿之前，可以先对演示文稿页面进行设置，如设置幻灯片的尺寸，目前演示文稿宽高比例一般用 16∶9。单击“设计”选项卡下“自定义”功能区中的“幻灯片大小”按钮，打开“幻灯片大小”对话框，在该对话框中进行设置即可，如图 4-9 所示。

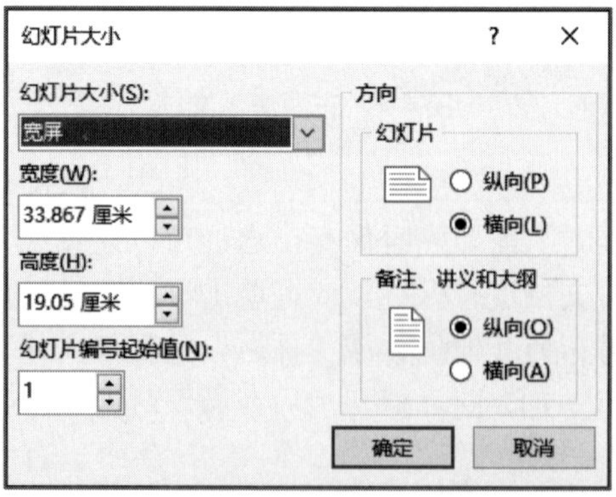

图 4-9　“幻灯片大小”对话框

5. 幻灯片外观设计

PowerPoint 2019 采用了主题设计，可以使同一演示文稿的所有幻灯片具有一致的外观。我们可以对演示文稿的外观自行设计，也可以在已有主题的基础上进行修改。

（1）修改幻灯片背景

在幻灯片上单击鼠标右键，在弹出的快捷菜单中选择“设置背景格式”命令，打开“设置背景格式”窗格，如图 4-10 所示，可以通过“填充”命令修改幻灯片背景，也可以将背景设置为纯色、渐变色、图片或纹理、图案等。

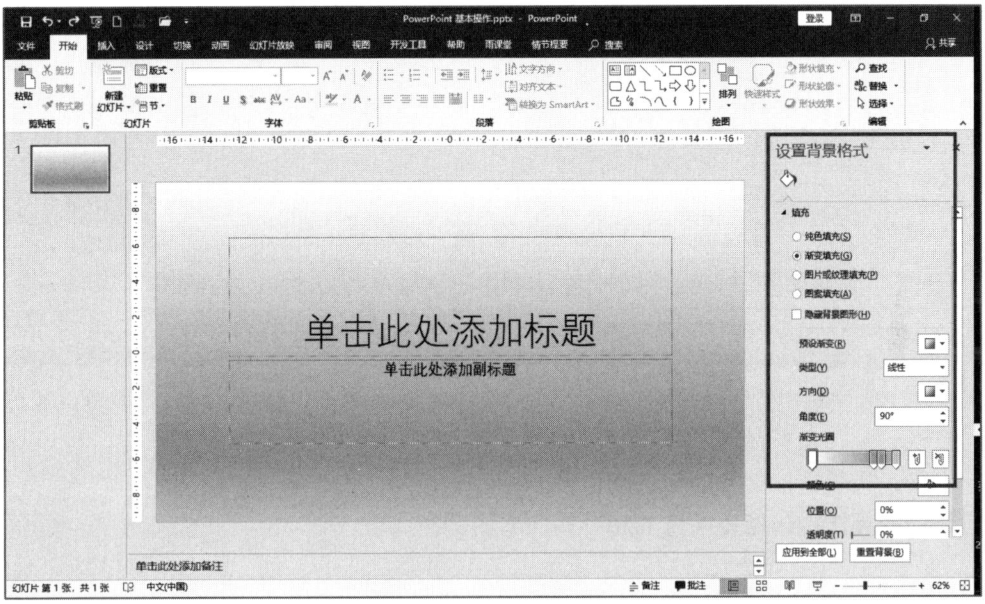

图 4-10 设置背景格式

（2）修改主题

新建的空白演示文稿没有任何的设计概念，用户可以先选择一种合适的主题，然后定义整个演示文稿的字体、配色方案等。单击“设计”选项卡，在“主题”功能区中展示了 PowerPoint 自带的主题效果，单击其中的一个，在右边的“变体”功能区会出现该主题的不同配色方案，用户可以进一步选择，如图 4-11 所示，该主题会应用到整个演示文稿的所有幻灯片。如果只需要将该主题应用其中的某一张幻灯片，则在该主题上单击右键，在弹出的快捷菜单中选择“应用于选定幻灯片”命令即可。

母版与版式

（3）自定义主题颜色与字体

在“设计→变体”功能区中，单击“变体”右侧的下拉三角形，光标移到“颜色”，在打开的下拉列表中选择“自定义颜色”，打开“编辑主题颜色”对话框，如图 4-12 所示。

自定义主题颜色与字体

文字/背景−深色 1：为输入文字的颜色；

文字/背景−浅色 1：为 PPT 的背景颜色，形状中的文字默认颜色；

文字/背景−深色 2：预置的颜色；

文字/背景−浅色 2：预置的颜色；

图 4-11　主题、变体功能

着色 1～着色 6：都是预置的颜色，为插入图表、SmartArt 等的颜色，其中着色 1 为插入形状的默认颜色，和整体的 PPT 主色；

超链接：指超链接文本的默认颜色；

已访问的超链接：指访问过的超链接文本的颜色。

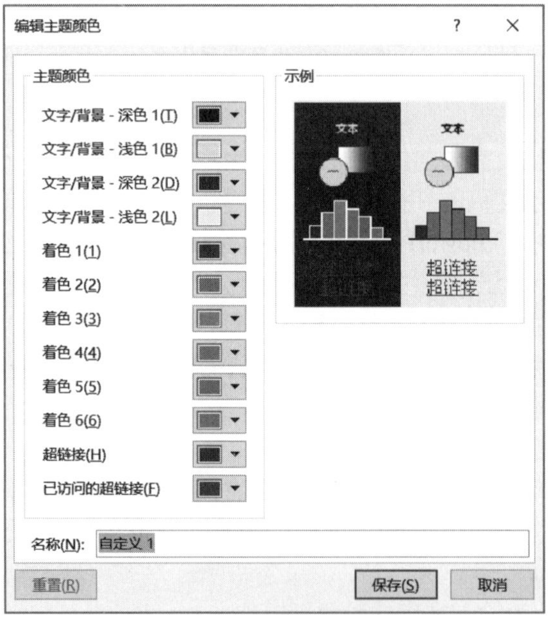

图 4-12　“编辑主题颜色”对话框

设置颜色的时候右边的示例窗格会显示预览效果。着色 1～着色 6 与图表（柱形图）颜色对应关系如图 4-13 所示。

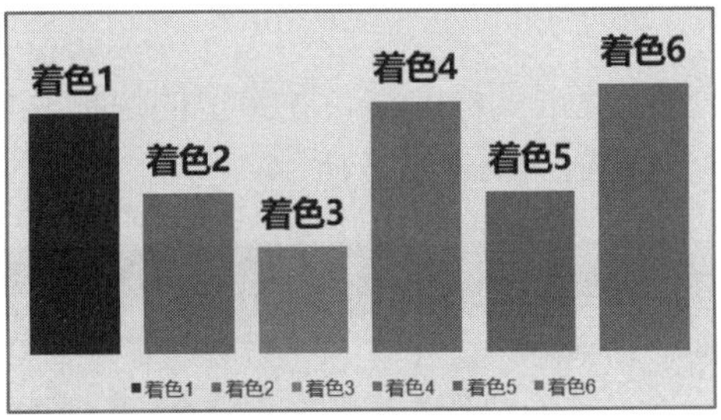

图 4-13　默认配色方案下的图表颜色（着色 1～着色 6）

主题色对应普通视图里面的“颜色”菜单下拉栏里的颜色，预置后方便直接选取，不用每次都重新找颜色。形状填充默认为“着色 1”，形状中的文字颜色默认为“文字/背景–浅色 1”，文本颜色默认为“文字/背景–深色 1”，如图 4-14 所示。

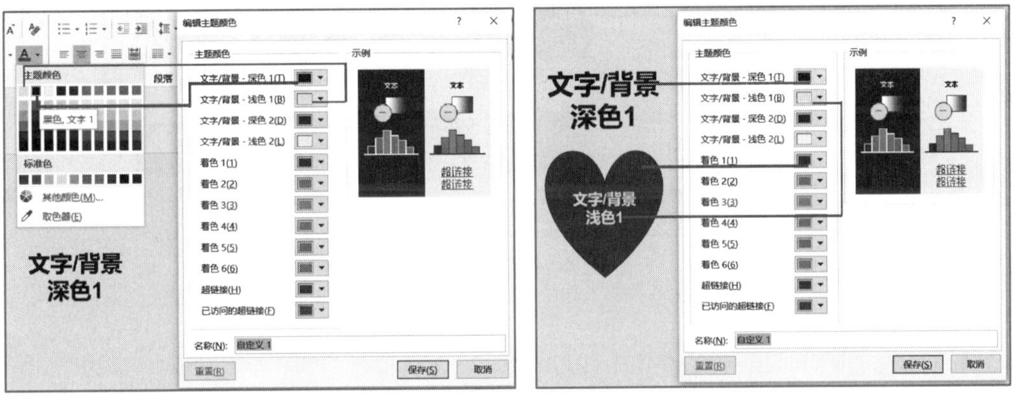

图 4-14　字体颜色、形状填充颜色选色区与主题颜色对应

在“设计→变体”中，单击“变体”右侧的下拉三角形，光标移到“字体”，在打开的下拉列表中选择“自定义字体”命令，打开“编辑主题字体”对话框。分别设置“西文”“中文”字体，可为标题和正文设置不一样的字体。该字体为 PowerPoint 中的默认字体。通过设置主题字体，可批量修改文稿中的字体。如果为指定文本框单独设置了字体属性，主题字体的设置对其不起作用。演示文稿中推荐字体“微软雅黑”，设置时要注意字体的版权问题。编辑主题字体设置如图 4-15 所示。

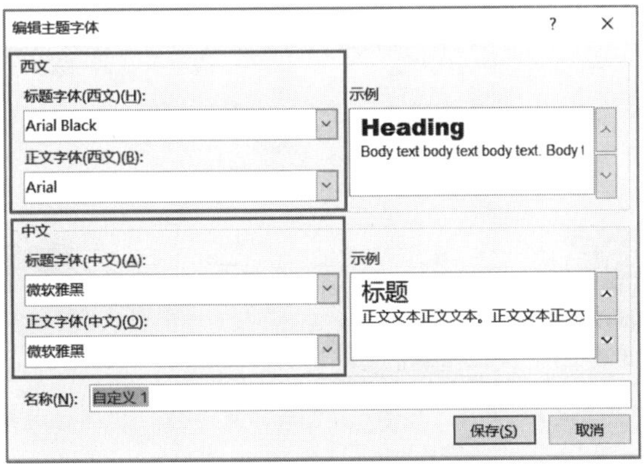

图 4-15　编辑主题字体设置

（4）修改版式

在需要修改版式的幻灯片上单击鼠标右键，在弹出的快捷菜单中选择“版式”命令，在弹出的菜单列表中选择合适的版式，如图 4-16 所示。

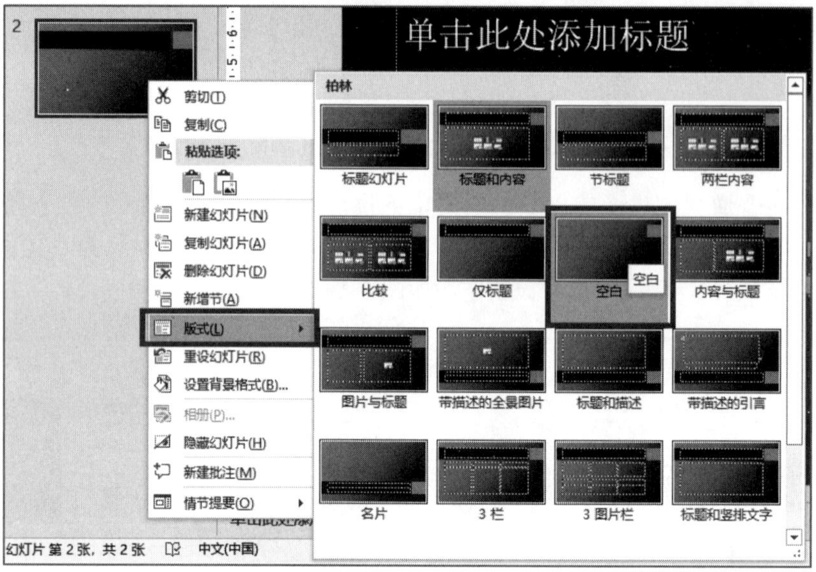

图 4-16　修改版式

6. 幻灯片操作

（1）插入新幻灯片

新建的演示文稿默认只有一张幻灯片，用户可以根据需要插入新的幻灯片。单击“开始”选项卡“幻灯片”功能区中的“新建幻灯片”按钮，如图 4-17 所示，即可在当前幻灯片的后面插入一张新的幻灯片。

（2）移动幻灯片

在普通视图的幻灯片窗格中，按住鼠标左键拖动幻灯片缩略图，即可移动幻灯片的位置。或者切换到幻灯片浏览视图，在该视图下显示所有幻灯片的缩略图，按住鼠标左键拖动幻灯片，可以非常直观地调整幻灯片的位置，如图 4-18 所示。

图 4-17　新建幻灯片

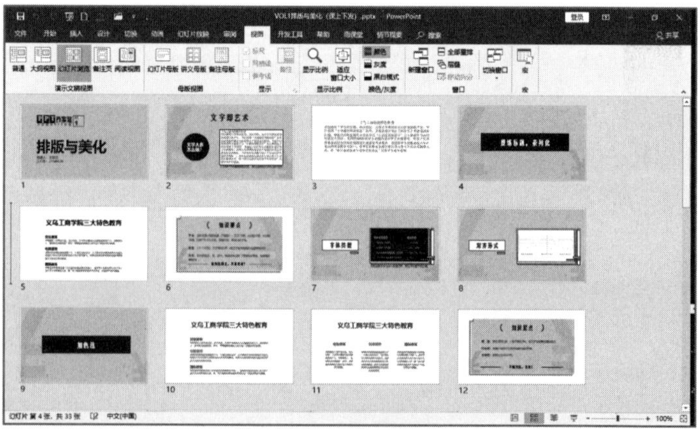

图 4-18　幻灯片浏览视图

（3）复制幻灯片

在幻灯片窗格需要复制的幻灯片上单击鼠标右键，在弹出的快捷菜单中选择“复制幻灯片”命令，或者在拖动幻灯片缩略图的同时，按住 Ctrl 键，也可以复制幻灯片。

（4）删除幻灯片

在幻灯片窗格中选中需要删除的幻灯片，按键盘的上 Delete 键即可，或者单击鼠标右键，在弹出的快捷菜单中选择“删除幻灯片”命令即可。

7. 输入与编辑文本内容

（1）输入文本

在幻灯片的占位符（虚线方框）中有输入文字提示。将光标放到上面的占位符中再单击，即可在其中插入闪烁的光标，提示文字会消失。在光标处直接输入文字即可，如图 4-19 所示。

图 4-19 输入文字

空白版式幻灯片上没有占位符，或者不小心删除了占位符，此时可以先插入文本框，再输入文本。单击“插入”选项卡下“文本”功能区中的“文本框”按钮，按住鼠标左键在幻灯片上拖出一个虚线方框，在光标处直接输入文字即可。

（2）编辑文本

选中文本框，单击“开始”选项卡下“字体”功能区中的按钮，可以修改文本的字体、字号、颜色等，也可以给文本加边框或填充颜色。在文本框的边框上单击，选中文本框后，窗口上方会新增“绘图工具—格式”选项卡，在“形状样式”功能区中可以设置文本框的填充颜色及边框的线形和颜色。

8. 插入对象

对象是幻灯片中的基本成分，是设置动态效果的基本元素。幻灯片中的对象被分为文本对象（标题、项目列表、文字批注等）、可视化对象（图片、剪贴画、图表、艺术字等）和多媒体对象（视频、声音、动画等）。各种对象的操作一般都是在幻灯片普通视图下进行的，操作方法也基本相同。

（1）选取对象。单击选中对象，按 Shift 键或 Ctrl 键不放再单击对象均可选择多个对象。或者按住鼠标左键拖动鼠标框住对象，也可以选取一个或多个对象。

（2）插入对象。要使幻灯片的内容丰富多彩，除了文本外，还可以在幻灯片中添加其他媒体对象，这些对象可以是图形、图片、艺术字、组织结构图、表格、图表、声音、影片、动画等。这些对象除了声音、影片和动画外都有其共性，如缩放、移动、加边框、填充色、版式等，均可以从“插入”选项卡中插入。

SmartArt
图形应用

● 插入 SmartArt 图形：SmartArt 图形是从 PowerPoint 2007 开始新增的一种图形功能，其能够直观地表现各种层级关系、附属关系、并列关系或循环关系等常用的关系结构。SmartArt 图形在样式设置、形状修改及文字美化等方面与图形和艺术字的设置方法完全相同。这里以组织结构图为例，来介绍 SmartArt 图形中文字添加、结构更改和布局设置等常见的操作技巧。

单击“插入”选项卡下“插图”功能区中的“SmartArt 图形”按钮，在打开的如图 4-20 所示的对话框中，选择“层次结构”中的“组织结构图”，单击“确定”按钮。

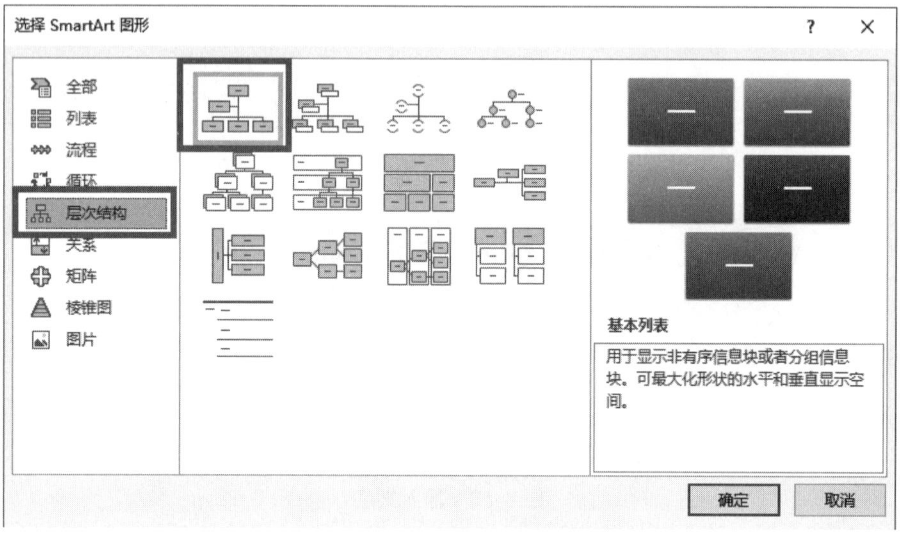

图 4-20 “选择 SmartArt 图形”对话框

插入 SmartArt 图形后，窗口上方新增“SmartArt 工具”工具栏，如图 4-21 所示。

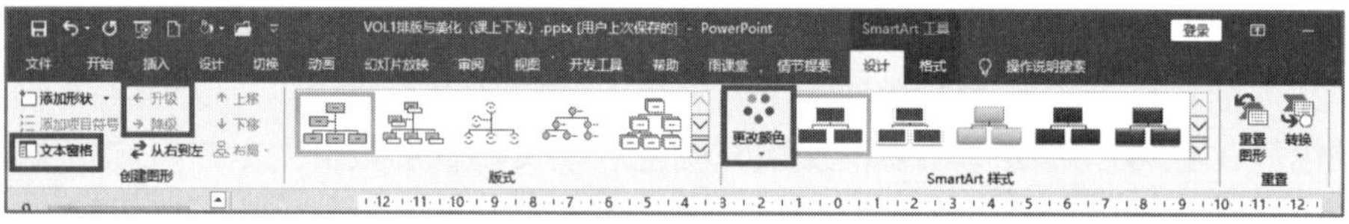

图 4-21 “SmartArt 工具”工具栏

通过“设计”选项卡，可以更改图形颜色、版式，也可以通过“创建图形”功能区调整图形结构，激活文本窗格，输入图形中的文字。单击“添加形状”按钮，可以根据实际需要增加组织结构图中的形状。单击“升级”“降级”按钮可以调整形状位置，多余的形状可以直接选中后按 Delete 键删除，效果如图 4-22 所示。

● 插入图表：PowerPoint 中的图表与 Excel 中的类似。单击“插入”选项卡下“插图”功能区中的“图表”按钮，打开“所有图表”对话框，选择图表类型，单击“确定”按钮，在幻灯片上显示图表及图表数据源表格。只需要在表格中修改图表数据即可，如图 4-23 所示。插入图表后，在窗口上方会新增“图表工具”工具栏，通过该工具栏对图表进行修改操作，同 Excel

插入图表

中操作类似。

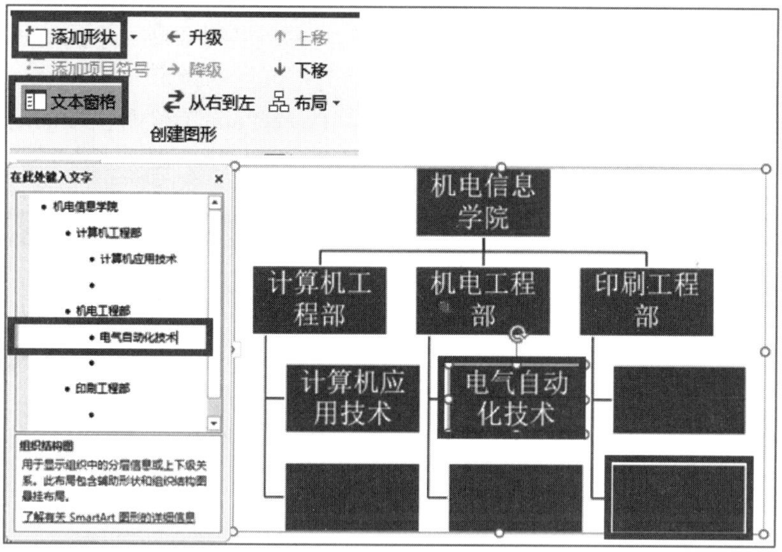

图 4-22　调整组织结构图

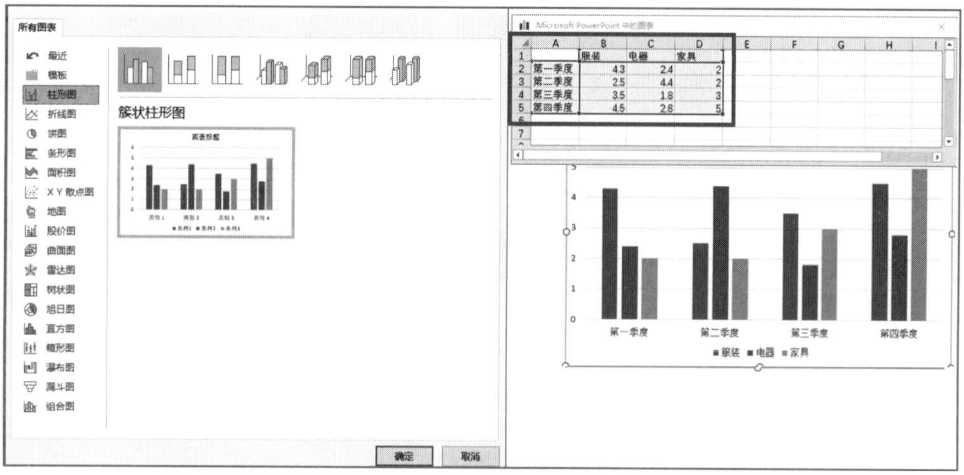

图 4-23　插入图表

● 插入声音/影片：在演示文稿中插入声音、影片等多媒体，让演示文稿更具吸引力。在“插入”选项卡下“媒体”功能区中提供了“视频”“音频”按钮，分别用于插入影片和声音文件。

“PC 上的视频”和“PC 上的音频”命令，即插入来自于本地计算机上的视频和音频文件。

“联机视频”，用于插入网络上的视频资源。

可以自行录制声音并插入到演示文稿中，只要单击“音频”按钮，在弹出的下拉列表中选择“录制音频”命令进行录制即可。

9. 动画与超链接

演示文稿幻灯片不仅需要内容条理充实，动态的幻灯片更能吸引观众的眼球。动画是演示文稿的精华。PowerPoint 2019 提供了动画和超链接技术，使幻灯片的制作更为简单灵活。

动画设置

（1）动画设计

为幻灯片上的文本和对象设置动画效果，可以突出重点、控制信息播放的流程顺序、提高演示的效果。PowerPoint 有两种动画：一种是幻灯片内各对象或文字的动画效果，即为动画；另一种是各幻灯片之间切换时的动画效果，称为幻灯片切换。

“动画”选项卡中提供了动画制作的各项功能。PowerPoint 有 4 种主要的动画分类：进入动画、强调动画、退出动画、动作路径动画，如图 4-24 所示。

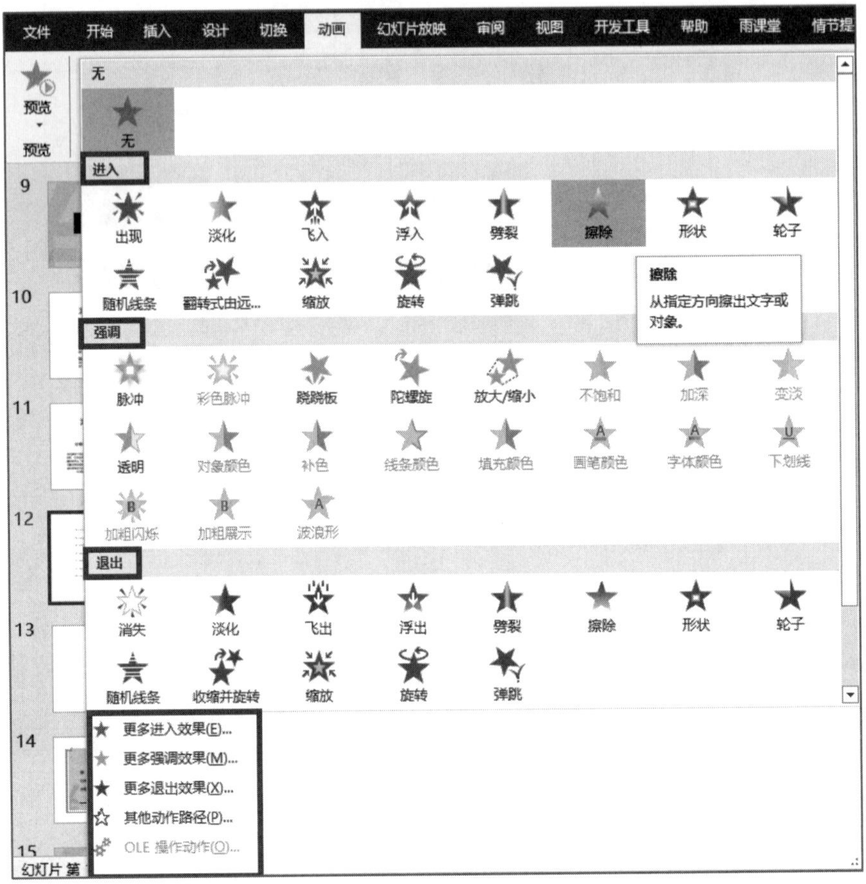

图 4-24　动画功能

以设置图表动画为例，选中幻灯片中的图表，选择“动画”选项卡下“动画”功能区中的“进入”动画类型中的“擦除”动画，然后单击“效果选项”按钮，在弹出的下拉列表中选择“按类别”命令。打开“动画窗格”，可以预览动画效果，并对动画做进一步修改，如图 4-25 所示。

如果一张幻灯片中的多个对象都设置了动画，需要确定这些对象的播放方式（是“自动播放”还是“手动播放”）。展开“计时”功能区中的“开始”命令，其下拉列表中有 3 个选项：“单击时”“与上一动画同时”“上一动画之后”。选择“单击时”表示手动播放动画。“与上一动画同时”和“上一动画之后”均为自动播放动画，只是播放顺序不同，前者为前后两个同时播放，后者为前一动画播放完毕后自动播放下一动画。

如果要取消某一动画，只需要在“动画窗格”中选中动画名，按 Delete 键删除即可。

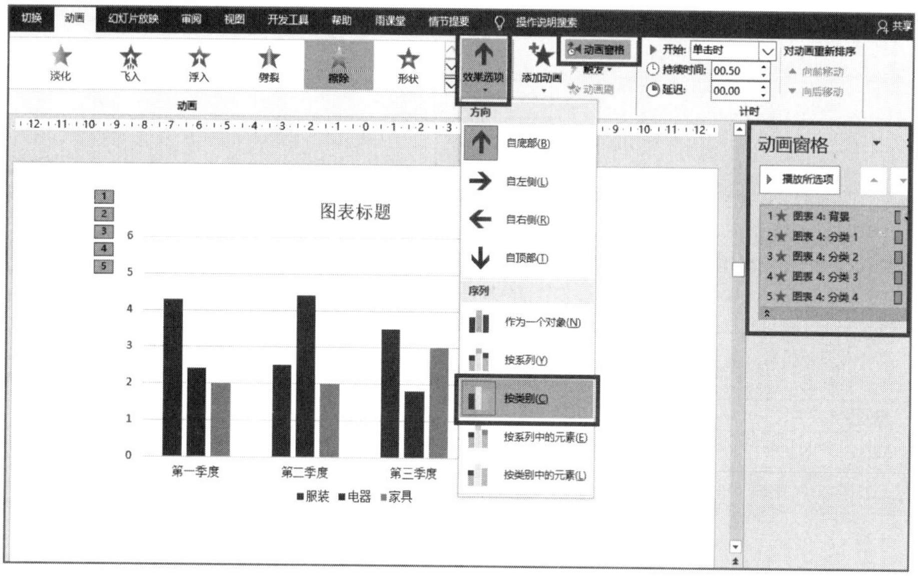

图 4-25　动画设置

（2）超链接

超链接类似于网页超链接，可以实现演示文稿幻灯片之间的跳转，也可以链接跳转到其他文档或网页。创建超链接有两种方式：“超链接”命令和“动作按钮”。

- 使用“超链接”命令。选中要创建超链接的文本或对象，单击鼠标右键，在弹出的快捷菜单中选择“超链接”命令，打开“插入超链接”对话框。选择“本文档中的位置”，然后在右侧窗口中选择链接的幻灯片，如图 4-26 所示。

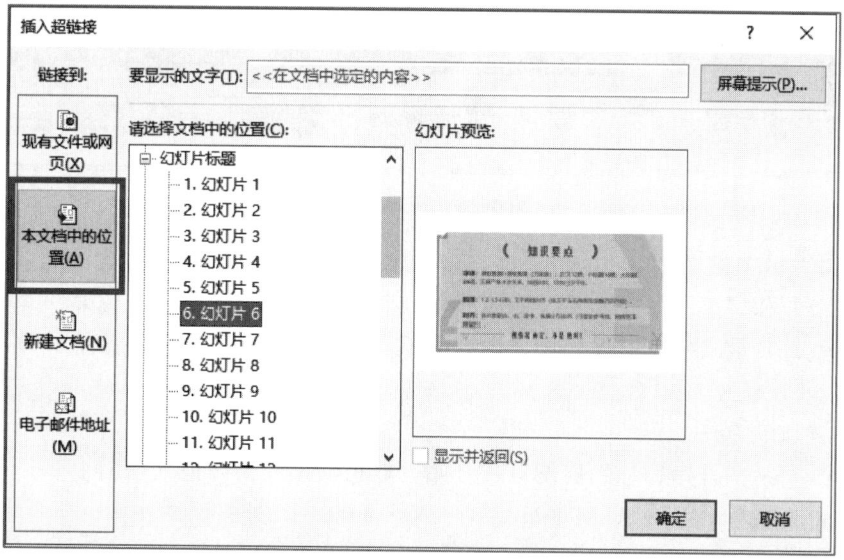

图 4-26　“插入超链接”对话框

- 动作按钮。单击“插入”选项卡中的“形状”按钮，在弹出的下拉列表的最下方找到“动作按钮”，选中所需的动作按钮，在幻灯片指定位置按住鼠标左键画出按钮，松开鼠标，打开“操作设置”对话框。在“超链接到”栏下选择相关选项后单击“确定”按钮即可，如

图 4-27 所示。

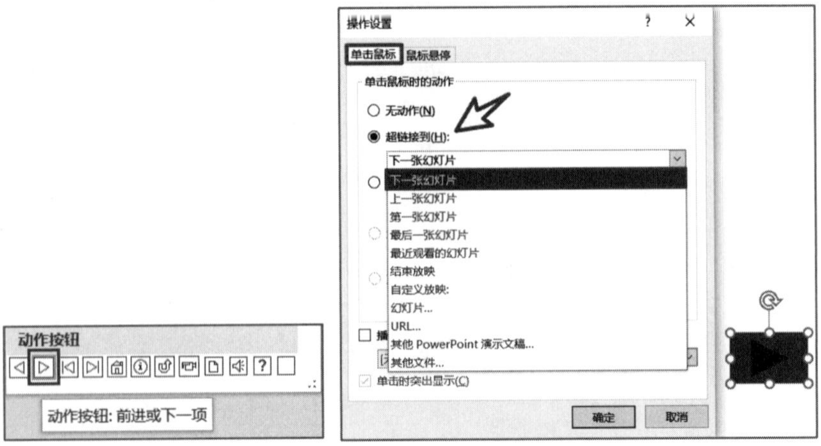

图 4-27　动作按钮及操作设置

动作按钮设置

10. 幻灯片切换

为了增强 PowerPoint 幻灯片的放映效果，用户可以为每张幻灯片设置切换方式，幻灯片之间的切换效果是指两张连续的幻灯片在播放之间如何转换，例如，“推入”“擦除”等。

幻灯片切换

选中需要设置切换效果的幻灯片，单击“切换”选项卡，在“切换到此幻灯片”功能区中选择一种切换方式，根据需要设置好“效果选项”“持续时间”“声音”“换片方式”等。默认情况下，设置的切换方式只应用于当前选中的幻灯片，单击“应用到全部”按钮，可将设置的切换方式应用到整个演示文稿，如图 4-28 所示。

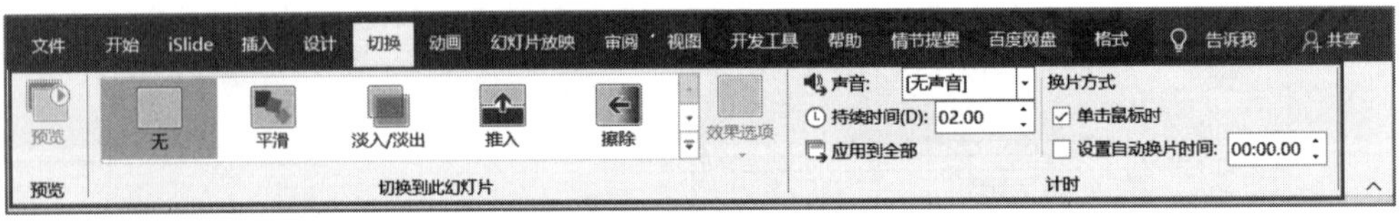

图 4-28　幻灯片切换

11. 幻灯片放映设置

演示文稿制作好后，下一步是要播放给观众看，幻灯片放映是设计效果的展示。在幻灯片放映前，可以根据使用者的不同，通过设置放映方式满足各自的需要。

（1）设置放映方式

放映方式有从头开始、从当前幻灯片开始、联机演示（允许他人在网上观看幻灯片，如视频会议等）、自定义幻灯片放映 4 种，如图 4-29 所示。

幻灯片放映设置

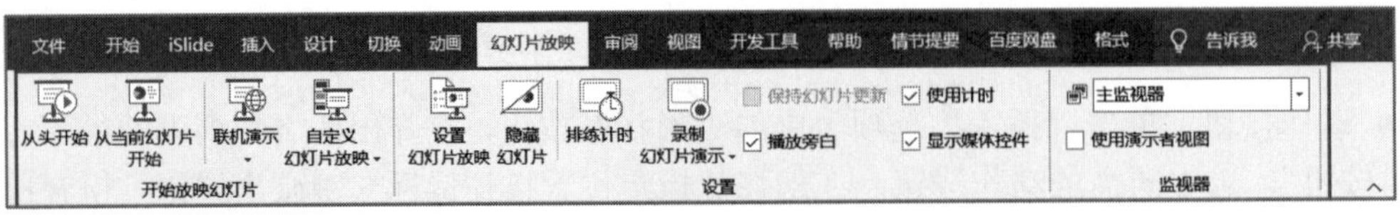

图 4-29　“幻灯片放映”选项卡

单击窗口右下角的“幻灯片放映视图”按钮，可从当前幻灯片开始放映。按键盘上的 ESC 键可以退出放映。

单击“设置幻灯片放映”按钮，打开“设置放映方式”对话框，如图 4-30 所示。

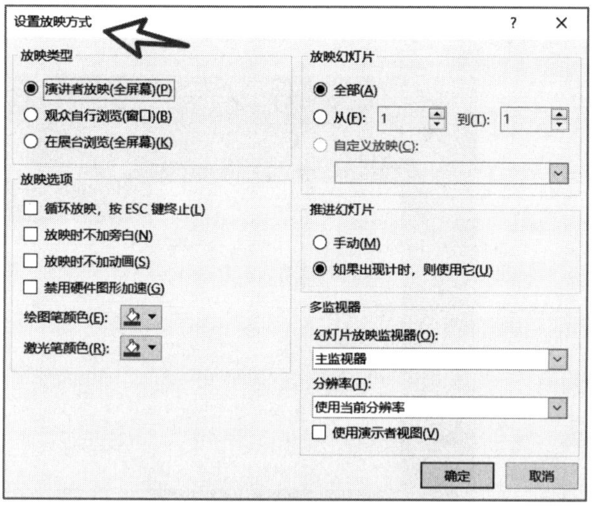

图 4-30 “设置放映方式”对话框

在“放映类型”框中有三个单选按钮，决定了放映的三种方式：

- 演讲者放映（全屏幕），以全屏幕形式显示，是默认的也是最常用的放映类型。演讲者可以通过 PgUp 和 PgDn 键显示上一页或下一页幻灯片，也可右击幻灯片，然后在弹出的快捷菜单中选择幻灯片放映或用绘图笔进行勾画。
- 观众自行浏览（窗口），以窗口形式显示，可用滚动条或“浏览”菜单显示所需的幻灯片。
- 在展台浏览（全屏幕），以全屏幕形式在展台上做演示用。在放映过程中，除了保留鼠标指针用于选择屏幕对象外，其余功能全部失效。退出放映需要使用键盘上的 ESC 键。

（2）执行幻灯片演示

按功能键 F5 从第一张幻灯片开始放映，按 Shift+F5 组合键从当前幻灯片开始放映。在放映过程中，还可单击屏幕左下角的图标按钮，如图 4-31 所示，或用光标移动键实现幻灯片的选择放映。

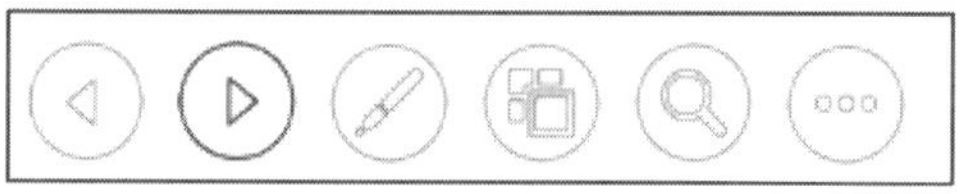

图 4-31　放映图标按钮

（3）隐藏幻灯片

演示文稿制作好后，根据不同场合，放映不同的幻灯片，可以将不需要放映的幻灯片隐藏起来。具体操作为：选择需要隐藏的幻灯片，单击“幻灯片放映”选项卡中的“隐藏幻灯片”按钮即可。被隐藏的幻灯片在其编号四周出现一个边框，边框中还有一条斜对角线，表示该幻灯片被隐藏，放映的时候不会被播放，直接跳过播放下一张幻灯片。

（4）创建自动运行的演示文稿

在放映演示文稿的过程中，如果没有时间控制播放流程，可对幻灯片设置放映时间或旁白，从而创建自动运行的演示文稿。创建自动运行的演示文稿需要先进行排练计时。

在“幻灯片放映”选项卡中，单击“排练计时”按钮，可进入放映排练状态，可录制每页幻灯片播放所需时间，在幻灯片浏览视图中可查看每张幻灯片的放映时长；单击“录制幻灯片演示”按钮，可录制每页演示的播放过程，包括讲解者的声音、头像等，如图 4-32 所示。

图 4-32　排练计时及录制旁白

4.1.3　内容巩固

下载素材文件“PPT 基本操作（素材文件）.pptx”，按要求完成以下操作：

（1）将幻灯片大小设置为宽屏（16∶9），并适当调整各页面中的已有内容。

（2）修改母版，将 bg.jpg 设置为背景图片，将 Logo.png 插入到母版右上角的合适位置，设置宽高均为 2 厘米。

（3）将第 2 页中的文字“内容尽量让观众看得清楚”设置为微软雅黑、60 号、加粗，相对于页面水平、垂直均居中。

（4）切换设置，为每页幻灯片设置切换效果为“分割”，持续时间 2 秒。

（5）在最后添加一张幻灯片进行设置，版式为“空白”，插入艺术字“THE END”，艺术字样式为“图案填充：蓝色，主题色 1，50%；清晰阴影：蓝色，主题色 1”。

（6）在幻灯片母版中，删除未使用的版式。除标题版式幻灯片外，所有幻灯片页脚文字设置为“随时随地学习”。除标题幻灯片外，为所有幻灯片插入页脚及幻灯片编号。

案例素材下载地址：https://icourse.ywicc.edu.cn/Res/ResList.aspx?CourseId=830。

测试一下

每次测试 30 分钟，最多可进行 2 次测试，取最高分作为测试成绩。

扫码进入测试 >>

PPT 基本操作

4.2 项目 16 制作个人简介

4.2.1 任务描述

小秦同学为某高校大一新生，新学期学生会各社团纳新，他报了学生会学习部长，现需要制作一份岗位竞聘个人简介的演示文稿，他已收集了一部分制作素材，请你帮他完成演示文稿的制作。

本项目完成效果如图 4-33 所示。

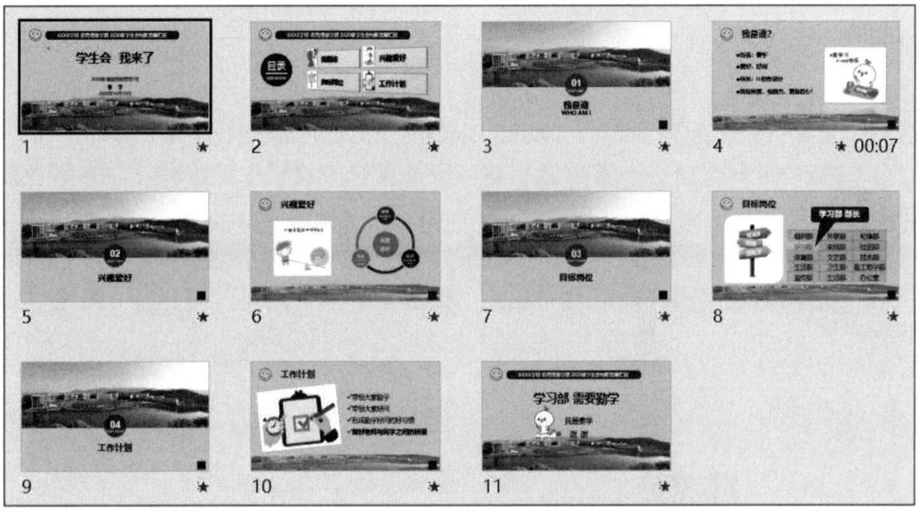

图 4-33 本项目完成效果

4.2.2 任务实现

请新建一个名为“XXX.pptx”的演示文稿，其中 XXX 为你的学号加姓名，按要求完成下列操作。

1. 基本设置

页面设置：将幻灯片大小设置为“全屏显示（16：9）”；PowerPoint 2019 中“幻灯片大小”默认为“宽屏”，设置对应“宽度”为 33.867 厘米，“高度”为 19.05 厘米。幻灯片大小设置如图 4-34 所示。

主题颜色设置：在“设计→变体”中，单击“变体”右侧的下拉三角形，光标移到“颜色”，选择“自定义颜色”命令，打开“编辑主题颜色”对话框。

主题颜色设置

“文字/背景-深色 1”，即文字颜色，设为“黑色”；

“文字/背景-浅色 1”，即 PPT 的背景颜色，形状中的文字默认颜色，设为“浅蓝”；

“着色 1～着色 6”，都是预置的颜色，为插入图表、SmartArt 等的颜色，其中“着色 1”为插入形状的默认颜色，设为“深蓝”。

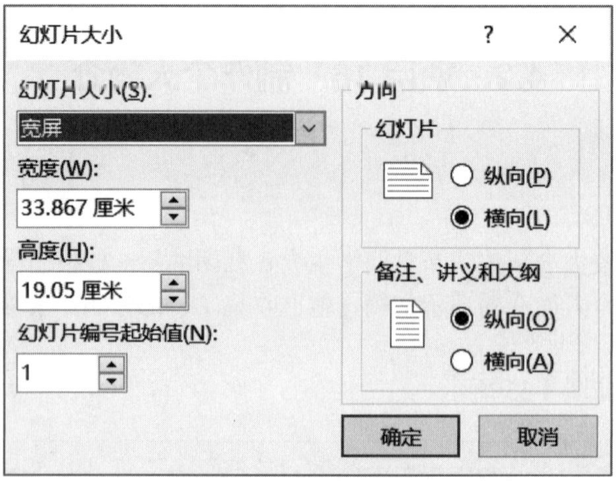

图 4-34　设置幻灯片大小

主题字体设置：西文标题字体为“Arial Black”，西文正文字体为“Arial”；中文标题、正文字体均为“微软雅黑”。通过设置主题字体，可批量修改文稿中的字体。主题颜色及主题字体设置如图 4-35 所示。

该演示文稿的部分内容包含在 Word 文档“PPT 素材（社团竞聘个人简介）.docx”中，Word 素材文档中的蓝色字不在幻灯片中出现，黑色字必须在幻灯片中出现，红色字在幻灯片的备注中出现。

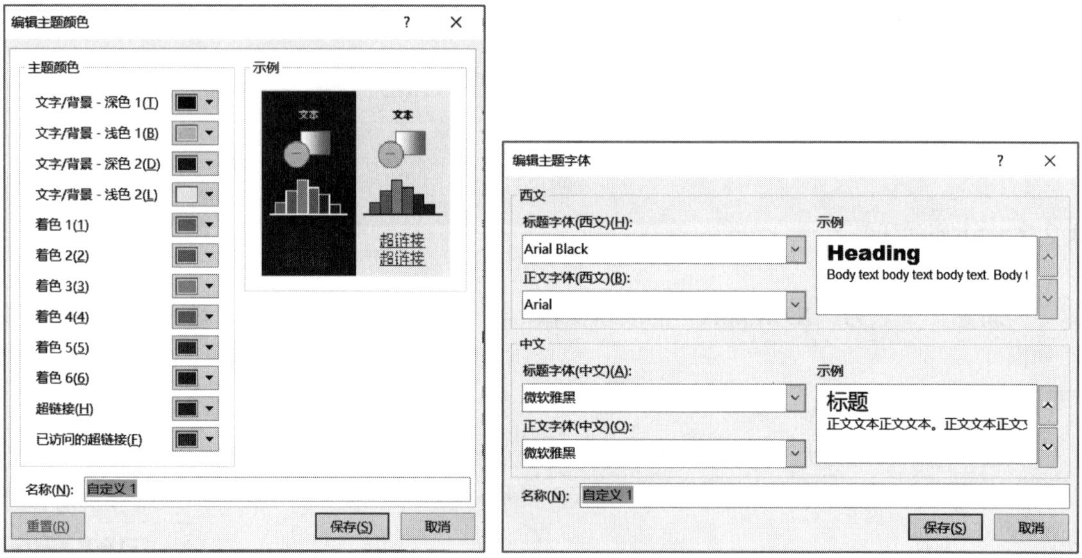

图 4-35　主题颜色及主题字体设置

在制作演示文稿时，尽量要确保观众能看清楚文稿内容。建议标题字体大小不小于 32 磅，正文字体大小不小于 20 磅。单页文稿文字不宜太多，一图胜千言，尽量用图、表、动画等代替纯文字。行距在 1.25 倍以上，建议 1.5 倍。采用单倍行距的话，页面会显得比较压抑。

另外，演示文稿结构一般包括以下五部分：（开始）主题页/封面—目录页—［过渡页］—

内容页—致谢页/封底（结尾）。

2. 母版设置

母版设置

幻灯片母版是存储有关应用的设计模板信息的幻灯片，包括字形、占位符大小或位置、背景设计和配色方案。通过修改母版页面中的字体、字号、页面背景格式、版式设计，可以统一幻灯片内容格式。在制作 PPT 文稿时，为页面选择母版中的版式即可对页面进行快速排版，节省大量重复的操作。在“视图”选项卡中单击“幻灯片母版”按钮即可进入“幻灯片母版”编辑界面。

将默认的“Office 主题”幻灯片母版重命名为“XXX 的母版”，设计“标题幻灯片、过渡页、标题和内容”三个版式，删除任何幻灯片都不使用的版式。

图片背景清除

标题幻灯片版式：主标题文字大小 48 磅，加粗，副标题文字 24 号。

插入图片“bg.jpg”，调整图片宽度为 33.87 厘米，高度为 10 厘米；删除图片上半部分的背景，双击图片，打开“图片工具”工具栏，单击左上角的“背景消除”选项卡，再单击“标记要保留的区域”按钮，在图片上滑动笔可标记要保留的区域；单击“标记要删除的区域”按钮，在图片上滑动笔可标记要删除的区域。删除背景后，将图片移到页面底部，双击图片，打开“绘图工具—格式”选项卡，依次选择“排列”→“底端对齐”→“对象底部对齐”，操作过程如图 4-36 所示。

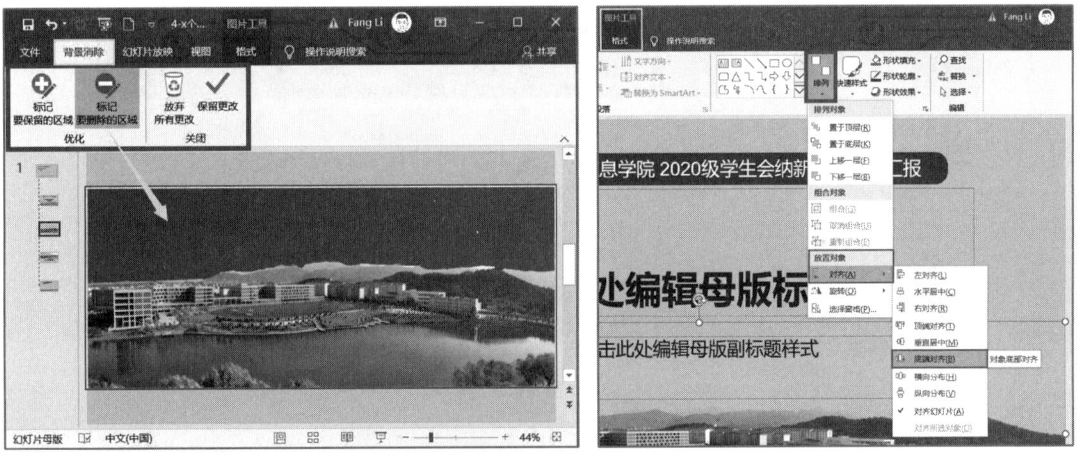

图 4-36　删除图片背景及调整图片位置

占位符应用

插入“Logo.jpg”，设置宽度、高度均为 2.4 厘米；相对左上角的水平位置为 1.4 厘米，垂直位置为 1 厘米。插入形状“圆角矩形”，设置高度为 1.4 厘米，宽度为 24 厘米；添加文字“XXXX 学校 机电信息学院 2020 级学生会纳新个人竞聘汇报”。“Logo”图标与“圆角矩形”设为“垂直居中”。

过渡页版式：将“节标题”版式重命名为“过渡页”，删除底部的“日期和时间、页脚、编号”，并完成下列操作。

插入图片“bg.jpg”，设置宽度为 33.87 厘米，高度为 11.5 厘米，将图片移到页面顶部，双击图片，打开“绘图工具—格式”选项卡，依次选择“排列”→“对齐”→“顶端对齐”→“水平居中”。

插入一个圆形，设置宽度、高度均为 4 厘米，相对左上角的水平位置为 14.93 厘米，垂直位置为 9.1 厘米。在页面中添加 3 个占位符，占位符 1 设置黑体、48 号、加粗、白色；占位符 2 设置黑体、16 号、白色；占位符 3 设置微软雅黑、44 号、加粗、黑色。适当调整占位符的位置，让前两个占位符在圆形内部，第 3 个占位符在圆形的下面。

过渡页版式中的占位符设置如图 4-37 所示。

图 4-37　过渡页版式中的占位符

标题和内容版式：复制“标题页”中的 Logo 图标并粘贴到内容页中；内容页版式中有两个占位符，“标题”占位符设为微软雅黑、44 号、加粗、字体颜色#5C2E00；“内容”占位符文字属性默认；适当调整两个占位符的位置。完成后的母版如图 4-38 所示。

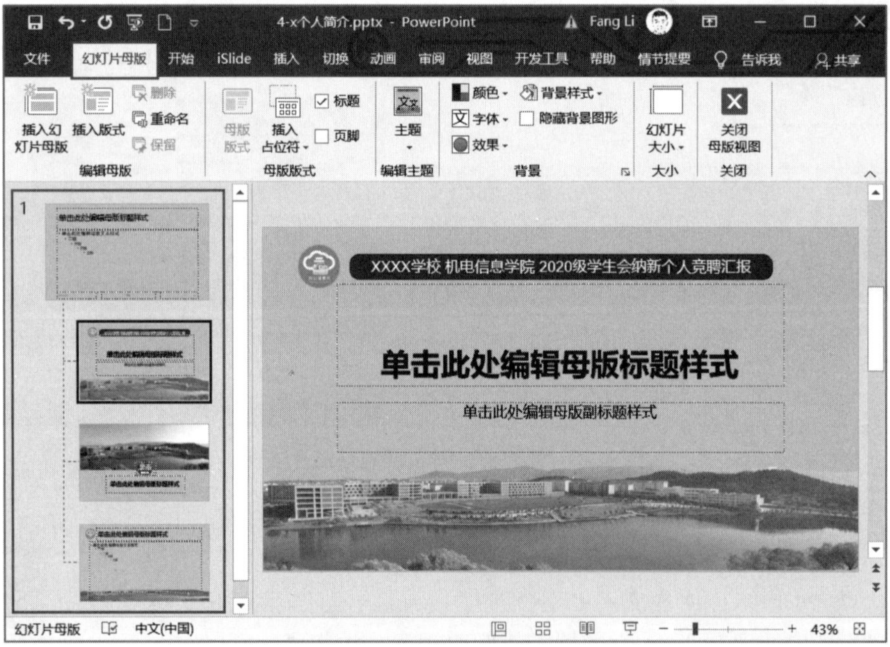

图 4-38　母版制作

3. 内容排版

母版应用：第 1 页为主题页，使用“标题幻灯片”版式；第 2 页为目录页，使用“标题幻灯片”版式；第 3、5、7、9 页为过渡页，使用“过渡页”版式；第 4、6、8、10 页为内容页，使用“标题和内容”版式；第 11 页为致谢页，即结尾页，使用“标题幻灯片”版式。每页内容根据素材文件中的内容进行编排。

项目符号及备注：更改第 10 页幻灯片中的项目符号为“选中标记项目符号”。取消第 6 页、第 8 页幻灯片中的项目符号；为第 4 页幻灯片添加备注信息。

表格设置

表格设置：第 8 页幻灯片用 5 行 3 列的表格存放社团的部门信息，从 Word 文本中复制内容到 PPT 的表格中时，直接粘贴不会以表格形式显示，可通过 Excel 表格来转一下（先将 Word 文本复制到 Excel 中，再从 Excel 中复制到 PPT 中）。表格样式为“浅色样式 3，强调 2”，并设置单元格凹凸效果（棱台—凸圆形）；为“学习部”所在单元格设置底纹“黄色”，为“学习部”三个字设置字体红色加粗。

在第 8 页幻灯片中插入一个形状“对话气泡：圆角矩形”，在其中输入“学习部部长”，设置字体微软雅黑、40 号、加粗、白色、居中。

4. 背景音乐设置

音频设置

在第 1 页幻灯片中插入素材中的“bgmusic.mp3”文件。在“插入”选项卡下的“媒体”组中，单击“音频→PC 上的音频”，在打开的对话框中选择指定的音频文件即可。设置自动“循环播放、直到停止”，且放映时隐藏音频图标，音量设为“低”。音频播放设置如图 4-39 所示。

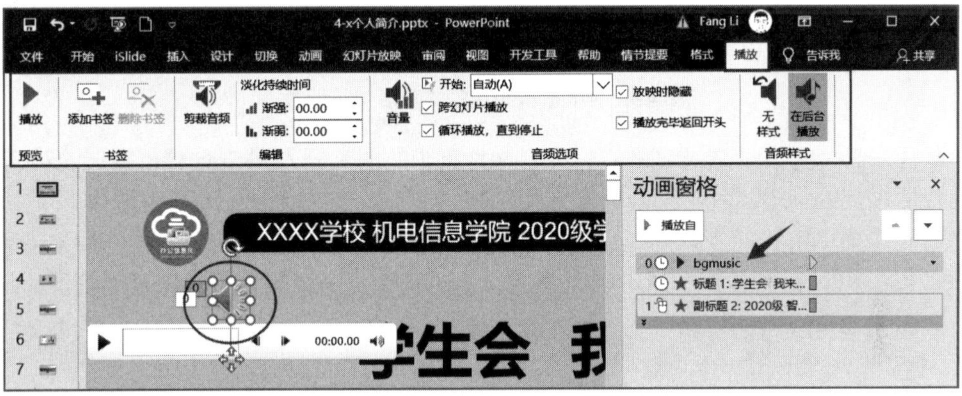

图 4-39　音频播放设置

若要设置音乐播放到指定页后停止播放，如幻灯片播放完第 4 页幻灯片后音乐停止：单击“动画”选项卡下“高级动画”组中的“动画窗格”按钮，在右侧的“动画窗格”中，选中“bgmusic”，单击右侧的下拉箭头，在下拉列表中选择“效果选项”命令（或右击“bgmusic”，在弹出的快捷菜单中选择“效果选项”命令），打开“播放音频”对话框。在“停止播放”组中，选中“在:”并在文本框中输入“4”，单击“确定”按钮，如图 4-40 所示。

5. SmartArt 图形应用

SmartArt 图应用

第 2 页幻灯片为目录页，插入一个圆，直径为 5.6 厘米，插入两个文本框分别输入“目录”（格式为微软雅黑，48 号，加粗）；“CONTENTS”（格式为 Arial，白色，18 号）；插入一条线段，白色，长 4 厘米，粗 3 磅；调整位置后，一起组合为一个对象。

目录内容文字为“我是谁、兴趣爱好、目标岗位、工作计划”。采用 SmartArt 图形中的“列表→图片条纹”显示，调整 SmartArt 的图形大小、显示位置、

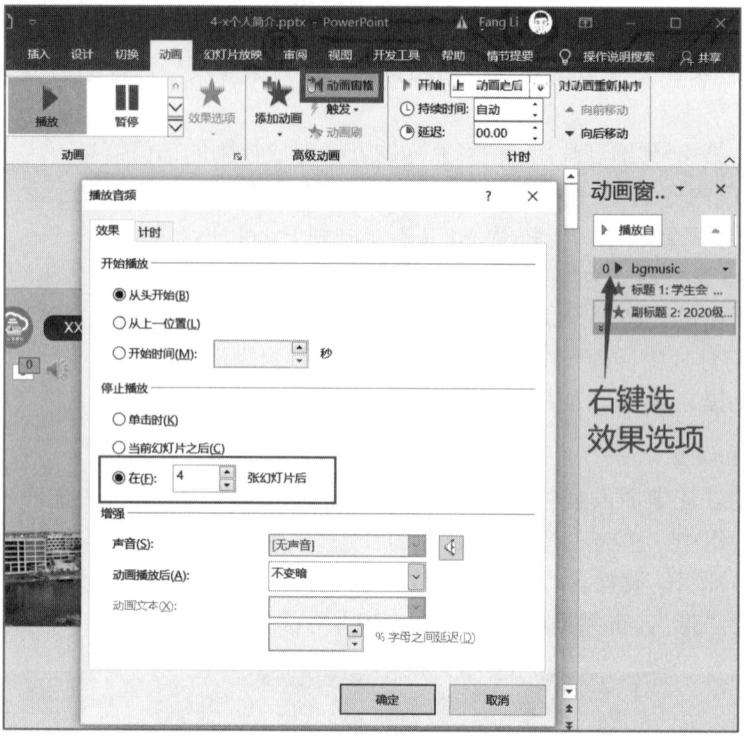

图 4-40 设置音频在第 4 页后停止播放

颜色（彩色—个性色）、三维样式等；将素材文件夹中的图片插入到 SmartArt 图形的对应位置。部分图片插入到 SmartArt 中后，若显示效果不佳，如图 4-41 左侧所示；可在图片上单击右键，在弹出的快捷菜单中选择“设置形状格式”命令，在打开的“设置图片格式”窗格中单击第 4 个图标“图片”，在“裁剪”区中设置图片位置的宽度、高度等参数，即可调整图片的显示效果，如图 4-41 所示。

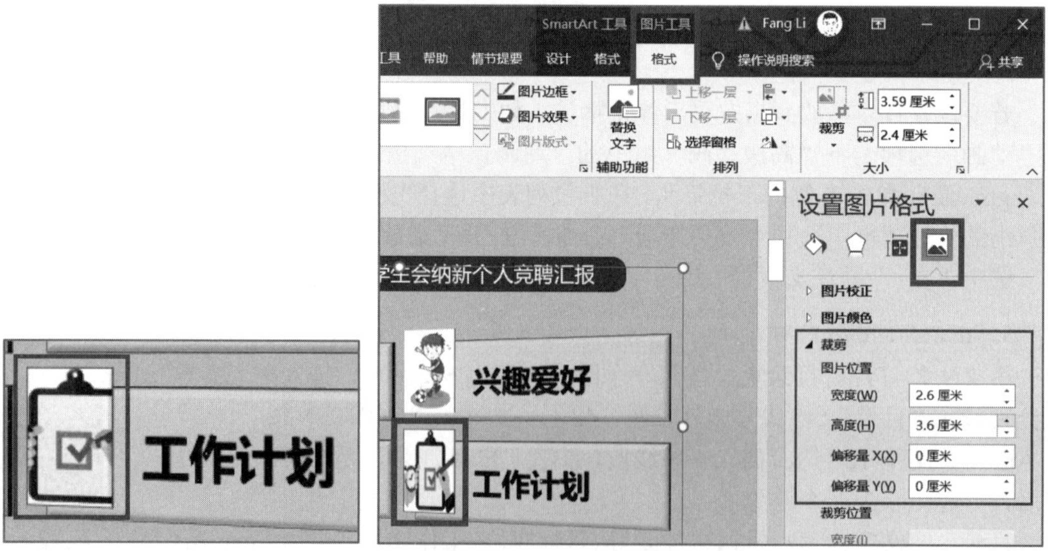

图 4-41 通过设置图片格式调整图片显示效果

第 6 页幻灯片中的“兴趣爱好”用 SmartArt 图形中的“循环→射线循环”表示。

第 2 页和第 6 页中 SmartArt 图效果，如图 4-42 所示。

图 4-42 第 2 页和第 6 页中 SmartArt 图效果

6. 超链接及按钮设置

为第 2 页幻灯片的 SmartArt 图形中的每项内容插入超链接，单击时可转到相应幻灯片。从第 3 张幻灯片开始，右下角插入一个“转到主页”的按钮，单击该按钮返回到第 2 页目录页。设置好后，复制该按钮并粘贴到第 4～10 页。

超链接设置

超链接到指定幻灯片设置如图 4-43 所示。

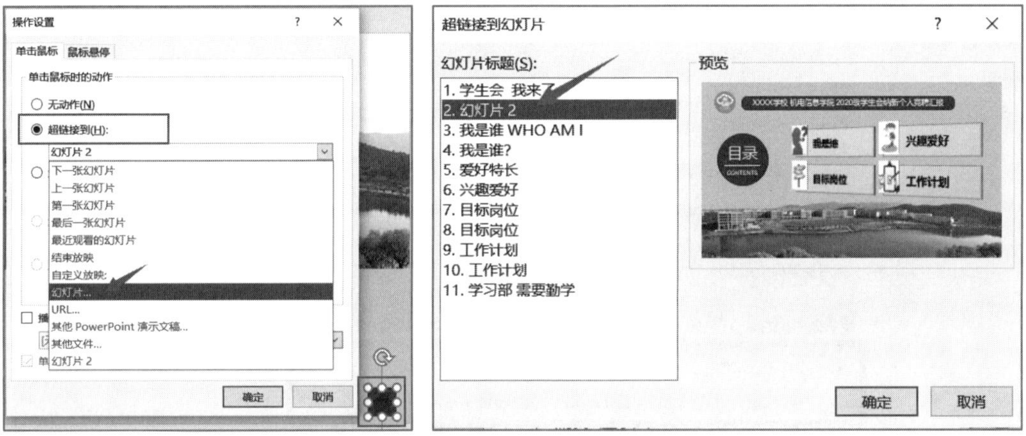

图 4-43 按钮设置超链接到指定幻灯片

7. 切换与动画设置

为每页幻灯片设计切换效果“揭开”。

在母版中，为“过渡页”版式设置动画，“椭圆”动画为“升起”，椭圆中两个占位符的动画均为“擦除”，第 1 个占位符动画方向为“自底部”；第 2 个占位符动画方向为“自顶部”，第 3 个占位符动画为“浮入”。在母版中设置动画后，应用该母版的页面中的元素就有相应的动画效果。

切换与动画设置

为每页幻灯片中的对象设置合适的动画效果；其中第 2 页中的 SmartArt 图，设置“擦除”动画，方向为“自左侧”，开始为“上一动画之后”，持续时间为 0.5 秒，组合图形选择“逐个”，即 SmartArt 图中的每个元素独立动画出现，不是作为一个对象一起出现的。

8. 保存演示文稿

演示文稿制作完成后，单击“保存”按钮即可保存。若演示文稿中使用了非系统默认字体，则该演示文稿复制到其他未安装对应字体的计算机上播放时，对应字体无法按原字体显示，会由系统自动转换为宋体。

若想要字体能正常显示，在保存演示文稿时，应将字体文件嵌入到演示文稿中。操作方法为：选择“文件→选项→保存”，在右侧勾选“将字体嵌入文件”选项，其下有“仅嵌入演示文稿中使用的字符（适于减小文件大小）”“嵌入所有字符（适于其他人编辑）”两个选项，可根据需要选择即可。

将字体嵌入文件保存操作如图 4-44 所示。

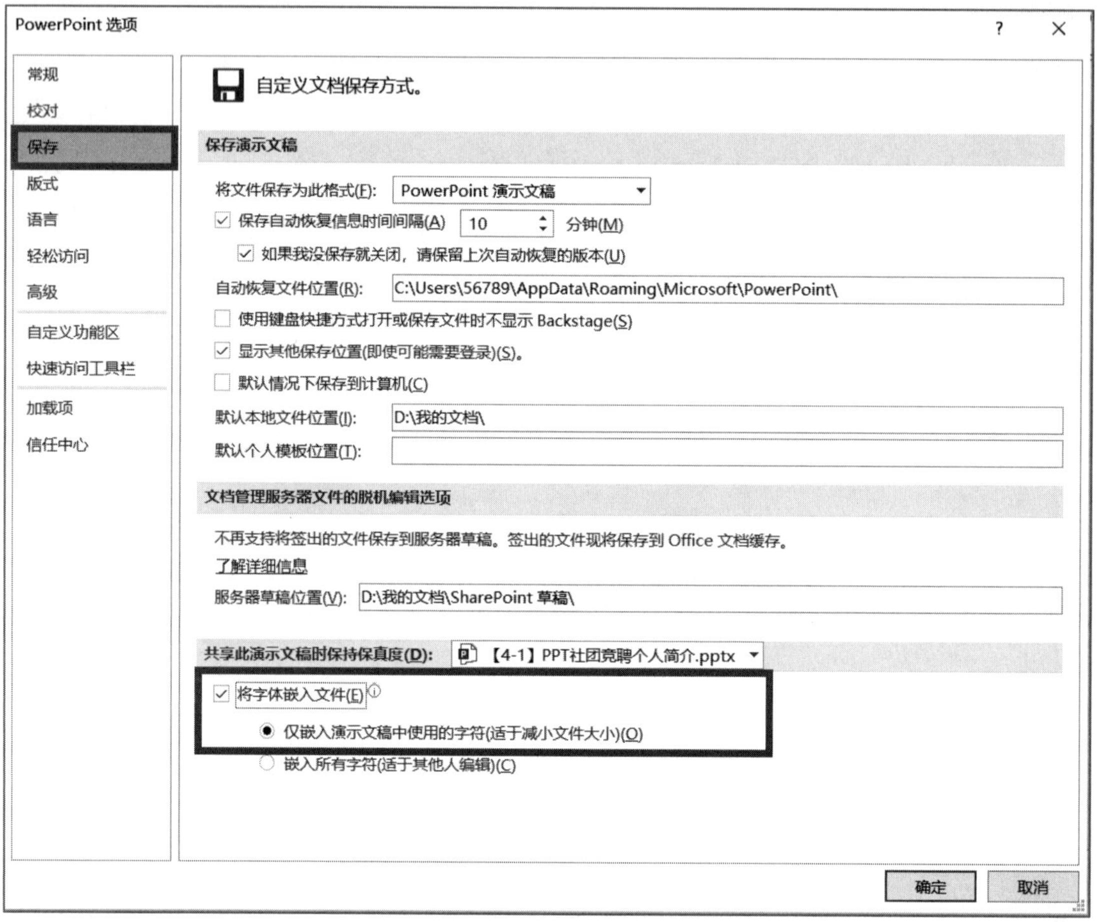

图 4-44　将字体嵌入文件保存

9. 演示文稿导出创建视频

将演示文稿导出创建视频文件，选择“文件→导出→创建视频”，在右侧选择导出视频的格式，默认为“全高清（1080p）”，导出视频所需时间与页面多少、动画设置等因素有关，请耐心等待。

将演示文稿导出视频文件操作如图 4-45 所示。

导出视频

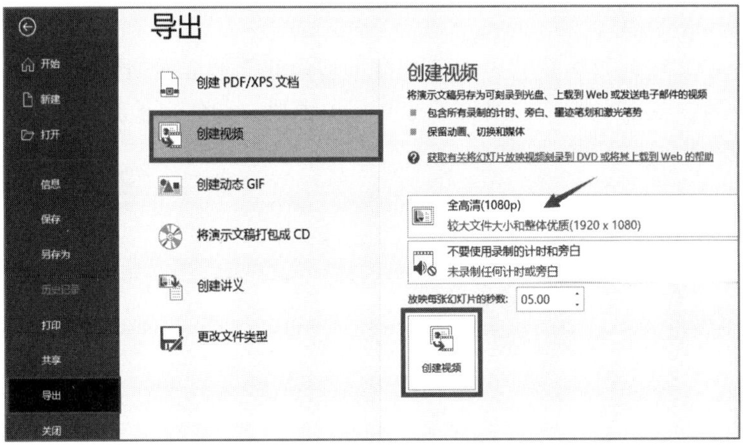

图 4-45　演示文档导出创建视频文件

4.2.3　任务总结

（1）在母版中设置动画后，应用该母版页面中的对应元素就有相应动画效果。母版中设置的动画效果，其顺序先于在页面中设置的动画，即先触发母版中的动画，然后再触发页面中设置的动画。同一个对象可以设置多种不同的动画效果。

（2）切换效果，是幻灯片翻页的效果，在指定页面设置好切换效果后，默认只在当前页有效，若要每页都使用该切换效果，则需单击“切换→应用到全部”按钮。在“切换”选项卡中设置“自动换片时间”，可达到幻灯片自动播放的效果。

4.2.4　任务巩固

下载本案例素材文件，按要求完成有关操作。

案例素材下载地址：https://icourse.ywicc.edu.cn/Res/ResList.aspx?CourseId=830。

测试一下

每次测试 30 分钟，最多可进行 2 次测试，取最高分作为测试成绩。

扫码进入测试 >>

项目 16　制作个人简介

4.3　项目 17　制作路演文稿

4.3.1　任务描述

因真实路演文稿涉及商业性，本案例内容由编者参考资料编写而成，以介绍 PowerPoint

操作为主，请忽略文稿内容。

小朱同学为某高校创业学院的学生，主要学习电商创业方面的知识。所在创业团队需要制作一份产品路演的演示文稿，他收集了一些相关资料，请你帮他完成演示文稿的制作。

本项目完成效果如图 4-46 所示。

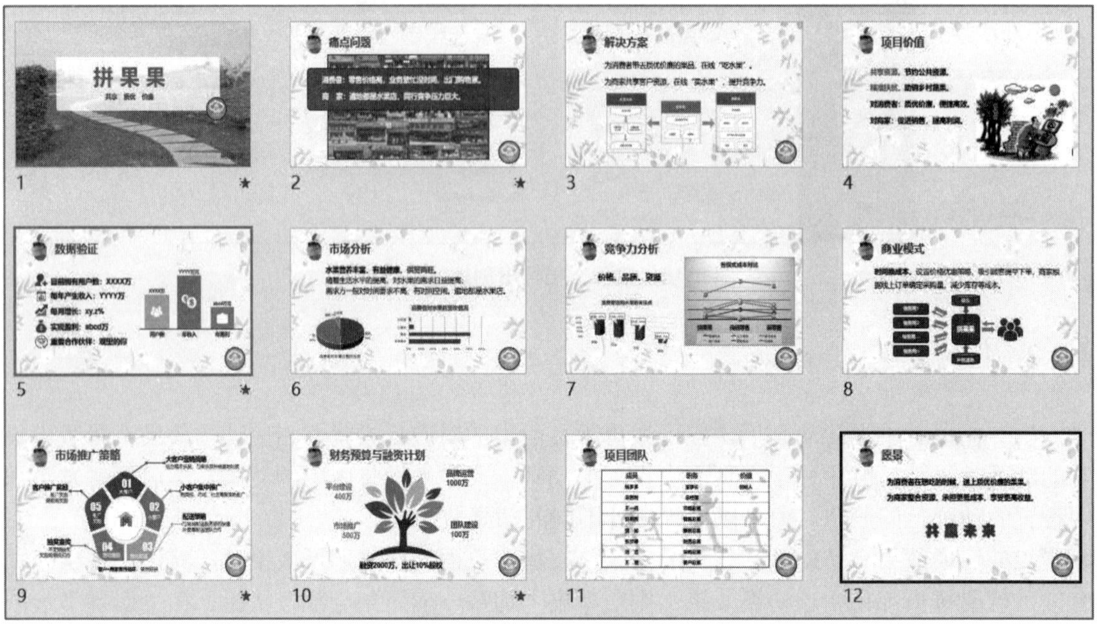

图 4-46　本项目完成效果

4.3.2　任务实现

请新建一个名为“XXX 的路演文稿.pptx”的演示文稿，其中 XXX 为你的学号加姓名，按要求完成下列操作。

1. 有关知识

路演（Roadshow）是指通过现场演说、演示产品、推介理念，及向他人推广自己的公司、团体、产品、想法的一种方式，最初是国际上广泛采用的证券发行推广方式，指证券发行商通过投资银行家或者支付承诺商的帮助，在初级市场上发行证券前针对机构投资者进行的推介活动。

通过路演，让企业达到招商的目的，快速启动市场；让目标经销商明白市场如何操作，解决问题的方法。路演不是目的，招商才是目的。

2. 基本设置

页面设置：将幻灯片大小设置为“全屏显示（16∶9）”；PowerPoint 2019 中幻灯片大小默认为“宽屏”，对应宽度为 33.867 厘米，高度为 19.05 厘米。

主题字体设置：西文标题字体为“Arial Black”，西文正文字体为“Arial”；中文标题、正文字体均为“微软雅黑”。通过设置主题字体，可批量修改文稿中的字体。

3. 母版设置

在“视图”选项卡中单击“幻灯片母版”按钮进入“幻灯片母版”编辑界面。

将默认的“Office 主题”幻灯片母版重命名为“XXX 的母版”，设计“标题”“标题和内容”两个版式，删除任何幻灯片都不使用的版式。

标题版式设置

- 标题版式：将“标题幻灯片”版式重命名为“标题”，删除底部的“日期和时间、页脚、编号”，并完成下列操作。

背景图片处理：设置背景图片“bg11.jpg”，再设置背景格式“透明度”18%、“向左偏移”—40%、“向右偏移”—6%。

插入形状：插入一个圆角矩形，填充白色，无轮廓，透明度为 18%；高度为 7 厘米，宽度为 23.6 厘米；相对“左上角”的位置为水平 5.8 厘米，垂直 4.6 厘米，适当调整圆角弧度。

插入一个圆形，边框粗细 2.25 磅，宽高均为 3 厘米，图片填充“Logo.png”；相对“左上角”的位置为水平 27.3 厘米，垂直 9.8 厘米。

标题占位符设置：设置主标题占位符文本框高度为 3.6 厘米，宽度为 18 厘米；相对“左上角”的位置为水平 7.2 厘米，垂直 5.6 厘米；文本格式为微软雅黑，48 号，加粗，居中，绿色；副标题占位符文本框高度为 1.6 厘米，宽度为 18 厘米；相对“左上角”的位置为水平 7.2 厘米，垂直 9.2 厘米；文本格式为微软雅黑，24 号，加粗，居中，红色，如图 4-47 所示。

图 4-47　母版设置（标题页版式）

标题和内容版式设置

- 标题和内容版式：设置“标题和内容”版式，删除底部的“日期和时间、页脚、编号”，并完成下列操作。

背景图片处理：设置背景图片“bg21.jpg”，并设置背景格式“向左偏移”—5%，“向右偏移”—5%，“向上偏移”—14%，“向下偏移”—18%。

插入图片：插入素材图片“apple.png”，采用“锁定纵横比”的方式，高度设为 4 厘米；相对“左上角”的位置为水平 2 厘米，垂直 0.3 厘米。

复制“标题”版式中的 Logo 图标及所在圆形并粘贴到“标题和内容”版式中。设置如下属性：边框粗细 1 磅，相对“左上角”的位置为水平 30 厘米，垂直 15.6 厘米。

标题和内容版式中有两个占位符，“标题”占位符设为微软雅黑，44 号，加粗，字体颜色使用“取色器”到 apple 图片中吸取“红苹果”区域中的颜色；“内容”占位符文字属性默认。适当调整两个占位符的位置，完成后的母版如图 4-48 所示。

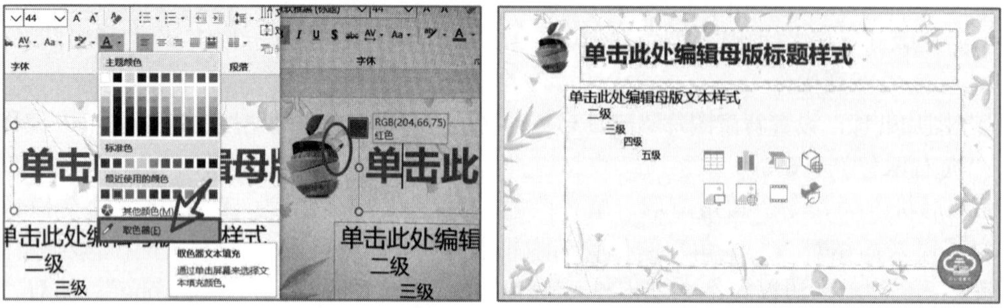

图 4-48　使用取色器设置字体颜色及“标题和内容”版式效果

母版应用：第 1 张幻灯片应用“标题”版式；其余幻灯片应用“标题和内容”版式。

4. 内容排版

每页内容见素材文件，具体版面设置可参考完成的效果文件，各页主要操作描述如下。

第 1 页：主标题文字大小设为 80 磅。

第 2 页：插入一个矩形，填充图片为“水果店.jpg”，设置透明度为 30%，大小适当；插入一个圆角矩形，填充蓝色，透明度为 10%；输入文本，设置字体微软雅黑、28 磅、加粗、白色，文本内容见素材文件。

第 3 页：在线绘制流程图。使用第三方网站 ProcessOn 在线绘制流程图，可在网站提供的流程图模板中搜索“流程图 第二种”，在搜索结果中单击对应的模板文件，在网页右上角单击“免费克隆”按钮可使用模板新建流程图，再根据需要编辑修改。将下载完成后的流程图（.png 格式）插入到 PowerPoint 文档中。使用 Processon 在线绘制流程图操作如图 4-49 所示。

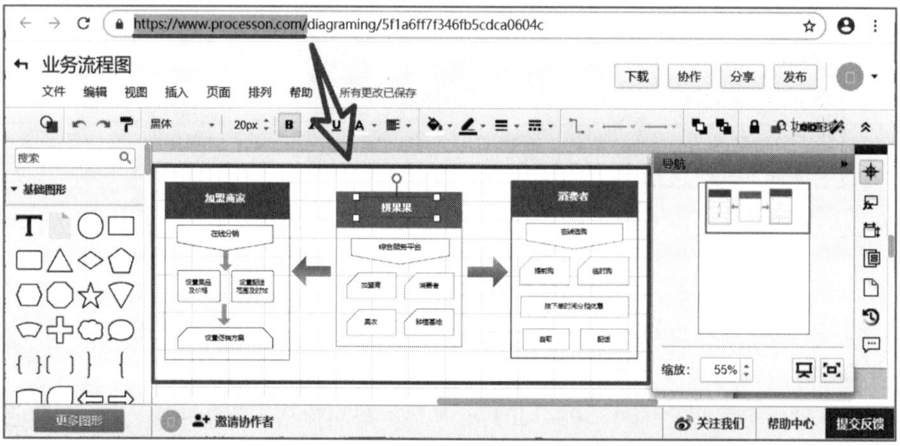

图 4-49　使用在线绘制流程图网站 Processon 制作业务流程图

第 4 页：图片设置。插入素材图片“精准扶贫.jpg”，锁定纵横比方式，设置高度为 11 厘米；图片样式为“映像棱台，白色”；其位置设为相对左上角水平 19 厘米，垂直 7.5 厘米。

第 5 页：使用第三方 PPT 美化插件。根据内容需要，下载安装一款第三方插件。使用第三方插件，插入图标、图表等元素，美化 PPT 内容。

第三方插件应用

在 PPT 中可用的第三方插件较多，如 PPT 美化大师，iSlide 等。

PPT 美化大师：一款幻灯片美化插件，提供丰富的模板、精美图示、创意画册、实用形状等，操作简单方便，但部分资源需要具有会员资格才能使用。

iSlide 插件（网址：https://www.islide.cc/），插件安装后直接嵌入到 PowerPoint 软件界面中，提供“一键优化、设计排版、设计工具、案例库、主题库、色彩库、图示库、图标库”等丰富的资源，在对应功能面板中可输入关键词搜索，快速找到所需资源。且 PowerPoint 界面右侧显示“设计工具”，使有关操作更便捷。部分资源需要具有会员资格才能使用。

第三方插件（PPT 美化大师、iSlide）使用效果如图 4-50 所示。

图 4-50　第三方插件（PPT 美化大师、iSlide）

第 6～7 页：插入图表。根据完成效果文稿，为相应数据插入饼图、柱形图、条形图、组合图等合适的图表，并设置图片有关属性，如其中第 7 页“各模式成本对比”图中“总成本”的趋势线设为“深红，4.5 磅”。

插入图表

图表属性设置如图 4-51 所示。

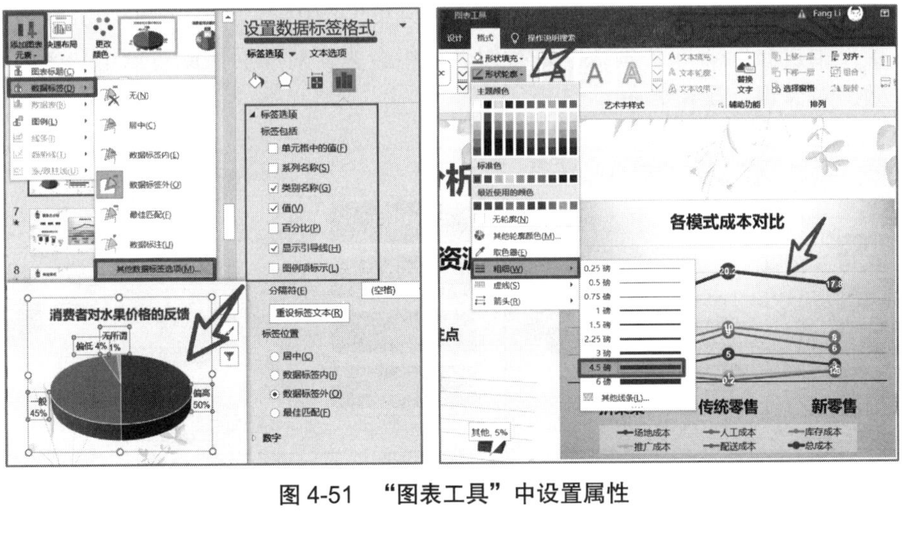

图 4-51　“图表工具”中设置属性

第 8 页：插入形状。根据内容需要，插入相应的形状，并设置有关属性。

形状设置

选择对象：单击选择一个对象后，按住 Shift 键，依次单击其他需要选择的对象，可以同时选中多个对象。若多个对象在同一区域连续摆放，可用按住鼠标左键拖动的方式，框选多个对象。

对齐对象：选择需要设置对齐的多个对象后，单击“绘图工具”选项卡下的“排列→对齐”，在弹出的列表中选择需要的对齐方式即可。图 4-52 右侧中的“设计工具”是 iSlide 插件提供的功能，通过该“设计工具”比 PowerPoint 自带的对齐设置操作相对更便捷。

对象对齐及旋转设置操作如图 4-52 所示。

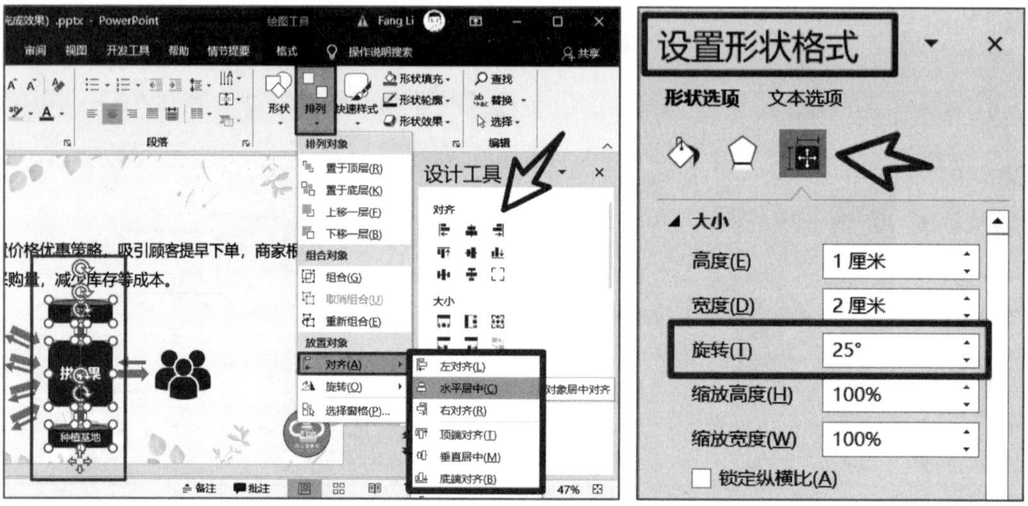

图 4-52　PowerPoint 中选中多个对象设置对齐方式，及设置对象旋转

旋转对象：选中对象后，单击“绘图工具”下的“旋转”按钮；或在选中对象上单击鼠标右键，在弹出的快捷菜单中选择“设置形状格式”命令，然后在打开的“设置形状格式”窗格中单击右上角的“大小与属性”标签，即可设置旋转角度。

组合对象：在 PowerPoint 中，将多个对象组合为一个对象，方便移动位置、调整大小、设置动画等。对于该页底部的多个形状，以“拼果果”为中心，四周的形状分别组合，如将左侧的 4 个“销售商”+8 个“箭头”进行组合。组合为新对象后，原对象组合之前设置的动画自动失效。对象组合操作如图 4-53 所示。

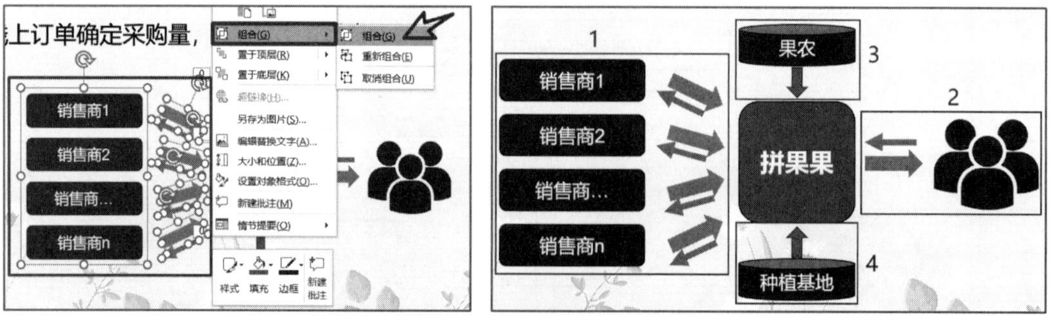

图 4-53　对象组合

第 9 页：使用第三方插件中的图表。用 PowerPoint 插件“PPT 美化大师”，在“形状→关系图 T”分类中，找到并勾选需要的形状，单击右侧的“插入选中形状”按钮，即可将选中的形状插入到 PPT 当前编辑的页面中。操作如图 4-54 所示。

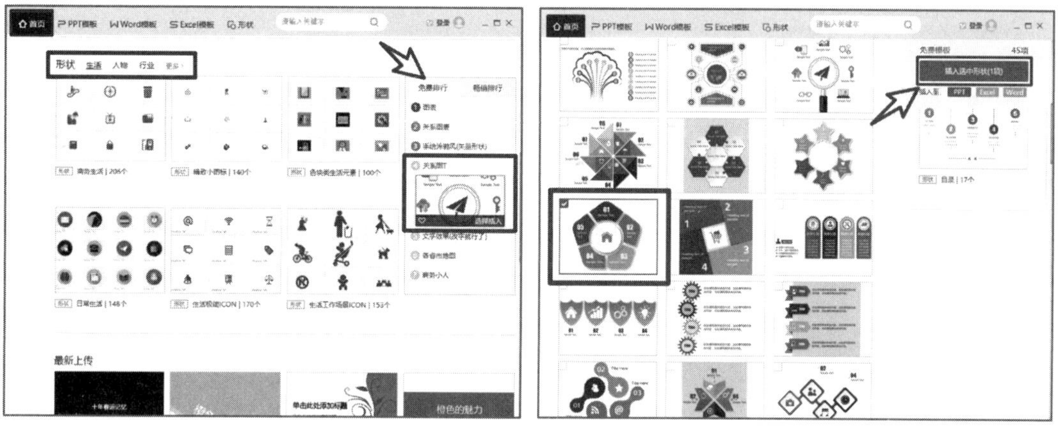

图 4-54　使用 PPT 美化大师插入关系图

通过插入直线及文本框，为图表中的内容添加“注释”文本效果，并根据需要对指定文本与形状进行组合。

第 10 页：使用第三方插件中的图表。完成效果文稿中使用的是 PPT 美化大师中“形状→图表”分类里面的“树形”图。

第 11 页：表格设置，图片填充。将素材中的“团队.png”图片设为表格的填充图片，设置高度为 12.8 厘米，宽度为 24 厘米；外框线为实线、3 磅、蓝色，内框线为实线、1 磅、蓝色；透明度为 80%，勾选“将图片平铺为纹理”复选框；偏移量 X 为 18 磅，偏移量 Y 为 20 磅。对应操作如图 4-55 所示。

表格设置

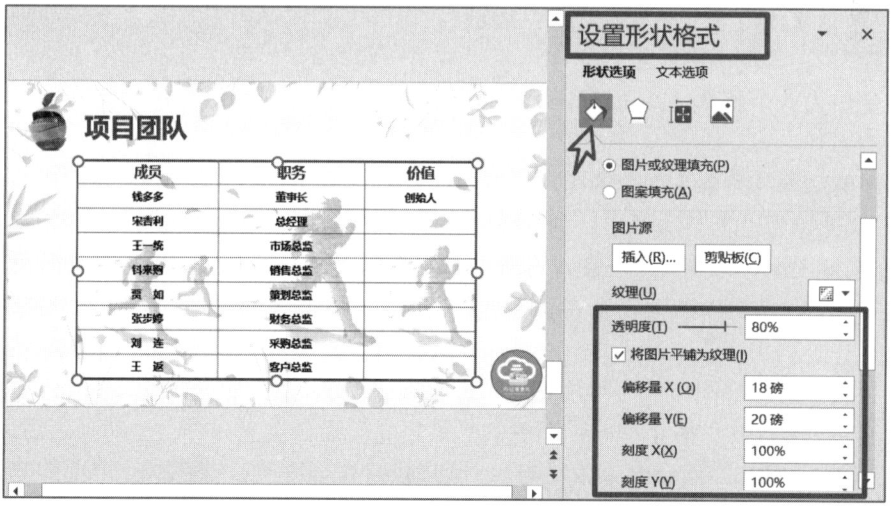

图 4-55　表格图片填充设置

第 12 页：使用在线艺术字。

利用在线字体转换器，如 https://www.qt86.com/或 http://www.diyiziti.com/，选择合适的字

体及颜色制作“共赢未来”艺术字。将制作好的图片下载保存，并插入到 PPT 文档中。对应操作如图 4-56 所示。

图 4-56　使用在线字体转换器制作艺术字

5. 切换与动画设置

动画设置

切换效果：为每页幻灯片设计切换效果“剥离”，持续时间 1 秒。

母版中的动画：为“标题”版式设置动画，设置“圆角矩形”动画参数为“上一动画之后，自左侧，擦除”；主标题动画参数为“上一动画之后，从对象中心，缩放”；副标题动画参数为“上一动画之后，升起”。为“标题和内容”版式设置动画，左上角的 apple 图标动画参数为“上一动画之后，淡化”；标题动画参数为“上一动画之后，缩放”；内容文本框动画参数为“上一动画之后，自左侧，擦除”，文本动画中的组合文本选择“按第一级段落”，即文本动画按一级段落逐个执行，而不是作为一个整体。在母版中设置动画后，应用该母版的页面中的元素就有相应的动画效果。

页面中的动画：为第 3 页中的图片设置两个动画，第 1 个动画“劈裂”，方向为“中央向左右展开”，开始为“上一动画之后”，持续时间 1 秒；第 2 个动画“脉冲”，开始为“上一动画之后”，重复 3 次。第 4 页中的图片设置动画参数为“上一动画之后，形状，效果选项为菱形、放大”。第 6～7 页中的图表设置动画参数为“上一动画之后，擦除，效果选项为自左侧、按系列”。

第 8 页底部的组合图形，为圆角矩形“拼果果”设置“上一动画之后，出现”“上一动画之后，脉冲，重复 3 次”两个动画；左侧的“销售商”组合设置为“上一动画之后，自右侧，擦除”；右侧的“客户”组合设置为“与上一动画同时，自左侧，擦除”；上部的“果农”组合设置为“上一动画之后，自顶部，擦除”；下部的“种植基地”组合设置为“与上一动画同时，自底部，擦除”。

为其他幻灯片页面中的对象设置合适的动画效果。

在“商业模式”页中，组合形状对象动画设置如图 4-57 所示。

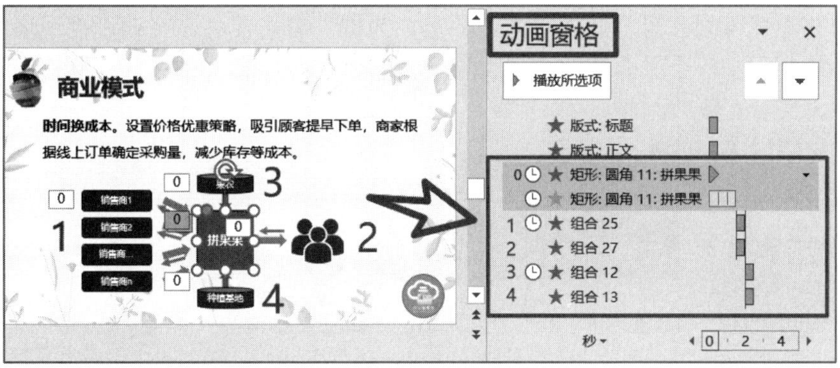

图 4-57　动画设置

6. 演示文稿导出创建视频

将演示文稿导出创建视频文件，选择“文件→导出→创建视频”，选择导出视频的格式，默认为“全高清（1080p）”，导出视频所需时间与页面多少、动画设置等因素有关，请耐心等待。

4.3.3　任务总结

在 PowerPoint 中的图片不能直接调整透明度，可插入形状，为形状设置填充图片，再通过调整形状的透明度，间接实现对图片透明度的设置。

WPS 在 WPS 中选中多个对象时，会自动弹出对象对齐有关操作的功能按钮，操作更便捷。

4.3.4　任务巩固

下载本案例素材文件，按要求完成有关操作。

案例素材下载地址：https://icourse.ywicc.edu.cn/Res/ResList.aspx?CourseId=830。

测试一下

每次测试 30 分钟，最多可进行 2 次测试，取最高分作为测试成绩。

扫码进入测试 >>

项目 17　制作路演文稿

4.4　项目 18　制作企业介绍文稿

4.4.1　任务描述

因企业介绍文稿涉及商业性，本案例内容由编者参考资料编写而成，以介绍 PowerPoint 操作为主，请忽略文稿内容。

小丘同学为某科创公司企业推广部业务员，为推广公司业务，企业制作了展厅供参观者参观，现需要制作一份企业介绍的演示文稿，他收集了一些相关资料，并制作了一份初稿，请你帮他完成演示文稿的制作。

本项目完成效果如图 4-58 所示。

图 4-58　本项目完成效果

4.4.2　任务实现

将素材文件重命名为“XXX 制作的公司介绍.pptx”，其中 XXX 为你的学号加姓名，在素材文件中完成下列操作。

1. 母版设置

母版设置

在“视图”选项卡中单击“幻灯片母版”按钮进入“幻灯片母版”编辑界面。

“标题幻灯片”版式中，设置背景图片“bg1.jpg”，透明度为 30%；插入一个“五边形箭头”，设置高度为 29 厘米，宽度为 9 厘米，旋转为 90 度，填充颜色为#5B9BD5，透明度为 10%；插入一个“V 型箭头”，设置高度为 34 厘米，宽度为 7 厘米，旋转为 90 度，填充颜色为#ED7D31，透明度为 30%；主标题文字设置微软雅黑、60 磅、加粗、白色，置顶放置在五边形箭头区域内；副标题文字设置微软雅黑、24 磅、白色，置顶放置在 V 型箭头区域内。

“标题和内容”版式中，插入一个“转到主页”动作按钮，设置按钮属性宽度和高度均为 1 厘米，相对左上角水平位置为 32 厘米、垂直位置为 17.8 厘米。设置链接效果：单击按钮“超链接到”第 2 张幻灯片，即转到目录页。为页面左侧的“竖线及副标题”设置动画：竖线的动画“上一动画之后，自顶部，擦除”；绿色圆角矩形与 V 型箭头组合的动画“上一动画之后，升起”；副标题文本的动画“上一动画之后，出现”。

为“过渡页”版式中左下方的虚线圆环设置动画“与上一动画同时，陀螺旋，重复直到幻灯片末尾”。

动作按钮及过渡页版式中虚线圆环的动画设置操作如图 4-59 所示。

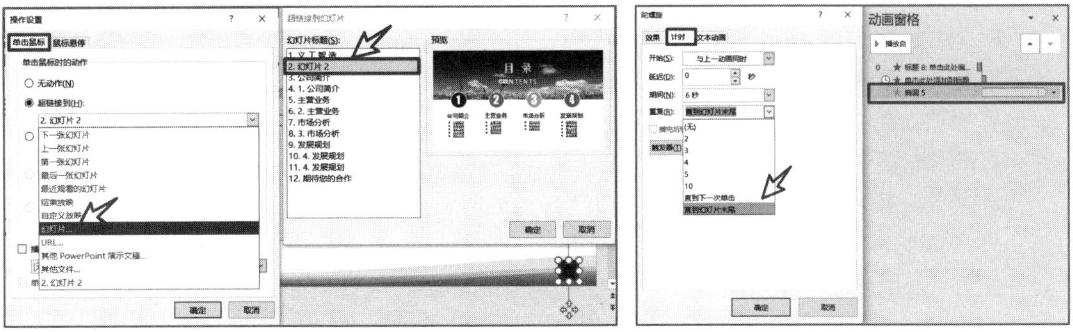

图 4-59 动作按钮及“过渡页”版式中虚线圆环的动画设置

母版重命名：将完成后的母版命名为“XXX 的母版”，其中 XXX 为你的姓名。

母版应用：根据需要，为每页幻灯片选择合适的版式。

2. 内容排版

设置备注：根据素材文档内容，为对应页面设置备注内容。

应用触发器：在第 2 页中，为“公司简介、主营业务、市场分析、发展规划”4 个导航目录下方的文本内容设置触发器，第 1 次单击上方的标题时，显示下方对应的二级链接；第 2 次单击上方的标题时，收藏下方对应的二级链接。对应动画设置如图 4-60 所示。

触发器应用

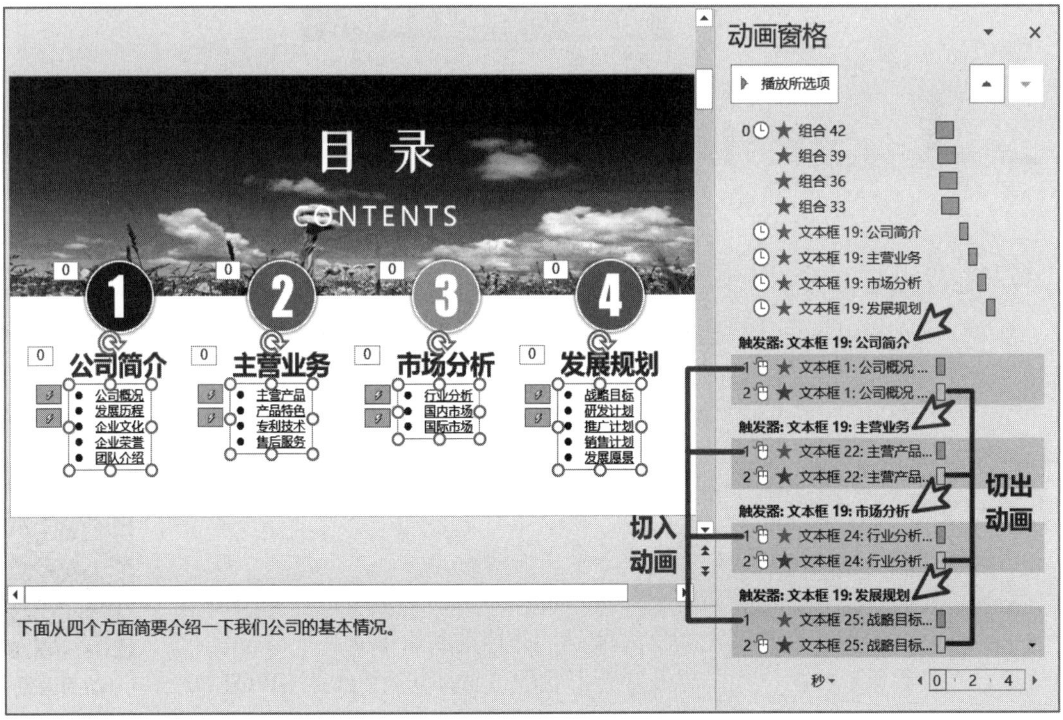

图 4-60 触发器设置实现二级菜单效果

设置视频：PowerPoint 支持 mp4、wmv、asf、avi、mpg、mpeg 等视频格式，若需要插入不支持的视频格式，可先通过“格式工厂”等格式转换软件，将格式转换为 PowerPoint 支持的格式。在第 7 页中，插入图片“手机.png”，锁定纵横比，设置高度为 11 厘米；插入视频文件“媒体.mp4”，锁定纵横比，设置高度为 9.6 厘米，调整位置到手机图片的显示屏幕区域。

视频设置

设置播放：单击视频文件，在“视频工具”选项卡下单击“播放”按钮，设置“自动播放，播放完毕返回开头”。

设置视频海报框架：视频海报指视频没有播放时显示的图片。若没有设置，一般为视频的第一帧，或黑屏。单击视频文件，在“视频工具”选项卡下单击“格式”，再单击“海报框架→文件中的图像”，插入素材文件“视频封面.jpg”。对应效果如图 4-61 所示。

图 4-61　视频播放设置

3. 超链接及按钮设置

为第 2 页幻灯片中的“二级菜单”设置对应的链接地址。如“公司简介”下方的“公司概况”链接到第 4 页；“主营业务”下方的“主营产品”链接到第 6 页，“产品特色”链接到第 7 页；“市场分析”下方的“国内市场”链接到第 9 页；“发展规划”下方的“企业愿景”链接到第 11 页。

4. 切换与动画设置

切换设置：为每页幻灯片设计切换效果“梳理”。

动画设置：在第 9 页中，将“五角星”五个角上的形状组合各复制粘贴一份，将粘贴后的形状修改填充颜色为深蓝，并移动到原形状区块的位置，即重叠。先查看原形状的位置，再设置新形状的位置即可。“自身 SWOT 分析”左侧的形状组合设置重叠对应操作如图 4-62 所示。

动画设置

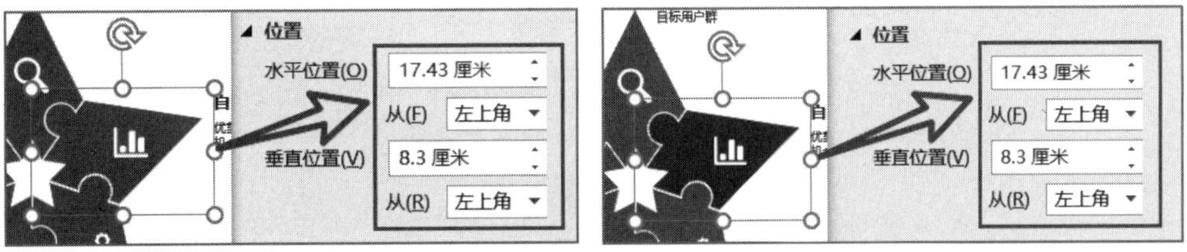

图 4-62　设置形状位置使两个形状重叠

为新复制粘贴的 5 个形状组合及对应的文本框组合分别设置如下动画：

- 先显示对应的形状组合（上一动画之后，出现）；
- 接着闪烁 3 次（上一动画之后，脉冲，重复 3 次）；
- 最后展示对应文字的文本框组合（上一动画之后，擦除）。

完成后的动画窗格如图 4-63 所示。

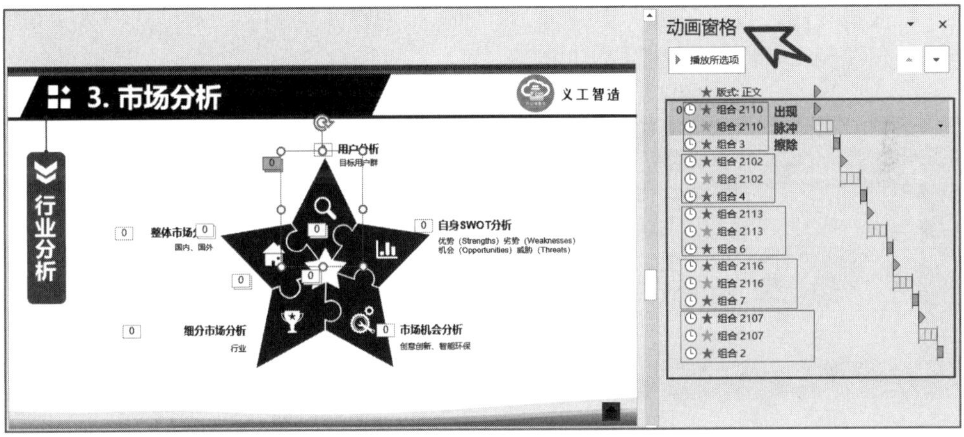

图 4-63　五角星中形状块动画设置

5. 幻灯片放映设置

（1）排练计时

为了准确把握演示文稿的播放时间，可通过“排练计时”功能进行预演，即进行一次模拟讲演，一边播放幻灯片，一边根据实际需要进行讲解，根据每张幻灯片记录的使用时间，后期调整时间的分配。具体操作为：单击“幻灯片放映”选项卡下的“排练计时”按钮，即自动全屏放映幻灯片，根据实际情况进行演练即可。排列完成后，选择“保留新的幻灯片计时”，在幻灯片浏览视图中，可以查看每张幻灯片的排列时间。每张幻灯片的排练时间，会自动设置到对应幻灯片的“设置自动换片时间”中，在使用“如果出现计时，则使用它”的推进幻灯片方式时，可按该时间自动播放幻灯片。排练计时操作如图 4-64 所示。

放映设置

（2）录制幻灯片演示

PowerPoint 2019 可以录制演示文稿并捕获旁白、幻灯片排练时间和墨迹笔势。旁白就是对幻灯片的讲解，在放映 PPT 的时候，录制的旁白声音会自动播放。可对指定幻灯片页面录制旁白。单击“幻灯片放映”选项卡下“录制幻灯片演示”右下角的倒三角形，可选择“从当前幻灯片开始录制”，或“从头开始录制”，根据需要选择录制方式即可。录制完成后，会在对应幻灯片页面中生成一个视频文件，默认为自动播放，可对视频文件进行编辑，如设置

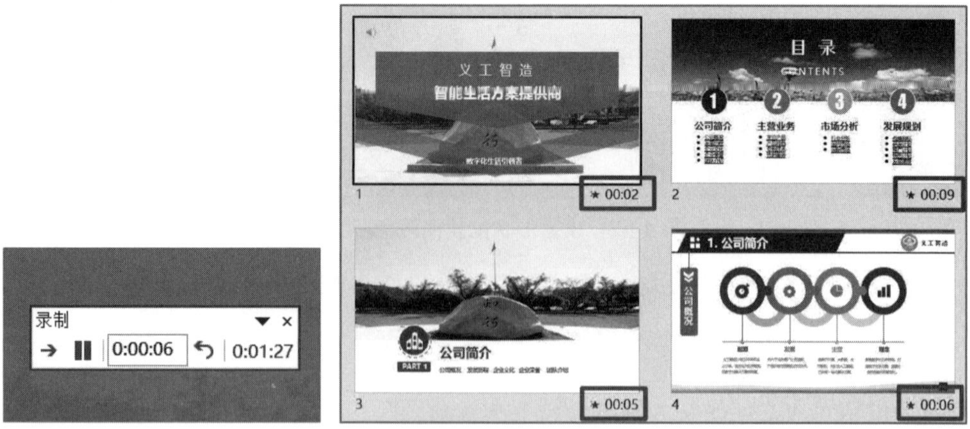

图 4-64　排练计时

播放方式、裁剪视频、设置音量大小等。如对同一张幻灯片录制多次，则后一次录制会替换前一次的录制视频。对应操作如图 4-65 所示。

图 4-65　录制幻灯片演示

（2）设置放映方式

单击“幻灯片放映”选项卡中的“设置幻灯片放映”按钮，打开“设置放映方式”对话框。

① 放映类型。演讲者放映（全屏幕），右键单击可结束；观众自行浏览（窗口），保留标题栏和工具栏，拖动滚动条可以换片；在展台浏览（全屏幕），右键不起作用，按 ESC 键结束；我们一般用“演讲者放映（全屏幕）”方式。

② 放映选项。可设置循环放映，放映时是否添加旁白及设置绘图笔、激光笔颜色等。循环放映方式指幻灯片最后一页播放完成后，再从第 1 页开始重新播放。按 ESC 键终止播放。

③ 放映幻灯片。可设置放映幻灯片的范围，默认为全部。可选择播放指定页码范围，如第 1 页到第 4 页。若已添加“自定义放映”方式，则可选择自定义放映。

④ 推进幻灯片。可设置播放时的翻页方式，默认为手动。“如果出现计时，则使用它”选项，用于当幻灯片设置了切换时间或排练计时后，按对应的时间自动翻页播放。

⑤ 多监视器。当计算机连接了投影等多个显示设备时，可设置幻灯片放映监视器。选中“使用演示者视图”选项时，幻灯片备注里面的内容，只有演示者的显示器上可见，投影屏幕上不可见，方便演示者进行内容讲解。

设置幻灯片放映方式如图 4-66 所示。

（3）自定义幻灯片放映

在“幻灯片放映”选项卡下，单击“自定义幻灯片放映”按钮，可对已有的自定义放映

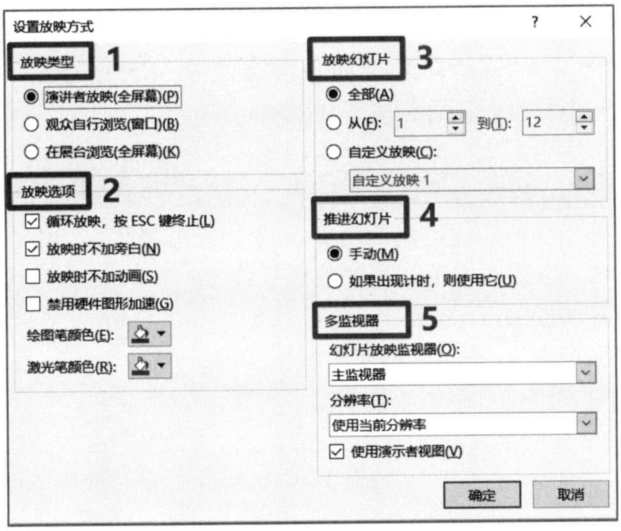

图 4-66 设置幻灯片放映方式

方式执行编辑、删除、复制或放映操作。单击“新建”按钮，在打开的对话框中将想要播放的幻灯片添加至右侧栏即可，同一张幻灯片可以添加多次，添加后幻灯片的顺序可再次调整，播放时按定义好的顺序播放对应的幻灯片。在“自定义幻灯片放映”下拉列表中选择对应的幻灯片放映名称即可按自定义方式播放。对应操作如图 4-67 所示。

自动播放：在“切换”选项卡的“设置自动换片时间”中输入具体时间值，并单击“应用到全部”按钮，即可为每张幻灯片设置相应播放时间，放映时可按预定时间自动切换而无须手工单击切换。若幻灯片切换时间小于动画播放所需时长，则动画播放完成后再自动切换。幻灯片切换时间设置如图 4-68 所示。

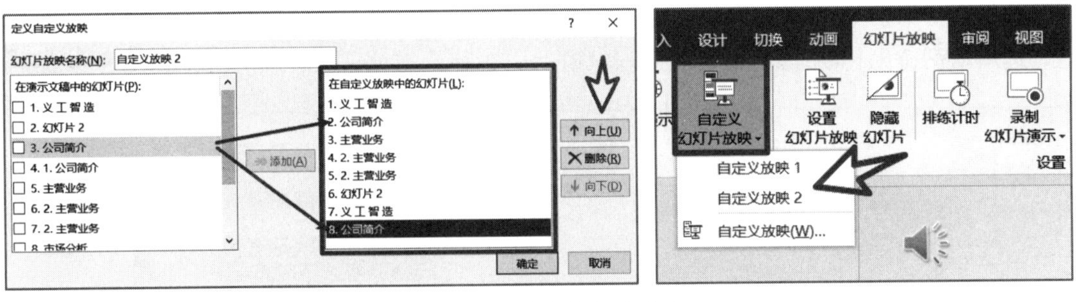

图 4-67 自定义幻灯片放映

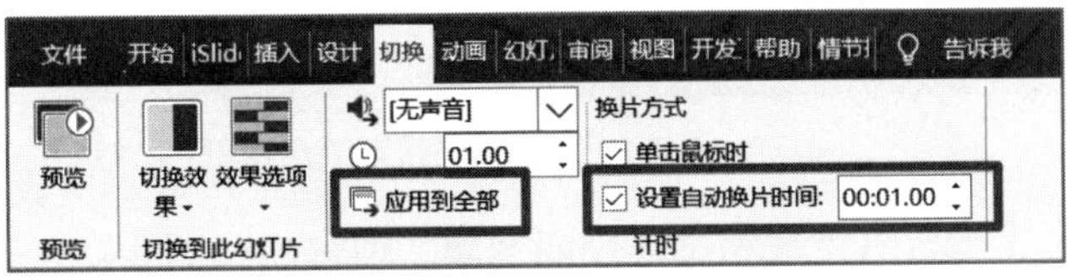

图 4-68 设置幻灯片切换时间

6. 加载项应用

在 PowerPoint 中实现互动功能，可使用“加载项”，即加载“Poll Everywhere”来实现（以下简称 Poll），扫码互动功能可加载“QR4Office”实现。

在第 12 页中，使用 Poll 加载项创建一个选择题，题目为“您与本公司是否有合作意向？”，选项 A“有意向”，选项 B“暂无意向”。使用 QR4Office 加载项为该试题创建一个二维码，可扫码答题互动。

添加加载项

（1）添加加载项

Office 加载项是 Office 程序为了完成某种功能而需要在启动程序时自动加载的模块，例如，书法字帖功能、稿纸功能、制作信封功能等。用户可以根据工作需要启用或禁用 Office 加载项，以提高 Office 程序的运行效率。

单击“插入→获取加载项”，搜索“poll”，找到“Poll Everywhere”。添加加载项时，会打开“许可条款和隐私策略”，单击“继续”按钮即可。搜索“qr”，找到“QR4Office”，用于在 PowerPoint 中创建二维码。添加加载项操作如图 4-69 所示。

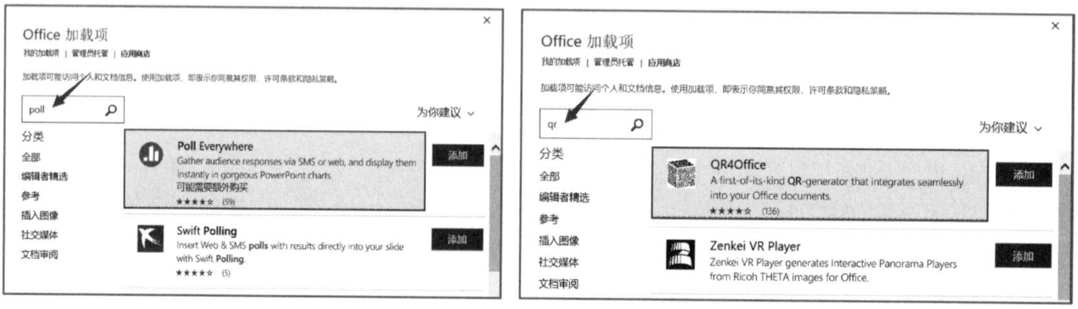

图 4-69　添加加载项 Poll Everywhere 和 QR4Office

（2）设置互动信息

Poll 中支持的题型比较多，如“选择、词云、问答、排序、调查”等。下面列举部分题型及应用效果。

选择题：添加新活动时，选择“Multiple choice”，即可创建选择题，标题、选项均支持上传图片功能。对应操作如图 4-70 所示。

添加互动试题

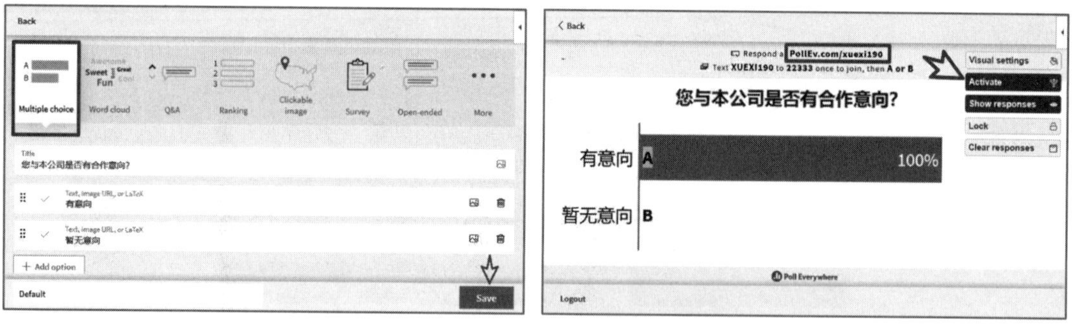

图 4-70　Poll 中添加选择题及激活试题

激活试题：在 Poll 中可以设置多个不同的试题，但每次扫码或通过网址访问时，只有当前被激活的试题才能被访问。进入对应试题后，单击右上角的“Activate”按钮即可将当前试题设为激活，手机或计算机访问端会自动更新到最新激活的试题。

网页端访问：Poll Everywhere 也可通过网页端访问，在 Poll 中注册账号，创建互动问题后，会自动生成一个访问网址，如：https://pollev.com/xuexi190。通过该网址也可访问，访问内容为当前激活的试题。对应操作如图 4-71 所示。

制作二维码：复制 Poll 中的网址，在 QR4Office 中创建二维码。在 QR4Office 中粘贴网址后，网址前缀“https://”通过下拉选择，只需粘贴“pollev.com/xuexi190”。设置好颜色、大小等参数后，单击“Insert”按钮即可将二维码插入到 PPT 中。

制作二维码

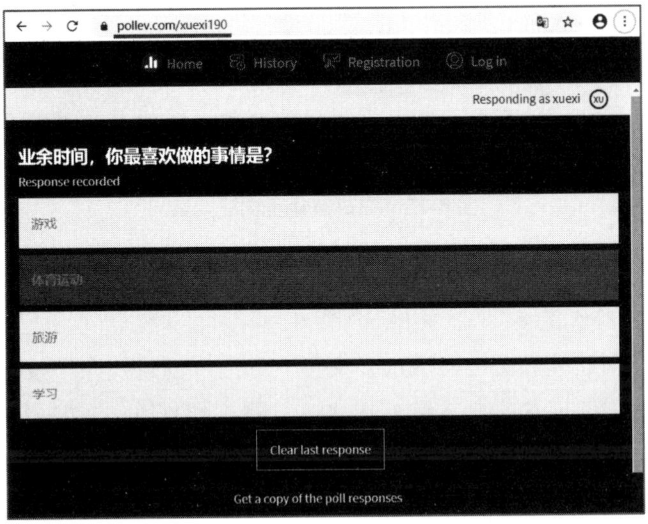

图 4-71　Poll 网页端

手机扫码即可访问，首次扫码时会提示是否接受 Cookies，是否同意均可继续访问。也可输入一个名称后单击“Continue”按钮，或者直接单击“Skip”按钮跳过，进入互动问题页面。对应操作如图 4-72 所示。

图 4-72　使用 QR4Office 制作二维码及手机扫码互动效果

重新调整页面元素的位置，Poll 调查页信息目前只能置顶放置。

扫码完成答题后，页面会实时显示试题的答题统计结果，如图 4-73 所示。

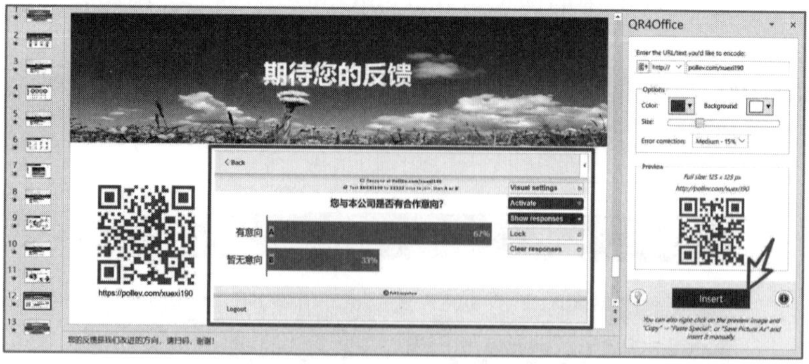

图 4-73　扫码互动页完成效果

使用第三方二维码制作平台（如草料二维码），可对二维码进行美化。

7. 演示文稿导出创建视频

将演示文稿导出创建视频文件，单击“文件→导出→创建视频”按钮，在右侧的界面中选择导出视频的格式，默认为“全高清（1080p）”，导出视频所需时间与页面多少、动画设置等因素有关。

4.4.3　任务总结

（1）使用触发器可调整动画之间的逻辑顺序，实现类似二级导航菜单等效果。

（2）自定义放映方式，可任意调整幻灯片的放映顺序，同一张幻灯片可多次放映，可以定义多个自定义放映方式。

（3）在 Office 中，通过插入“加载项”，可引用具有特定功能的程序。使用了加载项功能后的文档，要求在添加了加载项的设备上才能正常访问。加载项是安装的补充程序，用于通过添加自定义命令和专门的功能来扩充 Office 的功能。

WPS 中，加载项功能默认不可使用。

4.4.4　任务巩固

下载本案例素材文件，按要求完成有关操作。

案例素材下载地址：https://icourse.ywicc.edu.cn/Res/ResList.aspx?CourseId=830。

测试一下

每次测试 30 分钟，最多可进行 2 次测试，取最高分作为测试成绩。

扫码进入测试 >>

项目 18　制作企业介绍文稿

浙江省高校计算机等级考试大纲二级《办公软件高级应用技术》（2019 版）

考试目标

测试考查考生对常用办公软件的高级应用和操作能力。要求考生能够掌握文档的个性化设置，掌握长文档的自动化排版，掌握文档的程序化和批量化设置。要求考生能够使用计算思维和数据思维设置表格，处理数据、进行数据分析。同时培养考生的审美观念，能够在演示文稿的设计和创建中融入美学。同时要求考生能够了解目前常用办公软件的基本功能和操作。

基本要求

1. 掌握 MS Office 2019（或 WPS Office 2019）各组件的运行环境、视窗元素等。

2. 掌握 Word（或 WPS 文字）的基础理论知识及高级应用技术，能够熟练掌握长文档的排版（页面设置、样式设置、域的设置、文档修订等)。

3. 掌握 Excel（或 WPS 表格）的基础理论知识及高级应用技术，能够熟练操作工作簿、工作表，熟练地使用函数和公式，能够运用 Excel（或 WPS 表格）内置工具进行数据分析，能够对外部数据进行导入导出等。

4. 掌握 PowerPoint（或 WPS 演示文稿）的基础理论知识及高级应用技术，能够熟练掌握模板、配色方案、幻灯片放映、多媒体效果和演示文稿的输出。

5. 了解 MS Office 2019（或 WPS Office 2019）的文档安全知识，能够利用 MS Office 2019（或 WPS 2019）的内置功能对文档进行保护。

6. 了解 MS Office 2019（或 WPS Office 2019）的宏知识、VBA 的相关理论，并能够录制简单宏，会使用 VBA 语句。

7. 了解常用的办公软件的基本功能和操作，包括基本绘图软件、即时通信软件、笔记与思维导图软件及微信小程序软件的基本使用。

考试内容

一、Word（或 WPS 文字）高级应用

1. 页面设置

（1）掌握纸张的选取和设置，掌握版心概念，熟练设置版心。

（2）掌握不同视图方式特点，能够熟练根据应用环境选择和设置视图方式。

（3）掌握文档分隔符的概念和应用，包括分页、分栏和分节。熟练掌握节的概念，并能正确使用。

（4）掌握页眉、页脚和页码的设置方式，熟练根据要求设置节与页眉、页脚以及页码。

2. 样式设置

（1）掌握样式的概念，能够熟练地创建样式、修改样式的格式，使用样式和管理样式。

（2）掌握引用选项功能，熟练使用和设置脚注、尾注、题注、交叉引用、索引、书签和目录等引用工具。

（3）掌握模板的概念，能够熟练地建立、修改、使用、删除模板。

3. 域的设置

（1）掌握域的概念，能按要求创建域、插入域、更新域，显示或隐藏域代码。

（2）掌握一些常用域的应用，例如 Page 域、Section 域、NumPages 域、TOC 域、TC 域、Index 域、StyleRef 域等）。

（3）掌握邮件合并功能，熟练应用邮件合并功能发布通知、邮件或者公告。

4. 文档修订和批注

（1）掌握审阅选项的设置。

（2）掌握批注与修订的概念，熟练设置和使用批注与修订。

（3）学会在“审阅”选项卡下对文档的修改项进行比较。

二、Excel（或 WPS 表格）高级应用

1. 工作表的使用

（1）能够正确地分割窗口、冻结窗口，使用监视窗口。

（2）理解样式，能新建、修改、应用样式，并从其他工作簿中合并样式，能创建并使用模板，并应用模板控制样式，会使用样式格式化工作表。

2. 单元格的使用

（1）掌握单元格的格式化操作。

（2）掌握自定义下拉列表的创建与应用。

（3）掌握数据有效性的设置，能够根据情况熟练设置数据有效性。

（4）掌握条件格式的设置，能够熟练设置条件格式。

（5）学会名称的创建和使用。

（6）掌握单元格的引用方式，能够根据情况熟练使用引用方式。

3. 函数和公式的使用

（1）掌握数据的舍入方式。

（2）掌握公式和数组公式的概念，并能熟练掌握对公式和数组公式的使用。

（3）熟练掌握内置函数（统计函数、逻辑函数、数据库函数、查找与引用函数、日期与时间函数、财务函数等），并能利用这些函数对文档数据进行统计、分析、处理。

4. 数据分析

（1）掌握表格的概念，能设计表格，使用记录单，利用自动筛选、高级筛选及数据库函数来筛选数据列表，能排序数据列表，创建分类汇总。

（2）了解数据透视表和数据透视图的概念，掌握数据透视表和数据透视图的创建，能够熟练地在数据透视表中创建计算字段或计算项目，并能组合数据透视表中的项目。

（3）能够使用切片器对数据透视表进行筛选，使用迷你图对数据进行图形化显示。

5. 外部数据导入与导出

了解数据库、XML、网页和文本数据导入到表格中的方法，掌握文本数据的导入与导出。

三、PowerPoint（或 WPS 演示）高级应用

1. 设计与配色方案的使用

（1）掌握主题的使用。

（2）掌握使用、创建、修改、删除配色方案。

（3）掌握母版的设计与使用，熟练掌握和使用母版中版式的设计。

2. 幻灯片动画设置

（1）掌握自定义动画的设置、多重动画设置、触发器功能设置。

（2）掌握动画排序和动画时间设置。

（3）掌握幻灯片切换效果设置、切换速度设置、自动切换与鼠标单击切换设置及动作按钮设置。

3. 幻灯片放映

（1）掌握幻灯片放映方式设置、幻灯片隐藏和循环播放的设置。

（2）掌握排练与计时功能。

4. 演示文稿输出

学会将演示文稿输出和保存的方式。

四、公共组件的使用

1. 文档保护

（1）学会对文档进行安全设置：Word（或 WPS 文字）文档的保护，Excel（或 WPS 表格）中的工作簿、工作表、单元格的保护。演示文稿安全设置：正确设置演示文稿的打开权限、修改权限密码。

（2）学会文档安全权限设置，掌握文档密码设置。

（3）学会 Word（或 WPS 文字）文档保护机制：格式设置限制、编辑限制。

（4）学会 Word（或 WPS 文字）文档窗体保护：分节保护、复选框窗体保护、文字型窗体域、下拉型窗体域。

（5）学会 Excel（或 WPS 表格）工作表保护：工作簿保护、工作表保护、单元格保护、文档安全性设置、防打开设置、防修改设置、防泄私设置、防篡改设置。

2. 宏的使用

（1）了解宏概念。

（2）了解宏的制作及应用，学会简单宏的录制和宏的使用。

（3）了解宏与文档及模板的关系。

（4）了解 VBA 的概念包括 VBA 语法基础、对象及模型概念、常用的一些对象。

（5）了解宏安全，包括宏病毒概念、宏安全性设置。

五、其他常用办公软件的使用

（1）了解常用绘图软件的功能和使用方式。

（2）了解常用即时通信软件的功能和使用方式。

（3）了解常用笔记软件的功能和使用方式。

（4）了解常用微信小程序软件的功能和使用方式。

（5）了解常用思维导图软件的功能和使用方式。